U0265204

用 Python

轻松处理

Excel 数据

阳光灿烂　著

人民邮电出版社

北　京

图书在版编目（CIP）数据

用Python轻松处理Excel数据 / 阳光灿烂著. -- 北京：人民邮电出版社，2023.6
ISBN 978-7-115-61451-3

Ⅰ. ①用… Ⅱ. ①阳… Ⅲ. ①表处理软件 Ⅳ. ①TP391.13

中国国家版本馆CIP数据核字(2023)第052680号

内 容 提 要

本书旨在帮助读者掌握如何用 Python 高效地处理 Excel 数据，实现办公自动化。

本书首先介绍开发环境的搭建和 Excel 模块的安装，接着讲解编写代码前的准备，然后介绍如何使用 openpyxl 和 pandas 这两个模块编写员工信息表查询案例，最后介绍 PyInstaller 模块与.py 文件的编译，以及如何快速移植本书案例的代码。

本书不仅适合办公人员阅读，还适合想要了解 openpyxl 模块和 pandas 模块的初级开发人员阅读。

◆ 著　　　　　阳光灿烂

　　责任编辑　　谢晓芳

　　责任印制　　王　郁　焦志炜

◆ 人民邮电出版社出版发行　　北京市丰台区成寿寺路 11 号
　　邮编　100164　电子邮件　315@ptpress.com.cn
　　网址　https://www.ptpress.com.cn
　　三河市君旺印务有限公司印刷

◆ 开本：787×1092　1/16
　　印张：16　　　　　　　　　　2023 年 6 月第 1 版
　　字数：390 千字　　　　　　　2023 年 6 月河北第 1 次印刷

定价：79.80 元

读者服务热线：(010)81055410　印装质量热线：(010)81055316
反盗版热线：(010)81055315
广告经营许可证：京东市监广登字 20170147 号

前　言

为什么会写这本书？

作为一名职场文员，经常对 Excel 文档进行操作是否让你感到烦恼？经常复制、粘贴、查询、导出表格数据是否让你感到疲惫？

作为一名读者，你是否感觉各种教程一看就懂，一动手就不会？对于书中的案例，不知道具体在代码中如何运用，你是否有挫败感？代码运行出现问题，不知道在哪里找到答案，你是否感觉很茫然？对书中案例提及的变量，你是否感到很头痛？很难记住变量的含义是否会让你阅读比较困难？

我自己也是一名职场人士，也购买过不少计算机书，上述问题我也经常遇到。所以当我学习 Python 后，就萌生了一个想法：不如把我自己在学习过程中接触到的一些入门知识和编写代码时积累的经验总结并归纳出来，帮助职场非 IT 人士快速掌握编程入门技巧，以解决上述问题，提高工作效率。

Python 在数据分析方面（尤其是 Excel 应用方面）的功能很强大，用 Python 辅助 Excel 处理数据的效率明显比只使用 Excel 处理数据高很多。

本书重点介绍 Python 中两个著名的 Excel 模块——openpyxl 和 pandas。这两个模块的功能非常强大，本书只介绍基础知识，力求使职场非 IT 人士都能看懂并能使用。

目前市场上的书通常基于语法架构介绍各个知识点。本书另辟蹊径，将 openpyxl 模块和 pandas 模块的入门知识、Python 的基础知识融入一个成熟且完整的案例中，并附上大量的代码调试过程。这不但可以让读者看清楚变量的值在代码运行过程中的变化，加深其对代码的理解，而且可以让读者更容易理解 openpyxl 模块和 pandas 模块是如何运用的。

本书主要内容

本书主要内容如下。

第 1 章介绍开发环境的搭建。

第 2 章讲述 Excel 模块的安装。

第 3 章讨论编写代码前的准备。

第 4 章介绍如何使用 openpyxl 模块编写员工信息表查询案例。

第 5 章介绍如何使用 pandas 模块编写员工信息表查询案例。

第 6 章讲述 PyInstaller 模块的安装与.py 文件的编译和运行。

第 7 章讨论如何快速移植本书案例的代码。

附录 A 介绍离线安装 Visual Studio Code 中文包插件可能遇到的问题和解决方法。

附录 B 讲述离线安装 pandas 模块可能遇到的问题和解决方法。

附录 C 介绍 pandas 模块依赖的 openpyxl 模块或者 xlrd 模块。

附录 D 介绍 openpyxl 模块速查表。

附录 E 介绍 pandas 模块速查表。

附录 F 讨论关于编程的一些小技巧。

本书特点

本书具有以下特点。

- 以员工信息表查询案例为主线，分别基于 openpyxl 和 pandas 这两个模块讨论代码的编写，主要目的是让读者了解这两个模块的优势和差异，以便在工作中能够灵活运用这两个模块。
- 重点对代码进行讲解，对一些知识点进行拓展，方便读者理解相关知识。
- 穿插了不少图片，目的是让读者有更直观的认识，不会因为枯燥的文字而失去阅读乐趣。
- 展示了大量的代码调试过程，有助于读者看清楚变量的值在代码运行过程中的变化，从而加深对代码的理解。

本书读者对象

因为本书主要讲解 openpyxl 和 pandas 两个模块的一些基础知识，包括 Excel 表格的建立、数据的查询、数据的输入和表格的修饰，所以本书涉及的知识并不会太多、太高深。对于职场非 IT 人士，只需要掌握基本知识就可以提高工作效率。

本书面向的读者是常使用 Excel 并且想进一步提高工作效率和希望了解 openpyxl 与 pandas 两个模块的职场非 IT 人士。

关于本书代码行号的说明

由于本书针对同一个案例，因此在介绍代码时，代码行号会从 1 开始到代码结束，对应源代码.py 文件的行号（例如，在介绍 openpyxl 模块的代码时，行号从 1 开始；在介绍 pandas 模块的代码时，行号也从 1 开始）；在分段介绍代码时，代码行号不会重新从 1 开始。

致谢

本书的出版要特别感谢人民邮电出版社的刘涛、陈冀康、谢晓芳等人员，他们对本书提出了很多宝贵意见，感谢他们为我撰写本书提供帮助。

感谢简书和知乎上的一些作者，他们把自己的经验分享出来，让我在编写代码遇到问题时可以参考他们的思路，找到相应的解决方法。

上述人员为我开辟了一条平坦大道，使我少走了很多弯路，本书的成功撰写离不开他们的帮助。

由于能力有限，书中难免有不足和错漏之处，编写的代码也不是最优的，敬请广大读者谅解并提出宝贵意见。

阳光灿烂

资源与支持

本书由异步社区出品，社区（https://www.epubit.com）为您提供后续服务。

资源下载

为了方便读者学习，本书中案例对应的源代码（opnepyxl 模块的源代码和 pandas 模块的源代码）可以在异步社区下载。

提交勘误信息

作者、译者和编辑尽最大努力来确保书中内容的准确性，但难免会存在疏漏。欢迎您将发现的问题反馈给我们，帮助我们提升图书的质量。

当您发现错误时，请登录异步社区，按书名搜索，进入本书页面，单击"发表勘误"，输入相关信息，单击"提交勘误"按钮即可，如下图所示。本书的作者和编辑会对您提交的信息进行审核，确认并接受后，您将获赠异步社区的 100 积分。积分可用于在异步社区兑换优惠券、样书或奖品。

与我们联系

我们的联系邮箱是 contact@epubit.com.cn。

如果您对本书有任何疑问或建议，请您发邮件给我们，并请在邮件标题中注明本书书名，以便我们更高效地做出反馈。

如果您有兴趣出版图书、录制教学视频，或者参与图书翻译、技术审校等工作，可以发邮件给我们；有意出版图书的作者也可以到异步社区投稿（直接访问 www.epubit.com/contribute 即可）。

如果您所在的学校、培训机构或企业想批量购买本书或异步社区出版的其他图书，也可以发邮件给我们。

如果您在网上发现有针对异步社区出品图书的各种形式的盗版行为，包括对图书全部或部分内容的非授权传播，请您将怀疑有侵权行为的链接通过邮件发送给我们。您的这一举动是对作者权益的保护，也是我们持续为您提供有价值的内容的动力之源。

关于异步社区和异步图书

"异步社区"是人民邮电出版社旗下 IT 专业图书社区，致力于出版精品 IT 图书和相关学习产品，为作译者提供优质出版服务。异步社区创办于 2015 年 8 月，提供大量精品 IT 图书和电子书，以及高品质技术文章和视频课程。更多详情请访问异步社区官网 https://www.epubit.com。

"异步图书"是由异步社区编辑团队策划出版的精品 IT 专业图书的品牌，依托于人民邮电出版社的计算机图书出版积累和专业编辑团队，相关图书在封面上印有异步图书的 LOGO。异步图书的出版领域包括软件开发、大数据、人工智能、测试、前端、网络技术等。

异步社区

微信服务号

目　　录

第 1 章

开发环境的搭建

在编写代码之前，需要先搭建开发环境，即安装 Python 和 Python 代码编辑器 Visual Studio Code。

本书所用的操作系统是 Windows 10，Python 和 Python 代码编辑器 Visual Studio Code 都是在 Windows 10 环境下安装的。

1.1 本书所用的开发环境

本书所用的 Python 版本是 3.8.1，所用的代码编辑器 Visual Studio Code 版本是 1.67.2。

1.1.1 安装 Python

Python 安装包可以从 Python 官网免费下载。访问 Python 官网，将鼠标指针移至导航栏的 Downloads 选项上，在弹出的下拉菜单中选择 All releases，如图 1-1 所示，进入下载页面。

图 1-1　Python 官网

单击下载页面中的 Download Python ×××（×××代表版本号）按钮，下载最新版的 Python，如图 1-2 所示。

图 1-2　下载最新版的 Python

如果想下载旧版本的 Python，那么可以在下载页面的 "Looking for a specific release?" 部分找到相应的版本，单击 Download 链接，如图 1-3 所示，跳转到旧版本 Python 的下载页面。

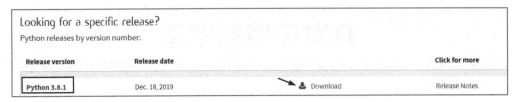

图 1-3 旧版本 Python 的下载

在旧版本 Python 的下载页面下方找到对应的安装包，单击该安装包链接（例如，64 位 Windows 操作系统可执行文件 Windows x86-64 executable installer），即可下载旧版本 Python 的安装包，如图 1-4 所示。

右击 Python 的安装包（.exe 文件），在弹出的菜单中选择 "以管理员身份运行"，用管理员的身份安装 Python，如图 1-5 所示。

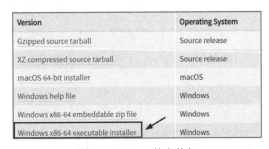

图 1-4 Python 的安装包

图 1-5 用管理员的身份安装 Python

启动安装包后，在安装界面中，勾选 Add Python 3.8 to PATH 复选框，然后单击 Install Now 按钮，开始安装 Python，如图 1-6 所示。

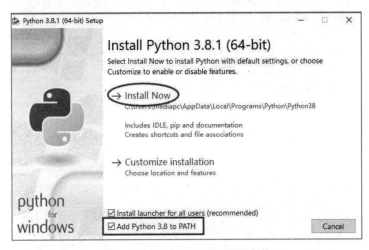

图 1-6 对 Python 进行配置后安装

成功安装 Python 后，安装界面会显示 Setup was successful，单击 Close 按钮，结束 Python 的安装，如图 1-7 所示。

图 1-7 Python 安装成功

1.1.2 安装 Visual Studio Code

Visual Studio Code 安装包可以从其官网免费下载。访问 Visual Studio Code 官网，单击右上角的 Download 按钮，如图 1-8 所示，进入下载页面。

图 1-8 Visual Studio Code 官网

在下载页面中，选择对应的操作系统（如 Windows）并单击下载按钮，下载 Visual Studio Code 安装包，如图 1-9 所示。

图 1-9 下载 Visual Studio Code 安装包

如果想下载旧版本的 Visual Studio Code，那么先单击 Visual Studio Code 官网导航栏的 Updates 按钮，然后在左侧列表中选择月份，再单击页面中间的 System 链接即可，如图 1-10 所示。

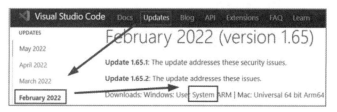

图 1-10 旧版本 Visual Studio Code 安装包的下载

右击 Visual Studio Code 的安装包（.exe 文件），在弹出的菜单中选择"以管理员身份运行"，用管理员的身份安装 Visual Studio Code，如图 1-11 所示。

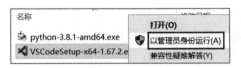

图 1-11　用管理员的身份安装 Visual Studio Code

启动安装包后，在安装界面中，选择"我同意此协议"单选按钮，然后单击"下一步"按钮，开始安装 Visual Studio Code，如图 1-12 所示。

图 1-12　Visual Studio Code 安装界面

在安装过程中，根据提示单击"下一步"按钮，并确保勾选"添加到 PATH（重启后生效）"复选框，如图 1-13 所示。

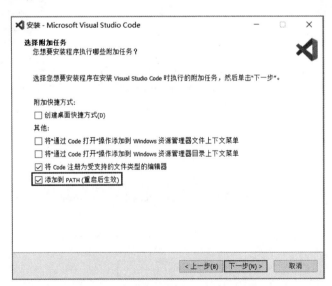

图 1-13　Visual Studio Code 安装配置

在准备安装界面中，单击"安装"按钮，开始安装 Visual Studio Code，如图 1-14 所示。

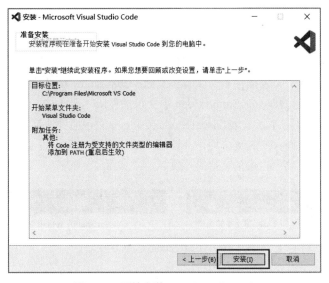

图 1-14 开始安装 Visual Studio Code

成功安装 Visual Studio Code 后，单击"完成"按钮，结束 Visual Studio Code 的安装，如图 1-15 所示。

图 1-15 Visual Studio Code 安装成功

1.2 必备的 Visual Studio Code 插件

本书选择 Visual Studio Code 的原因是它可以轻松加载中文包插件，该插件用于将英文版 Visual Studio Code 变成中文版。对于英语不好的人来说，使用中文版的代码编辑器是非常有必要的。

1.2.1 在线安装 Visual Studio Code 插件

在计算机能够访问互联网的情况下，我们可以在线安装 Visual Studio Code 插件。

1. 安装 Visual Studio Code 中文包插件

Visual Studio Code 中文包插件是一款将英文版 Visual Studio Code 变成中文版 Visual Studio Code 的插件。本书所用的 Visual Studio Code 中文包插件版本是 1.67.3。

图 1-16（a）和（b）展示了安装 Visual Studio Code 中文包插件前后菜单栏的变化。图 1-16（a）所示是安装中文包插件前的菜单栏，菜单栏中的文字是英文；图 1-16（b）所示是安装中文包插件后的菜单栏，菜单栏中的文字是中文。

（a）Visual Studio Code 英文版菜单栏　　　（b）Visual Studio Code 中文版菜单栏

图 1-16　Visual Studio Code 的菜单栏

在线安装 Visual Studio Code 中文包插件的方法如下。

单击左侧导航栏中有 4 个小方块的 Extensions 图标，在搜索栏中输入"chinese"，找到插件"Chinese（Simplified）（简体中文）"，单击 Install 按钮，如图 1-17 所示。

成功安装中文包插件后，Visual Studio Code 右下角会弹出一个提示框，提示重启 Visual Studio Code，如图 1-18 所示。单击 Restart 按钮，重启 Visual Studio Code，再次打开就切换为中文版的 Visual Studio Code 了。

图 1-17　安装 Visual Studio Code 中文包插件　　　　图 1-18　提示重启 Visual Studio Code

虽然搜索结果中显示的中文包插件的版本是 1.68.6092128，如图 1-19（a）所示，但是因为本书所用的 Visual Studio Code 版本是 1.67.3，所以安装时会自动选择中文包插件版本 1.67.3，如图 1-19（b）所示。

（a）中文包插件的 1.68.6092128 版本

（b）中文包插件的 1.67.3 版本

图 1-19　中文包插件的版本

2. 安装 Python 插件

Python 插件是一款让 Visual Studio Code 运行 Python 代码的插件。本书所用的 Python 插件版本是 2022.8.0。

在线安装 Python 插件的方法如下。

单击左侧导航栏中的 Extensions 图标，在搜索栏中输入"python"，找到 Python 插件，单击"安装"按钮，如图 1-20 所示。

图 1-20　安装 Python 插件

1.2.2　离线安装 Visual Studio Code 插件

在计算机不能访问互联网的情况下，可以离线安装 Visual Studio Code 插件。也就是说，先把插件安装包下载到本地计算机中，然后在本地计算机中运行插件安装包。

这里以离线安装中文包插件为例进行介绍，其他插件的离线安装方法是一样的。

离线安装 Visual Studio Code 插件的方法如下。

（1）访问插件市场官网。访问 Visual Studio Code 插件市场（Visual Studio Marketplace）官网，单击 Visual Studio Code，在搜索栏中输入插件名称"chinese"，单击用于搜索的放大镜按钮，如图 1-21 所示，跳转到插件列表页面。

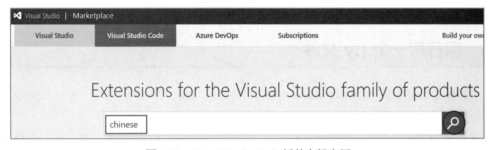

图 1-21　Visual Studio Code 插件市场官网

（2）选择插件。在插件列表页面中，选择插件"Chinese（Simplified）（简体中文）"，如图 1-22 所示，跳转到下载页面。

图 1-22　Visual Studio Code 中文包插件

（3）下载插件。在中文包插件下载页面的右侧有一个 Download Extension 链接，单击该链接，下载 VSIX 格式的离线安装包，如图 1-23 所示。

图 1-23　中文包插件下载链接

（4）安装插件。在 Visual Studio Code 中，单击左侧导航栏中的"扩展"图标，单击右上方的 ▪▪▪（视图和更多操作）图标，如图 1-24（a）所示。在弹出的菜单中，选择"从 VSIX 安装"，如图 1-24（b）所示，选择刚才下载的 VSIX 格式的离线安装包即可。

（a）单击"视图和更多操作"图标　　　　　（b）选择"从 VSIX 安装"

图 1-24　安装插件

1.3　运行第一个.py 文件

安装好 Python、Visual Studio Code 和相关插件后，我们尝试新建并运行第一个.py 文件，看看开发环境是否搭建成功。

先新建一个文本文档，将其命名为 Hello World，如图 1-25（a）所示。然后，打开这个文本文档，输入 **print('Hello World')**，如图 1-25（b）所示，并保存这个文本文档。

（a）新建 Hello World 文本文档　　　　（b）输入代码

图 1-25　新建文本文档并输入代码

将这个文本文档的扩展名.txt 修改为.py，可以看见文件类型从"文本文档"变成"Python 源文件"，如图 1-26 所示。

用 Visual Studio Code 打开 Hello World.py 文件，可以看见输入的代码，如图 1-27 所示。

图 1-26　修改扩展名

图 1-27　打开 Hello World.py 文件

在 Visual Studio Code 的菜单栏中，选择"运行"→"启动调试"，如图 1-28（a）所示，在上方弹出的 Debug Configuration 下拉列表框中，选择 Python File，如图 1-28（b）所示。

（a）选择"启动调试"　　　　　　（b）选择 Python File

图 1-28　调试

在 Visual Studio Code 的终端界面中，我们可以看见输出的文字"Hello World"，如图 1-29 所示，这说明开发环境搭建成功。

图 1-29　成功运行第一个.py文件

第2章

Excel 模块的安装

Python 中两个比较著名的 Excel 模块是 openpyxl 模块和 pandas 模块（以下统称为 Excel 模块）。成功安装这些 Excel 模块后，才能使用 Python 编辑 Excel 文档。

本书所用的 openpyxl 模块的版本是 3.0.7，pandas 模块的版本是 1.2.5。

2.1 在线安装 Excel 模块

为了在线安装 Excel 模块，采用 Python 官方的管理工具 pip。使用 pip 命令可以很轻松地安装和卸载第三方模块。

1. 安装 Excel 模块

在 Visual Studio Code 的终端界面中，输入模块安装命令 pip install ×××（×××代表 Excel 模块的名称）即可安装最新版的 Excel 模块，如图 2-1 所示。

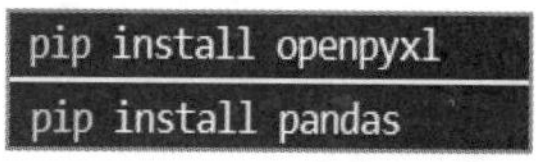

```
pip install openpyxl
pip install pandas
```

图 2-1 使用 pip 命令安装最新版的 Excel 模块

等待一段时间后，在 Visual Studio Code 的终端界面中会出现提示文字 Successfully installed ×××，这表示 Excel 模块安装成功，如图 2-2 所示（图 2-2 主要显示了 Excel 模块安装成功的信息，因为 Excel 模块的版本会不断更新，所以请忽略版本号）。

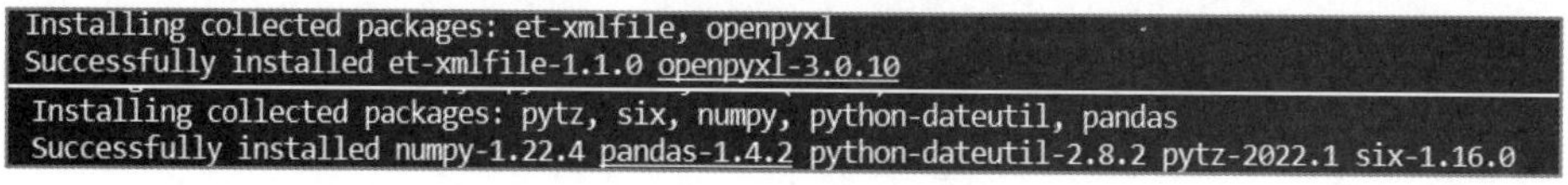

```
Installing collected packages: et-xmlfile, openpyxl
Successfully installed et-xmlfile-1.1.0 openpyxl-3.0.10
Installing collected packages: pytz, six, numpy, python-dateutil, pandas
Successfully installed numpy-1.22.4 pandas-1.4.2 python-dateutil-2.8.2 pytz-2022.1 six-1.16.0
```

图 2-2 成功安装 Excel 模块

2. 查看 Excel 模块

在 Visual Studio Code 的终端界面中，输入命令 pip list，可以查看已经安装的 Excel 模块，如图 2-3 所示。

3. 卸载 Excel 模块

在 Visual Studio Code 的终端界面中，命令 pip uninstall ×××（×××代表 Excel 模块的名称）即可卸载 Excel 模块，如图 2-4 所示。

```
openpyxl            3.0.10
orderedmultidict    1.0.1
packagebuilder      0.1.0
packaging           20.4
pandas              1.4.2
```

图 2-3 已经安装的 Excel 模块

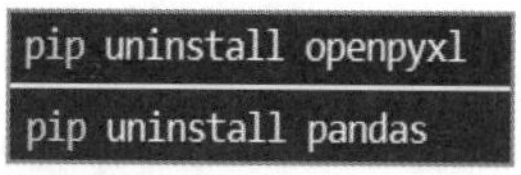

```
pip uninstall openpyxl
pip uninstall pandas
```

图 2-4 卸载 Excel 模块

在卸载过程中，终端界面中会提示 Proceed (Y/n)?（是否继续？），输入 y 并按 Enter 键，等待一段时间后，终端界面中会出现提示文字 Successfully uninstalled ×××（×××代表 Excel 模块的名称），这表示 Excel 模块卸载成功，如图 2-5 所示。

图 2-5 Excel 模块卸载成功

2.2 离线安装 Excel 模块

和 Visual Studio Code 插件一样，Excel 模块也可以离线安装：先把 Excel 模块安装包下载到本地计算机中，再在本地计算机上运行安装包。

这里以离线安装 openpyxl 模块为例进行介绍，其他模块的离线安装方法是一样的。

离线安装 openpyxl 模块的方法如下。

首先，访问模块市场。访问 PyPI 网站，在搜索栏中，输入模块名称"openpyxl"，单击用于搜索的放大镜按钮，如图 2-6 所示，跳转到模块列表页面。

然后，选择模块。在 openpyxl 模块列表页面中，选择第一个版本（最新版本）的链接，如图 2-7 所示，跳转到 openpyxl 模块详情页面。

图 2-6 在 PyPI 网站搜索 openpyxl 模块

图 2-7 模块列表页面

接下来，下载模块。在 openpyxl 模块详情页面（页面会随时更新，可能和本书图示稍微不同）中，单击左侧导航栏中的 Download files 按钮，页面中会显示两种格式的安装包文件。一种是 WHL 格式（注意，下载的 WHL 格式的安装包文件不能修改名称），另一种是 GZ 格式。随意选择其中一种格式的安装包文件并下载，如图 2-8 所示。

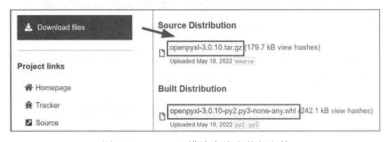

图 2-8 openpyxl 模块离线安装包文件

如果想下载旧版本（如 3.0.7 版本）的 openpyxl，则单击左侧导航栏中的 Release history 按钮，再单击相应的版本号，如图 2-9 所示，浏览器会跳转到该版本的详情页面。

在详情页面中，单击左侧导航栏中的 Download files 按钮，页面中会显示安装包文件，如图 2-10 所示，随意选择其中一种格式的安装包文件并下载。

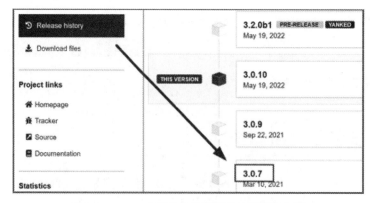

图 2-9　openpyxl 模块的各种版本的安装包文件

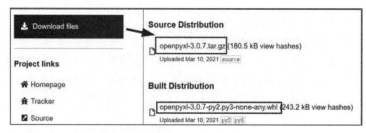

图 2-10　openpyxl 模块的安装包文件

接下来，安装模块。WHL 格式和 GZ 格式的 openpyxl 模块的安装方法是不同的。先把两种格式的安装包文件都下载到 D 盘根目录下（其他位置也可以）。下面分别介绍它们的安装方法。

安装 WHL 格式的 openpyxl 模块的方法如下。

进入 D 盘根目录（刚才下载的 WHL 格式的安装包文件的保存位置），按住 Shift 键的同时在空白处右击，在弹出的菜单中选择"在此处打开 PowerShell 窗口"，打开 PowerShell 窗口。

在 PowerShell 窗口中，输入安装命令 pip install ×××.whl（×××是刚才下载的 WHL 格式的安装包文件的名称），如图 2-11 所示，然后按 Enter 键。

```
D:\> pip install openpyxl-3.0.7-py2.py3-none-any.whl
```

图 2-11　WHL 格式的 openpyxl 模块的安装命令

等待一段时间后，PowerShell 窗口中会出现提示文字 Successfully installed×××（×××代表 Excel 模块的名称），这表示 Excel 模块安装成功，如图 2-12 所示。

```
Successfully installed openpyxl-3.0.7
```

图 2-12　成功安装 Excel 模块 1

安装 GZ 格式的 openpyxl 模块的方法如下。

GZ 格式的安装包文件实际上是一个压缩包，先将其解压，然后进入解压后的文件夹，其中有一个 setup.py 文件，如图 2-13 所示。

在刚才解压后的文件夹中，按住 Shift 键的同时在空白处右击，在弹出的菜单中选择"在此处打开 PowerShell 窗口"，打开 PowerShell 窗口。

图 2-13　解压后文件夹中的 setup.py 文件

在 PowerShell 窗口中，输入安装命令 python setup.py install，如图 2-14 所示，然后按 Excel 键。

```
D:\openpyxl-3.0.7> python setup.py install
```

图 2-14　GZ 格式的 openpyxl 模块的安装命令

等待一段时间后，PowerShell 窗口中会出现提示文字 Processing dependencies for×××（×××代表 Excel 模块的名称），这表示 Excel 模块安装成功，如图 2-15 所示。

```
Processing dependencies for openpyxl==3.0.7
```

图 2-15　成功安装 Excel 模块 2

最后，在 Visual Studio Code 的终端界面中输入命令 pip list，查看已经成功安装的 Excel 模块，如图 2-16 所示。

问题	输出	终端	调试控制台
numpy		1.21.0	
openpyxl		3.0.7	
orderedmultidict		1.0.1	

图 2-16　已经成功安装的 Excel 模块

第3章
编写代码前的准备

编写代码不是一件容易的事情。在编写代码的整个过程中，事前的项目分析是必不可少的环节。

3.1 了解表格数据

为了让读者更好地理解 openpyxl 和 pandas 这两个 Excel 模块的使用方法，作者专门编辑了一个"员工信息表"。表格中的数据均是虚构的，仅用于案例演示。

3.1.1 表格数据的基本结构

表格中的数据分为三部分。第一部分是基本信息，第二部分是岗位信息，第三部分是任职信息，如图 3-1 所示。

图 3-1　表格数据的基本结构

3.1.2 表格数据的详细讲解

在基本信息中，姓名和手机号码的数据类型都是常规，如图 3-2 所示。

在岗位信息中，员工编号是以文本形式保存的 12 位数字，部门编号、部门名称、职务的数据类型都是常规，如图 3-3 所示。

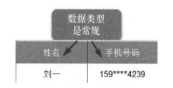

图 3-2　表格基本信息的数据类型

图 3-3　表格岗位信息的数据类型

在任职信息中，月薪的数据类型有文本和数值两种，入职日期的数据类型是日期，工作年限是用公式计算的数值，如图 3-4 所示。

图 3-4　表格任职信息的数据类型

3.1.3　表格数据的整体预览

前面简单地介绍了表格数据的结构，现在对表格数据进行整体预览，这可以使我们对数据有一个整体印象，方便后续编写代码，如图 3-5 所示。

姓名	手机号码	员工编号	部门编号	部门名称	职务	月薪／元	入职日期	工作年限
刘一	159****4239	100011001101	1	办公室	经理	8000	2012-5-20	10
陈二	139****4281	100011001102	1	办公室	文员	5,000.50	2011-4-10	11

图 3-5　表格数据的整体预览

3.1.4　Excel 模块读取数据的规则

之所以设置这些数据，是因为 openpyxl 模块和 pandas 模块在读取数据方面有不同的规则。

一般情况下，openpyxl 模块和 pandas 模块读取常规类型的数据并将其输出到 Excel 文档后，数据不会发生变化。但是有些特殊类型的数据经过 openpyxl 模块和 pandas 模块读取处理后会发生一定的改变。具体介绍如下。

1.以文本形式保存的 12 位数字

假设读取以文本形式保存的由 12 位数字组成的员工编号，用 openpyxl 模块读取这 12 位数字不需要经过任何转换，最终可以正常显示 12 位数字；而用 pandas 模块读取这 12 位数字时，如果不强制把这 12 位数字转换为文本型数据，最终会显示带 E 的一串数字，如图 3-6 所示。

源文件的员工编号	用openpyxl模块读取的员工编号	用pandas模块读取的员工编号
100011001101	100011001102	1.00011E+11
100011001102	100012002213	1.00011E+11

图 3-6　用 openpyxl 模块和 pandas 模块读取长数字的结果

2.文本和数值两种数据类型的数字

假设月薪有文本和数值两种数据类型，用 openpyxl 模块读取文本型数字后，如果不强制进行数据类型的转换，最终结果还是文本型数字。也就是说，openpyxl 模块不会主动改变数据的类型。而用 pandas 模块读取文本型数字后，会主动改变数据类型，将文本型数字转换为数值型数字，如图 3-7 所示。

图 3-7　用 openpyxl 模块和 pandas 模块读取文本型数据的结果

3．日期格式

例如，入职日期的格式包括"年月日"，不包括"时分秒"。但是用 openpyxl 模块和 pandas 模块读取后，日期后都会自动加上"时分秒"，如图 3-8 所示。如果不想在最终结果中显示"时分秒"，需要在代码中对日期进行处理。

	用openpyxl模块读取日期后显示时分秒	用pandas模块读取日期后显示时分秒
源文件的入职日期	用openpyxl读取的日期	用pandas读取的日期
2012-5-20	2012-05-01 0:00:00	2012-05-01 00:00:00
2011-4-10	2011-04-01 0:00:00	2011-04-01 00:00:00

图 3-8　用 openpyxl 模块和 pandas 模块读取日期的结果

4．表格中的公式

很多时候，Excel 文档会带有计算公式，例如，计算工作年限的公式。当用 openpyxl 模块读取工作年限时，会直接将公式原封不动地复制过去，如果公式单元格的引用方式是相对引用而不是绝对引用（也就是说，复制公式后，公式引用的单元格会发生改变），那么输出的结果有可能会因为公式的错误而错误。而用 pandas 模块读取公式后，会直接把公式删除了，输出的是公式的计算结果，如图 3-9 所示。所以如果 openpyxl 模块需要保留正确的公式，就要在代码中重写一次计算公式。

	用openpyxl模块读取后还是文本	用pandas模块读取后是数值
源文件是文本文件		
源文件的公式	用openpyxl读取的工作年限	用pandas读取的工作年限
10	12	10
11	122	11

图 3-9　用 openpyxl 模块和 pandas 模块读取工作年限的结果

3.2　规划需要实现的目标

我们使用一个"员工信息表"作为案例的数据，在这里要思考的是，通过这个案例的数据要实现怎样的功能。

我们必须有明确的目标，才能开始编写代码，才能让代码实现目标。

3.2.1 需要实现的总体目标

一个普通的小程序也拥有输入、修改、删除和查询这 4 项基础的功能。在本书中，数据已经提前输入完毕，也不需要修改和删除，所以只剩下查询功能需要实现。

这就有了一个明确的目标：运用 Excel 模块，根据一定条件对"员工信息表"的数据进行查询，得出查询结果。也就是说，编写的代码需要实现"数据查询"功能，如图 3-10 所示。

图 3-10　需要实现的总体目标

3.2.2 需要实现的具体目标

仅有"数据查询"这个总体目标是不够的，因为"查询数据"是一个比较抽象的词语。如果我们要求别人帮你实现一个"数据查询"功能，对方可能会感到困惑，因为对方不知道我们具体要得到什么查询结果。

所以还需要进一步规划，明确更具体的目标。具体的目标其实就是我们想要得到什么样的查询结果。

本书重点介绍 Excel 模块的运用，所以只设置 3 种比较简单的查询条件。通过这些查询条件，我们可以得到相应的查询结果。需要实现的具体目标如图 3-11 所示。

图 3-11　需要实现的具体目标

设置这 3 种查询条件的原因如下。
- 在日常生活中，我们或许只记得手机号码中的几个数字，我们需要用模糊查询，即通过关键字匹配查找我们需要的手机号码，所以设置"根据手机号码查询"这个功能。
- 我们有时想通过输入一定范围内的数值查找该范围内的月薪记录，所以设置"根据月薪查询"这个功能。
- 将部门名称和入职日期两者组合起来，可以实现一个多条件的综合查询，所以设置"根据部门名称和入职日期查询"这个功能。

这样，在熟练掌握了这些基础的查询技巧后，我们对其他简单的查询也可以应付自如。

3.3　做好清晰的项目分析

在编写代码之前还需要做的准备之一就是进行项目分析。什么是项目分析？简单来说，就是制作一个流程图来说明如何实现我们的目标。

实际上，项目分析（流程图）是一座桥梁，它把业务需求（表格数据）和技术手段（编写代码）两者有效地衔接起来，实现双方（提业务需求的人员和编写代码的人员）的有效沟通。

3.3.1　项目的总体分析

根据前面规划的目标，先制作一张总体流程图。

在总体流程图中，我们可以清晰地看到，只需要经过 3 个步骤，即打开文档、显示菜单、查询并保存数据，就可以实现"数据查询"功能，如图 3-12 所示。

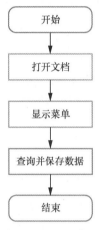

图 3-12　总体流程图

3.3.2　项目的细化分析

对项目进行细化分析，将总体流程图扩展成明细流程图，目的是把复杂的代码运作过程用简单的图形直观地展现出来。

1．打开文档

这里打开文档的意思是获取文档的状态和访问权限，主要有两个逻辑判断。

一个是判断文档（表格数据）是否存在。如果不存在，就新建文档，然后打开文档；如果已经存在，就直接打开文档。

另一个是打开文档时判断是否有读写权限。如果有读写权限，就显示菜单；如果没有读写权限（例如，第三方应用已经打开了文档），则结束流程，如图 3-13 所示。

2．显示菜单

菜单中有 3 个查询条件和一个退出选项。如果用户选择任意一个查询条件，就进入下一步的查询数据；如果用户选择退出选项，就结束流程，如图 3-14 所示。

3．查询并保存数据

根据用户在菜单中的选择，获取相应的查询条件，并根据查询条件进行数据的查询和表格的修饰（让用户有良好的阅读体验），最后对数据进行保存，如图 3-15 所示。

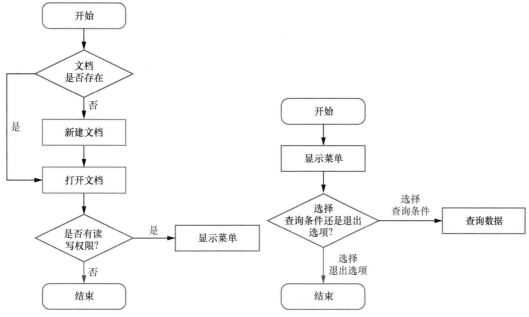

图 3-13　明细流程图第一步（打开文档）　　　　图 3-14　明细流程图第二步（显示菜单）

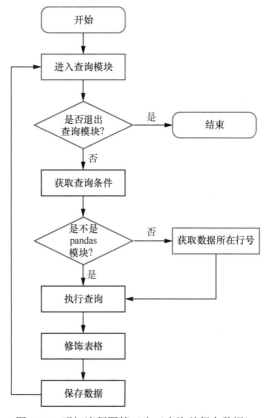

图 3-15　明细流程图第三步（查询并保存数据）

3.3.3 流程图整体预览

前面对项目进行了细化分析，在每一步中都展示了相应的流程图。现在将各个部分的流程图整合起来，形成一个完整的流程图，如图 3-16 所示。在后续编写代码时，按照这个完整的流程图逐步进行。

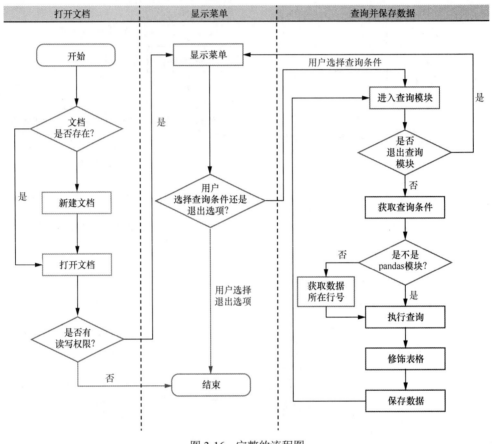

图 3-16 完整的流程图

3.4 搭建可行的代码框架

下面介绍如何搭建可行的代码框架，包括 Excel 模块代码的编写思路、构建的代码函数以及函数之间的调用。

3.4.1 Excel 模块代码的编写思路

实现前面规划的目标（数据查询功能）有多种不同的方法。这里只介绍其中一种方法，给读者提供一种思路。这里介绍的方法不是最优的方法，读者如果有更好的思路和方法，可以自己动手尝试。

编写代码的总体思路如下。

首先，打开文档，把文档读入缓存。

其次，建立一个菜单供用户选择。

最后，通过用户的选择获取相应的查询条件，并根据查询条件进行数据的查询，输出查询结果。

Excel 模块代码的编写思路和前面流程图中的步骤是一致的。但是，实际上不同的 Excel 模块在"查询数据"上运用的技术有所差别，这是编写代码的核心，所以下面将详细介绍"查询数据"中 Excel 模块的查询思路（至于其他部分的查询思路，参考流程图即可）。

1．openpyxl 模块的查询思路

openpyxl 模块的查询思路如下。

（1）如果用户选择"根据手机号码或者月薪查询"，则根据用户输入的关键字在"手机号码"或者"月薪"列找到该关键字所在的行的编号。

（2）把找到的行号组成列表，根据列表中的行号获取相应行的数据。

（3）如果用户选择"根据部门名称和入职日期查询"，则提供一个部门列表选项，让用户选择部门名称，提供一个入职年份范围，让用户输入需要查询的入职年份。

（4）根据用户选择的部门名称和输入的入职年份，分别在"部门名称"列和"入职年份"列获取相应的行号。

（5）运用交集（找到相同的行号）把获取的"部门名称"和"入职年份"的行号组成新的行号唯一的列表，再根据列表中的行号获取相应行的数据。

openpyxl 模块的查询流程图如图 3-17 所示。

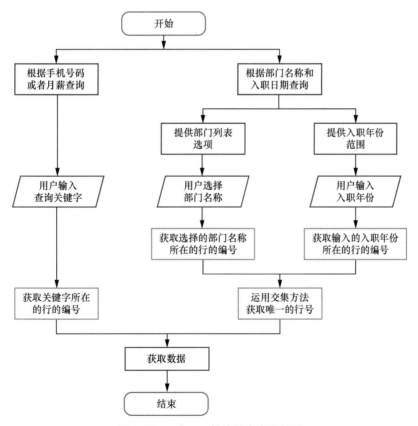

图 3-17　openpyxl 模块的查询流程图

2．pandas 模块的查询思路

pandas 模块的查询思路如下。

（1）如果用户选择"根据手机号码或者月薪查询"，则直接根据关键字获取与该关键字相匹配的数据。

（2）如果用户选择"根据部门名称和入职日期查询"，则提供一个部门列表选项，让用户选择部门名称，提供一个入职年份范围，让用户输入需要查询的入职年份。

（3）将用户选择的部门名称和输入的入职年份，形成一个组合查询条件，根据该组合查询条件，获取匹配的数据。

pandas 模块的查询流程图如图 3-18 所示，从中可以看出利用 pandas 模块独特的查询技术会提高查询效率。

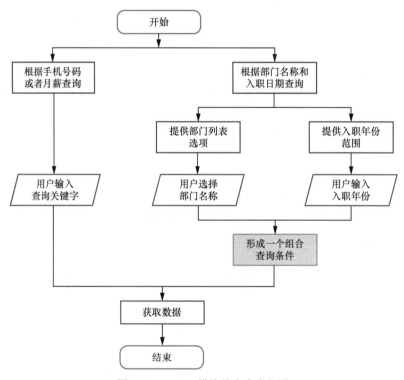

图 3-18　pandas 模块的查询流程图

3.4.2　构建的代码函数

利用 Python 函数可以使代码简洁和重复使用，所以需要构建以下 8 个函数来搭建起整个程序的架构。

1．openfiles()函数

openfiles()函数的作用如下。

❑ 打开"员工信息表"和"查询结果表"并检查上述表格是否存在。如果"员工信息表"不存在，则会给出提示信息并退出程序；如果"查询结果表"不存在，则会新建一个空白"查询结果表"。

❍ 检查"员工信息表"和"查询结果表"是否有读写权限。如果没有读写权限，则给出提示信息并退出程序；如果"员工信息表"和"查询结果表"有读写权限，则将相关数据读入缓存。

2．menu()函数

menu()函数的作用如下。

❍ 建立一个菜单并显示给用户，让用户进行选择。
❍ 若用户输入 0，则退出程序；若用户输入 1~3 的整数，则进入查询模块。

3．data_find_main()函数

data_find_main()函数的作用如下。

❍ 判断用户选择了哪个查询条件。
❍ 根据用户选择的查询条件，获取查询关键字或者生成查询条件，并将其作为参数传递给其他函数。
❍ 作为主程序调用其他子程序。
❍ 如果是 pandas 模块，则直接根据关键字或者综合查询条件查询数据。
❍ 保存查询结果。

4．data_row_find()函数

data_row_find()函数在 openpyxl 模块中使用，pandas 模块不需要这个函数。

data_row_find()函数的作用如下。

❍ 根据主程序传递过来的关键字，获取关键字所在行的编号。
❍ 用行号组成列表并返回给主程序。

5．data_get 函数()

data_get 函数在 openpyxl 模块中使用，pandas 模块不需要这个函数。

data_get ()函数的作用如下。

❍ 根据主程序传递过来的行号获取该行的数据。
❍ 将查询结果返回给主程序。

6．data_beautify()函数

因为 pandas 模块的修饰功能比较弱，所以会在 pandas 模块中沿用 openpyxl 模块的修饰功能。

data_beautify()函数的作用如下。

用 openpyxl 命令对表格数据进行修饰。

7．department_get()函数

department_get()函数在用户选择"根据部门名称和入职日期查询"的时候使用，在用户选择"根据手机号码或者月薪查询"的时候不使用。

department_get()函数的作用如下。

❍ 提供一个部门列表项，让用户选择部门名称。
❍ 将用户选择的部门名称组合成字符串并返回主程序。

8．workyear_get()函数

workyear_get()函数在用户选择"根据部门名称和入职日期查询"的时候使用，在用户选择"根据手机号码或者月薪查询"的时候不使用。

workyear_get()函数的作用如下。

❍ 提供一个入职年份范围，让用户输入需要查询的入职年份。

⚫ 将用户输入的入职年份组合成字符串并返回主程序。

3.4.3　函数之间的调用

前面用文字描述了各个函数的作用，图 3-19 用流程图来展示各个函数之间的调用，帮助读者理解各个函数的作用。其中的操作如下。

（1）运行 openfiles()函数，获取文档的状态和访问权限。如果文档存在并且允许读写，则运行 menu()函数，给用户提供一个菜单。

（2）用户在菜单中选择查询条件，运行 data_find_main()函数，进入查询模块。

（3）用户选择"根据手机号码或者月薪查询"，如果使用 openpyxl 模块，则会在 data_find_main()函数中调用 data_row_find()函数，找到查询关键字所在行的编号，返回 data_find_main()函数，然后再调用 data_get()函数，根据行号获取相应的行的数据，获取数据后，返回 data_find_main()函数。如果使用 pandas 模块，则不需要调用 data_row_find()函数和 data_get()函数，而直接执行查询命令。

（4）用户选择"根据部门名称和入职日期查询"，在 data_find_main()函数中分别调用 department_get()函数和 workyear_get()函数，提供一个部门列表选项，让用户选择部门名称，提供一个入职年份范围，让用户输入需要查询的入职年份。然后把用户选择的部门名称和输入的入职年份返回给 data_find_main()函数，形成一个组合查询条件，再执行第（3）步。

（5）在 data_find_main()函数中，调用 data_beautify()函数，美化并修饰表格，美化并修饰完成后返回 data_find_main()函数，再从 data_find_main()函数中返回 menu()函数，让用户选择是继续查询还是退出查询。

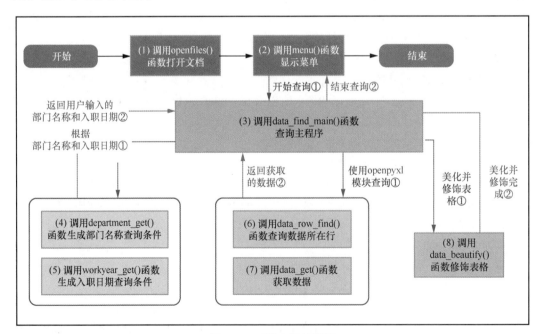

图 3-19　函数之间的调用

第4章

使用 openpyxl 模块编写员工信息表查询案例

第 3 章介绍了编写代码前的准备，属于理论知识。从本章开始，我们进入实践部分，开始代码的编写。

在开始编写代码之前，先简单介绍一下 openpyxl 模块。

openpyxl 模块具有简单易用、功能多的特点。易学易用是它的优点。易学是指理解 openpyxl 模块并不困难；易用是指代码兼容性强，不容易出现莫名其妙的错误。

openpyxl 模块能够对 Excel 文档进行打开、新建、修改、保存等操作。它支持的操作和文档格式如表 4-1 所示。但是它只支持 Excel 2007 以后的版本，也就是说，只支持新版本的.XLSX 格式的文档，不支持旧版的.XLS 格式的文档。

表 4-1　openpyxl 模块对 Excel 文档支持的操作和支持的文档格式

支持的操作	支持的文档格式
打开文档	.XLS 文档
新建文档	.XLSX 文档
修改文档	—
保存文档	—

读者可以访问 openpyxl 模块的官方网站，查看完整的官方文档（英文版），深入了解 openpyxl 模块的用法，如图 4-1 所示。

图 4-1　openpyxl 模块的官方网站

读者还可以阅读 AI Sweigart（阿尔·斯维加特）著的《Python 编程快速上手：让繁琐工作自动化》（人民邮电出版社）一书的第 13 章，了解 openpyxl 模块的知识。

4.1　导入模块

代码清单 4.1 的作用如下。

在 Python 代码中，如果需要引用相关模块，则需要在最开始用 import 命令导入相应模块。

代码清单 4.1　导入模块

```
1    # ====================
2    # 运用 openpyxl 模块，查询 Excel 数据
3    # ====================
4
5    # ================================
6    # 前期准备：导入模块
7    # 导入 openpyxl 模块
8    # ================================
9
10   # 信息提示
11   print('程序正在启动，请稍候')
12
13   # 导入 openpyxl 模块
14   import openpyxl
15   # 导入 openpyxl 模块的样式库
16   from openpyxl.styles import PatternFill, Font, Alignment, Border, Side
17   # 导入 datetime 模块
18   import datetime
19   # 导入 decimal 模块（用于将文本数值转换为带小数点的数值和设置小数位）
20   from decimal import Decimal
21
22
```

代码清单 4.1 的解析

第 1～10 行是注释。其中，第 4 行和第 9 行是空行，作用是避免代码过于密集而难以查看（后续的空行也有同样的作用）。

第 11 行用 print()函数输出一条信息，提示用户程序正在启动，如图 4-2 所示。

第 14～20 行用 import 和 from…import 命令导入各种 Python 模块。其中，openpyxl 是 Excel 模块，用于处理 Excel 文档；

图 4-2　用 print( )函数输出信息

openpyxl.styles 是 openpyxl 模块的样式库，用于修饰 Excel 文档；datetime 是时间模块，用于获取日期与时间；decimal 是小数模块，用于将文本数值转为带小数点的数值并设置小数位。

知识扩展

第 14 行和第 18 行代码中的 import 命令是 Python 中用于导入模块的基本命令。

第 16 行和第 20 行代码中的 from…import 命令是 Python 中用于导入模块的另外一种命令，作用是从模块中导入一个指定的部分。用 from…import 命令导入模块的指定部分，可以提高代码的简洁性。例如，在设置表格的对齐方式时，直接写 Alignment 即可，如图 4-3（a）所示。而如果没有使用 from…import 命令，则需要在 Alignment 之前加上 "openpyxl.styles."，如图 4-3（b）所示。

（a）用 from…import 命令可以直接写 Alignment

（b）没有用 from…import 命令需要完整写出模块名称

图 4-3　设置表格对齐方式的对比

4.2　获取文件的状态和访问权限

在讲解代码前，先介绍本节代码涉及的知识点和代码的设计思路。

1．本节代码涉及的知识点

本节代码涉及的知识点如表 4-2 所示。

表 4-2　本节代码涉及的知识点

知识点		作用
Python 知识点	def 函数名()	构建函数
	datetime.date.today()函数	获取当前的日期
	strftime()函数	将日期按照一定格式转换为字符串形式的文本
	open()函数	打开文件
	close()函数	关闭文件
	print()函数	输出
	read()函数	从一个打开的文件中读取一个字符串
	list1 = []	创建列表
	try…except	处理程序正常执行过程中出现的异常情况
	if	条件语句
	for	循环语句
关于 openpyxl 模块的知识点	openpyxl.workbook()	创建文件
	openpyxl.load_workbook()	打开文件
	wb.save('文件名')	保存文件
	wb.active	选择当前表格
	wb['表格名称']	根据表格名称选择
	wb.worksheets[索引号]	根据表格索引号选择
	sheet.title = '表格名称'	重命名表格
	sheet.dimensions	读取数据区域
	sheet.iter_rows(min_row=数字, max_row=数字, min_col=数字, max_col=数字)	读取指定范围的单元格
	for cell in row:	读取行单元格
	变量 = cell.value	读取单元格的值

2．本节代码的设计思路

本节代码的设计思路是检验文件的状态和访问权限并执行不同操作。如果文件不存在或者不能访问，则退出程序；如果文件可以读写，则启动菜单，执行查询。其中的具体操作如下。

（1）构建一个 openfiles() 函数，执行步骤（2）～（9）的代码。

（2）命名"查询结果"文件：将"查询结果"4 个字和获取的当前日期连接起来，并加上 .xlsx 扩展名，组合成"查询结果"文件的名称。

（3）获取"查询结果"文件的状态和访问权限：如果文件不存在，则创建一个工作簿对象并激活第一个表格，将激活的表格重命名为"查询结果"；如果文件已经被第三方程序打开，则输出提示信息并结束程序的运行。

（4）打开"查询结果"文件：打开已经创建的"查询结果"文件。

（5）获取"数据来源"文件名：从一个"数据来源文件名"文本文件中读取"数据来源"文件名（例如，员工信息表.xlsx）。

（6）获取"数据来源"文件的状态和访问权限：如果文件不存在或者已经被第三方程序打开，则输出提示信息并结束程序的运行。

（7）打开"数据来源"文件：如果能够正常读写"数据来源"文件（例如，员工信息表.xlsx），则将文件数据读入缓存，并显示读取的数据范围（有多少行多少列）。

（8）获取"数据来源"文件的标题行：读取"数据来源"文件后，将表格中的第 1 行标题写入一个列表变量，方便后续代码根据标题中的相应字段进行查询。

（9）启动菜单：调用 menu() 函数启动菜单。

4.2.1　构建 openfiles() 函数

代码清单 4.2 的作用如下。

构建一个 openfiles() 函数，用于判断"查询结果"文件与"数据来源"文件的状态和访问权限，如果文件允许读写，则启动菜单。

代码清单 4.2　构建 openfiles() 函数

```
23  # =================================
24  # 打开文件
25  # 获取文件的状态和访问权限
26  # =================================
27
28  def openfiles():
29
```

代码清单 4.2 的解析

第 23～26 行是注释，用于标注这个函数的用途。

第 28 行用 def 命令构建 openfiles() 函数。

4.2.2　命名"查询结果"文件

代码清单 4.3 的作用如下。

将"查询结果"4 个字和获取的当前日期连接起来，并加上 .xlsx 扩展名，组成"查询结果"文件的名称。

代码清单 4.3　命名"查询结果"文件

```
30      # 命名"查询结果"文件
31      # 获取当前日期，用 strftime("%Y%m%d") 函数将日期变成字符串
```

```
32      date_today = datetime.date.today().strftime("%Y%m%d")
33      # 命名"查询结果"文件（加上当前日期和.xlsx 扩展名）
34      file_name_target = '查询结果'+date_today+'.xlsx'
35
```

代码清单 4.3 的解析

第 32 行通过 datetime 模块获取当前日期，并运用 strftime()函数将获取的日期转换为字符串形式的文本，然后赋给变量 date_today。

第 34 行将"查询结果"4 个字和变量 date_today 的值（字符串形式的文本日期）连接起来，加上.xlsx 扩展名，组成"查询结果"文件的名称，并赋给变量 file_name_target。例如，如果当前日期是 2022-03-30，那么将"查询结果"文件命名为"查询结果 20220330.xlsx"。

知识扩展

第 32 行代码通过 datetime.date.today()返回一个表示当前日期的对象 date。

读者可以尝试输入"print(datetime.date.today())"并运行代码，Visual Studio Code 的终端界面中会显示当前日期。

第 32 行代码中的 strftime()函数用于将接收的日期按照一定的格式转换为字符串的形式文本。例如，通过 datetime 模块获取的当前日期是 2022-03-30，运用 strftime()函数指定格式 "%Y%m%d"，可以将其转换为 20220330 这样的字符串形式的文本日期。

读者可以查看菜鸟教程网站的 PYTHON3 模块，深入了解 strftime()函数的具体语法和格式化符号，如图 4-4 所示。

图 4-4　菜鸟教程网站

第 34 行的变量 file_name_target 的值（例如，查询结果 20220330.xlsx）实际上是字符串文字"查询结果"和字符串形式的文本日期"20220330"以及字符串文字".xlsx"（文件扩展名）的组合。

4.2.3　获取"查询结果"文件的状态和访问权限

代码清单 4.4 的作用如下。

检验"查询结果"文件是否存在以及是否允许读写。如果文件不存在，则创建一个工作簿对象并激活第一个表格，将激活的表格重命名为"查询结果"；如果文件已经被第三方程序打开且不允许读写，则输出提示信息并结束程序的运行。

代码清单 4.4　获取"查询结果"文件的状态和访问权限

```
36      # 获取"查询结果"文件的状态和访问权限
37      # 用 try…except 语句处理异常情况，避免程序中断
38      try:    # 文件存在
39          # 用 open()函数打开文件
```

```
40              myfile = open(file_name_target,"r+")
41              # 关闭文件
42              myfile.close()
43      except FileNotFoundError:    # 文件不存在
44              # 信息提示
45              print('\n<<'+file_name_target+'>>不存在,正在用 openpyxl 模块创建,',end='')
46
47              # 用 openpyxl 模块创建一个空白 Excel 文档,默认生成一个表格
48              wb_target = openpyxl.Workbook()
49              # 激活第一个表格
50              sheet = wb_target.active
51              # 重命名第一个表格
52              sheet.title = '查询结果'
53              # 保存文件
54              wb_target.save(file_name_target)
55
56              # 信息提示
57              print('<<'+file_name_target+'>>文件创建成功!\n')
58      except PermissionError:        # 文件已经打开
59              # 信息提示
60              print('×××文件读取错误提示×××: <<'+file_name_target+'>>已经被其他程序打开,',
                    end='')
61              print('不能访问。请先关闭该文件再运行本程序! \n')
62              # 退出程序
63              return
64
```

代码清单 4.4 的解析

第 38 行的 try 语句表示能够正常打开和访问文件。

第 40 行用 open()函数打开文件。第一个参数是变量 file_name_target 的值(例如,查询结果 20220330.xlsx),第二个参数用 "r+" 表示读写。

第 42 行用 close()函数关闭 open()函数打开的文件,关闭后不能再对文件进行读写操作。如果不用 close()函数关闭文件,则会导致写入的数据未保存,或者打开的文件一直被占用。

第 43 行的 except FileNotFoundError 语句用于处理 "文件不存在" 的异常情况。如果要用 open()函数打开的文件不存在,则会返回 FileNotFoundError 信息,这时程序代码会跳转到 except FileNotFoundError 部分,执行第 43~57 行代码。

第 45 行用 print()函数输出一条提示信息。小括号中的\n 是换行的意思,即另起一行显示提示信息;end='' 的意思是不换行,下一条用 print()函数输出的提示信息会在同一行继续显示。

第 48 行用 openpyxl.Workbook()创建一个工作簿对象(一个空白 Excel 文档,默认生成一个空白表),并赋给对象 wb_target。

第 50 行用 wb_target.active 命令激活生成的第一个表,并赋给对象 sheet。

第 52 行用 sheet.title 命令将激活的表重命名为 "查询结果"。

第 54 行用 wb_target.save()将这个空白工作簿以变量 file_name_target 的值(例如,查询结果 20220330.xlsx)为文件名进行保存。

第 57 行用 print()函数输出一条提示信息。

第 58 行的 except PermissionError 语句用于处理 "没有权限进行读写访问" 的异常情况。如果要用 open()函数打开的文件已经被第三方程序打开,则会返回 PermissionError 信息,这时

程序代码会跳转到 except PermissionError 部分，执行第 58～63 行代码。

第 60 行和第 61 行用 print()函数输出两条提示信息。这里用两个 print()函数来输出提示信息是为了不让一行代码太长，读者可以尝试将提示信息用一个 print()函数输出。

第 63 行用 return 语句结束程序的运行。

知识扩展

try…except 语句主要用于处理程序正常执行过程中出现的一些异常情况。其工作原理是，如果 try 后的语句在执行时发生异常，就执行第一个匹配该异常的 except 子句。

代码调试

在第 48 行中，设置一个断点，查看代码中各对象的值，如图 4-5 所示。

```
47      # 用openpyxl命令创建空白 Excel 文档，默认生成一个表
48      wb_target = openpyxl.Workbook()
```

图 4-5 设置断点

在执行第 48 行代码后和执行第 50 行代码前，对象 wb_target 的 sheetnames 属性有一个默认的表，名为 Sheet，如图 4-6 所示。

```
50      sheet = wb_target.active
51      # 将第一个表命 <openpyxl.workbook.workbook.Worki
52      sheet.title =   ∨ sheetnames: ['Sheet']
53      # 保存文件        > special variables
54      wb_target.save  > function variables
55                        0: 'Sheet'
```

图 4-6 对象 wb_target 的 sheetnames 属性有一个默认的表，名为 Sheet

在执行第 52 行代码前，对象 sheet 的 title 属性为 Sheet，如图 4-7（a）所示；在执行第 52 行代码后，对象 sheet 的 title 属性为"查询结果"，如图 4-7（b）所示。也就是说，通过 sheet.title ='查询结果'语句，成功地把表的名称从"Sheet"修改为"查询结果"。

```
52      sheet.title = '查询结果'
53      # <Worksheet "Sheet">
54      w    title: 'Sheet'
```
（a）对象 sheet 的 title 属性默认为 Sheet

```
52      sheet.title = '查询结果'
53      # 保 <Worksheet "查询结果">
54      wb_t   title: '查询结果'
```
（b）将对象 sheet 的 title 属性修改为"查询结果"

图 4-7 修改对象 sheet 的 title 属性

执行第 48～54 行代码，用 openpyxl 的相关命令在资源管理器中新建一个 Excel 文档，打开这个文档后，可以看见一个空白的"查询结果"表，如图 4-8 所示。

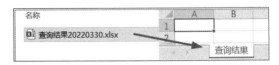

图 4-8 用 openpyxl 的相关命令新建一个空白 Excel 文档

4.2.4 打开"查询结果"文件

代码清单 4.5 的作用如下。

打开已经创建的"查询结果"文件。

代码清单 4.5 打开"查询结果"文件

```
65      # 打开"查询结果"文件
66      # 信息提示
67      print('\n 正在用 openpyxl 模块读入<<'+file_name_target+'>>, ',end='')
68
69      # 用 openpyxl 模块打开"查询结果"文件
70      wb_target = openpyxl.load_workbook(file_name_target)
71      # 激活表
72      sheet_target = wb_target['查询结果']
73
74      # 信息提示
75      print('<<'+file_name_target+'>>读入成功!当前选择的表是: '+sheet_target.title+'\n')
76
```

代码清单 4.5 的解析

第 67 行用 print()函数输出一条提示信息。

第 70 行用 openpyxl.load_workbook()读取变量 file_name_target 的值,打开"查询结果"文件,并赋给对象 wb_target。

第 72 行将对象 wb_target 中名为"查询结果"的表赋给对象 sheet_target。

第 75 行用 print()函数输出一条提示信息(读取对象 sheet_target 的属性 title 的值)。

代码调试

在第 70 行中设置一个断点,查看代码中各对象的值,如图 4-9 所示。

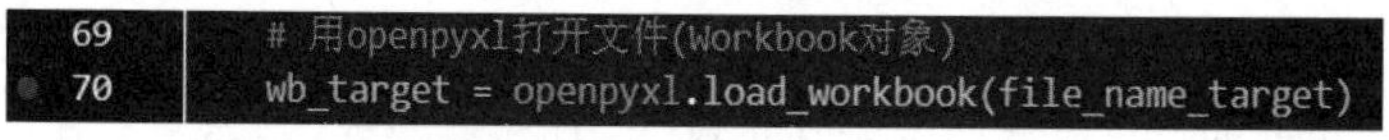

图 4-9 设置断点

执行第 70 行代码,用 openpyxl.load_workbook()命令打开"查询结果"文件,并赋给对象 wb_target,对象 wb_target 的属性 sheetnames 有一个名为"查询结果"的表,如图 4-10 所示。

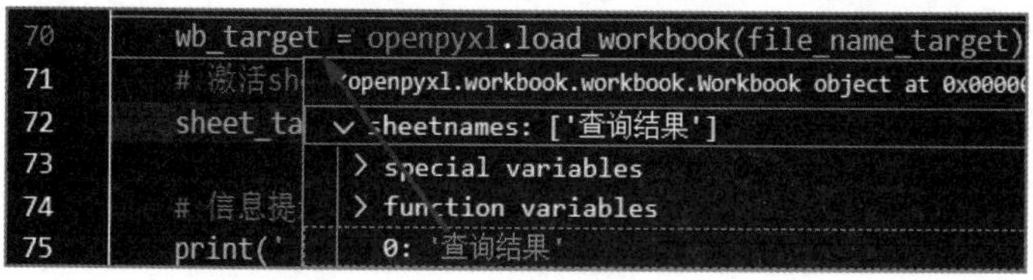

图 4-10 对象 wb_target 的属性 sheettnames 有一个名为"查询结果"的表

执行第 72 行代码,将对象 wb_target 中名为"查询结果"的表赋给对象 sheet_target,对象 sheet_target 的 title 属性的值为"查询结果",如图 4-11 所示。

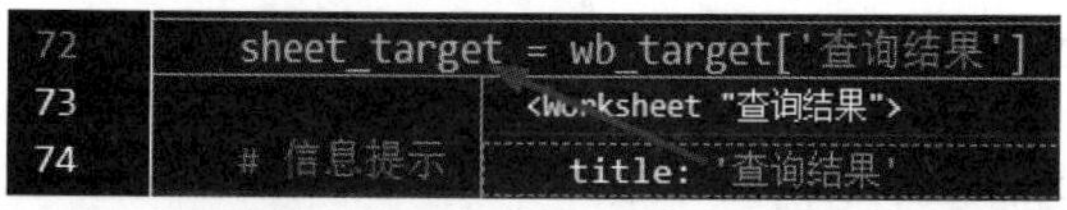

图 4-11 对象 sheet_target 的 title 属性的值为"查询结果"

4.2.5 获取"数据来源"文件名

代码清单 4.6 的作用如下。

从一个"数据来源文件名"文本文件获取"数据来源"文件名（例如，员工信息表.xlsx）。如果文件名发生变化，则修改文本文件的内容，不需要修改程序代码。

代码清单 4.6 获取"数据来源"文件名

```
77      # 获取"数据来源"文件名
78      # 用 try…except 语句处理异常情况，避免程序中断
79      try:    # 文件存在
80
81      # 将"数据来源"文件名写在文本文件中，如果文件名发生变化，则修改文本文件的内容
82      # 用 open()函数打开文件，加入参数 encoding='utf-8'
83      txtfile = open('数据来源文件名.txt',"r+",encoding='utf-8')
84      # 获取文本文件中的内容（获取"数据来源"文件名）
85      file_name_source = txtfile.read()
86      # 关闭文件
87      txtfile.close()
88
89      # 用 if 条件语句判断是否已经输入文件名
90      if file_name_source == '':       # 没有文件名
91          # 信息提示
92          print('×××文件读取错误提示×××："数据来源的 Excel 文件名"不存在。',end='')
93          print('请先在<<数据来源文件名.txt>>文本文件中输入"数据来源的 Excel 文件名"（不
                需要输入文件扩展名）\n')
94          # 退出程序
95          return
96      except FileNotFoundError:    # 文件不存在
97          # 信息提示
98          print('×××文件读取错误提示×××：<<数据来源文件名.txt>>不存在。',end='')
99          print('请先建立该文件再运行本程序！\n')
100         # 退出程序
101         return
102
```

代码清单 4.6 的解析

第 79 行的 try 语句表示能够正常打开和访问文件。

第 83 行用 open()函数打开文件。第一个参数设置为"数据来源文件名.txt"，第二个参数设置为"r+"，表示"读写"，第三个参数设置为"encoding='utf-8'"，表示代码可以正常解析中文。

第 85 行用 read()函数读取整个文本文件的内容（例如，读取文本文件中的"员工信息表"），并赋给变量 file_name_source，如图 4-12 所示。

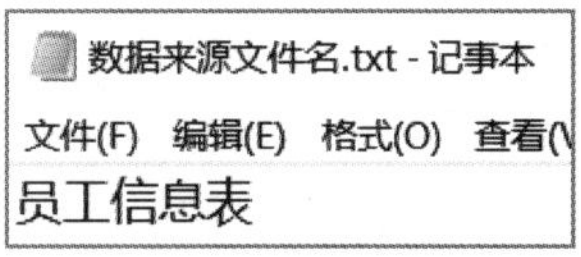

第 87 行用 close()函数关闭用 open()函数打开的文件，关闭后

图 4-12 文本文件的内容

不能再对文件进行读写操作。如果不用 close()函数关闭文件，则会导致写入的数据未保存，或者打开的文件一直被占用。

第 90～95 行用 if 条件语句判断变量 file_name_source 的值是否为空值。如果不是空值，

则跳过第 92～95 行代码；如果是空值，则用 print()函数输出提示信息，并用 return 语句结束程序的运行。

第 96 行的 except FileNotFoundError 语句用于处理"文件不存在"的异常情况。如果要用 open()函数打开的文件不存在，则会返回 FileNotFoundError，这时程序代码会跳转到 except FileNotFoundError 部分，执行第 96～101 行代码。

第 98 行和第 99 行用 print()函数输出提示信息。

第 101 行用 return 语句结束程序的运行。

知识扩展

理论上来讲，Python 3.x 源代码文件默认使用 UTF-8 编码，可以正常解析中文，无须特别指定 UTF-8 编码。但是在第 83 行代码中，当用 open()函数打开文本文件时，仍然加入了编码参数 encoding='utf-8'，原因如下。

文本文件的编码是 UTF-8，如图 4-13（a）所示。第 83 行代码的 open()函数没有加入编码参数 encoding='utf-8'，如图 4-13（b）所示，尝试运行一下代码。

（a）文本文件的编码是 UTF-8

（b）open()函数没有加入编码参数 encoding='utf-8'

图 4-13　文本文件的编码及 open()函数的编码参数

open()函数没有加入编码参数 encoding='utf-8'，这时可以正常打开文本文件，但是在运行到第 85 行代码时，会弹出一个错误提示，如图 4-14 所示，意思是"gbk 编解码器无法解码位置 14 中的字节 0xa8：不完整的多字节序列"。

图 4-14　第 85 行代码运行时的错误提示

这段错误提示看上去比较难以理解，其实际意思是 Python 的 open()函数的默认编码取决于平台，Windows 平台的默认编码是 gbk，而文本文件的编码是 UTF-8，所以会报这个错误。

因此需要在 open()函数中加入编码参数 encoding='utf-8'，避免运行到第 85 行代码时出现错误提示。

代码调试

在第 83 行代码中设置一个断点，查看代码中各对象和变量的值，如图 4-15 所示。

图 4-15　设置断点

执行第 83 行代码后，对象 txtfile 的属性 name 为"数据来源文件名.txt"，表明已经把文本文件的内容赋给对象 txtfile，如图 4-16 所示。

图 4-16　已经把文本文件的内容赋给对象 txtfile

执行第 85 行代码后，变量 file_name_source 的值为"员工信息表"，如图 4-17 所示。在第 90 行中，变量 file_name_source 不是空值，因此跳过第 92～95 行代码。

图 4-17　变量 file_name_source 的值为"员工信息表"

如果"数据来源文件名"文本文件是空白的，那么执行第 85 行代码后，变量 file_name_source 的值将是一个空值。在第 90 行中，变量 file_name_source 的值是空值，如图 4-18 所示，于是继续执行第 92～95 行代码，用 print()函数输出提示信息，并退出程序。

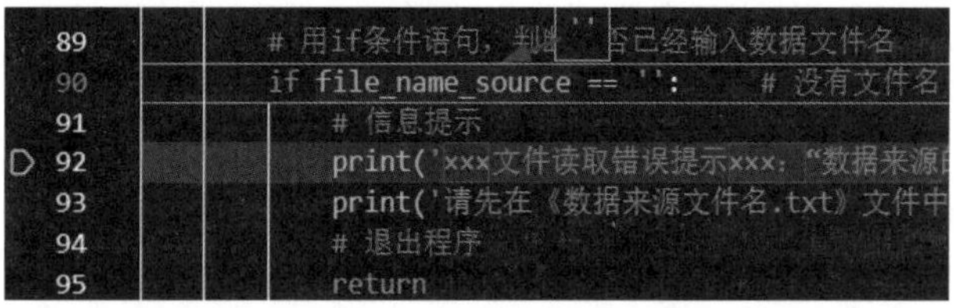

图 4-18　变量 file_name_source 的值是空值

4.2.6　获取"数据来源"文件的状态和访问权限

代码清单 4.7 的作用如下。

尝试打开"数据来源"文件，如果文件不存在或者已经被第三方程序打开，则输出提示信息并结束程序的运行。

代码清单 4.7　获取"数据来源"文件的状态和访问权限

```
103    # 获取"数据来源"文件的状态和访问权限
104    # 为获取的"数据来源"文件的名称加上.xlsx 扩展名，构成完整的文件名
105    file_name_source = file_name_source+'.xlsx'
106    # 用 try…except 语句处理异常情况，避免程序中断
107    try:    # 文件存在
108        # 用 Python 的 open()函数打开文件
109        myfile = open(file_name_source,"r+")
110        # 关闭文件
111        myfile.close()
112    except FileNotFoundError:    # 文件不存在
113        # 信息提示
114        print('×××文件读取错误提示×××："'+file_name_source+'"不存在。',end='')
```

```
115         print('请先建立该文件再运行本程序！\n')
116         # 退出程序
117         return
118     except PermissionError:    # 如果文件已经打开,则返回 Permission denied
119         # 信息提示
120         print('×××文件读取错误提示×××: <<'+file_name_source+'>>已经被其他程序打开, ',
            end='')
121         print('不能访问。请先关闭该文件再运行本程序！\n')
122         # 退出程序
123         return
124
```

代码清单 4.7 的解析

第 105 行将变量 file_name_source 的值(员工信息表)加上扩展名.xlsx,构成一个完整的 Excel 文档名称(例如,员工信息表.xlsx),并重新写入变量 file_name_source 中。

第 107 行的 try 语句表示能够正常打开和访问文件。

第 109 行用 open()函数打开文件。第一个参数是变量 file_name_source 的值(员工信息表.xlsx),第二个参数用"r+"表示"读写"。

第 111 行用 close()函数关闭用 open()函数打开的文件,关闭后不能再对文件进行读写操作。如果不用 close()函数关闭文件,则会导致写入的数据未保存,或者打开的文件一直被占用。

第 112 行的 except FileNotFoundError 语句用于处理"文件不存在"的异常情况。如果要用 open()函数打开的文件不存在,则会返回 FileNotFoundError,这时程序代码会跳转到 except FileNotFoundError 部分,执行第 112~117 行代码。

第 114 行和第 115 行用 print()函数输出提示信息。

第 117 行用 return 语句结束程序的运行。

第 118 行的 except PermissionError 语句用于处理"没有权限进行读写访问"的异常情况。如果要用 open()函数打开的文件已经被第三方程序打开,则会返回 PermissionError,这时程序代码会跳转到 except PermissionError 部分,执行第 118~123 行代码。

第 120 行和第 121 行用 print()函数输出提示信息。

第 123 行用 return 语句结束程序的运行。

4.2.7　打开"数据来源"文件

代码清单 4.8 的作用如下。

如果能够正常读写"数据来源"文件(例如,员工信息表.xlsx),则将文件数据读入缓存,并显示读取的数据区域。

代码清单 4.8　打开"数据来源"文件

```
125     # 打开"数据来源"文件
126     # 信息提示
127     print('正在用 openpyxl 模块读入"'+file_name_source+'", ',end='')
128
129     # 获取"数据来源"文件的数据
130     wb_source = openpyxl.load_workbook(file_name_source)
131     # 如果需要将读取的公式转换为值,则加入 data_only=True 参数,以避免查询部分数据时公式错乱
```

```
132         # wb_source = openpyxl.load_workbook(file_name_source,data_only=True)
133         # 获取"数据来源"文件的默认表
134         sheet_source = wb_source.worksheets[0]
135         # 信息提示
136         print('"'+file_name_source+'"读入成功!当前选择的表是: '+sheet_source.title,
            end='')
137         # 获取"数据来源"文件的数据区域
138         print(', 当前选择的数据区域是: '+sheet_source.dimensions+'\n')
139
```

代码清单 4.8 的解析

第 127 行用 print()函数输出一条提示信息。

第 130 行用 openpyxl.load_workbook()命令读取变量 file_name_source 的值,打开"数据来源"文件(员工信息表.xlsx),并赋给对象 wb_source。

第 134 行将对象 wb_source 中的第一个表(0 表示第一个表)赋给对象 sheet_source。

第 136 行用 print()函数输出一条提示信息,显示读入的表名(读取对象 sheet_source 的属性 title 的值)。

第 138 行用 print()函数输出一条提示信息,显示读取的数据区域(读取对象 sheet_source 的属性 dimensions 的值)。

知识扩展

对于第 130 行代码中的 openpyxl.load_workbook(),可加入参数 data_only=True,这个参数的作用是在读取表格时将公式转换为值,避免查询数据时错误引用 Excel 公式,如图 4-19 所示。

```
130         wb_source = openpyxl.load_workbook(file_name_source,data_only=True)
```

图 4-19　在 openpyxl.load_workbook()中加入参数 data_only=True

例如,源表格 I 列中张三的工作年限为 12,这是利用当前年份减去入职年份得出的,如图 4-20(a)所示。

在不使用参数 data_only=True 的情况下,仅查询陈二和张三的数据,张三的工作年限是 122,如图 4-20(b)所示,这明显是错误的。查看错误原因,发现只简单地把公式照搬了过来,没有引用正确的单元格。正确的公式是=YEAR(TODAY())–YEAR(H3)。

使用加入参数 data_only=True 的 openpyxl.load_workbook()仅查询陈二和张三的数据,查询到的结果数据的工作年限是正确的,但同时取消了原来表格的计算公式,如图 4-20(c)所示。

	A	G	H	I
	姓名	月薪/元	入职日期	工作年限
1				
2	刘一	8000	2012-5-20	10
3	陈二	5,000.50	2011-4-10	11
4	张三	7,001.80	2010-3-20	12

(a)张三工作年限的计算公式

图 4-20　参数 data-only=True 的应用

（b）公式引用错误的单元格　　　　　（c）取消工作年限计算公式，保留公式的值

图 4-20　参数 data-only=True 的应用（续）

代码调试

在第 130 行中，设置一个断点，查看代码中各对象的值，如图 4-21 所示。

图 4-21　设置断点

执行第 130 行代码，用 openpyxl.load_workbook() 打开"数据来源"文件（员工信息表.xlsx），并赋给对象 wb_source，对象 wb_source 的属性 sheetnames 有一个名为"员工信息表"的表，如图 4-22 所示。

```
130    wb_source = openpyxl.load_workbook(file_name_source)
131    #如果需要  <openpyxl.workbook.workbook.Workbook object at 0x00000
132    #wb_sour   ∨ sheetnames: ['员工信息表']
```

图 4-22　对象 wb_source 有一个名为"员工信息表"的表

执行第 134 行代码，将对象 wb_source 中的第一个表赋给对象 sheet_source，对象 sheet_source 的 title 属性的值为"员工信息表"，如图 4-23 所示，并在第 136 行中用 print() 函数输出该表名。

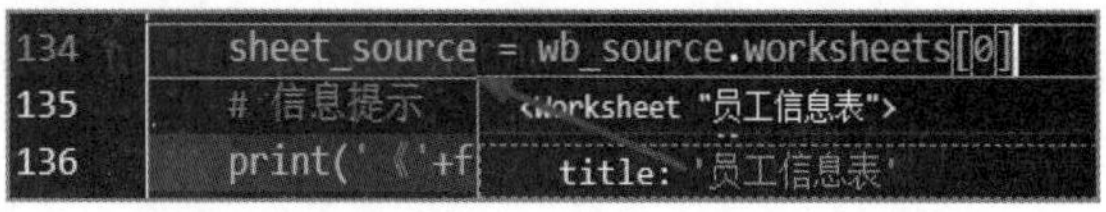

```
134    sheet_source = wb_source.worksheets[0]
135    # 信息提示  <Worksheet "员工信息表">
136    print(' 《'+f   title: '员工信息表'
```

图 4-23　将对象 wb_source 的 title 属性的值赋给对象 sheet_source

执行第 134 行代码后，对象 sheet_source 的 dimensions 属性（尺寸，具体是指数据区域）的值为"A1:I11"，如图 4-24（a）所示。继续执行第 138 行代码，用 print() 函数输出该数据区域，如图 4-24（b）所示。

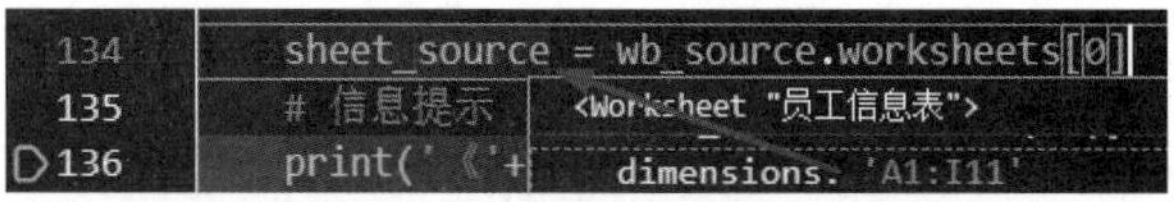

```
134    sheet_source = wb_source.worksheets[0]
135    # 信息提示  <Worksheet "员工信息表">
136    print(' 《'+   dimensions. 'A1:I11'
```

（a）对象 sheet_source 的 dimensions 属性的值为"A1:I11"

```
137    # 获取"数据来源"文件表格的数据区域
138    print(',当前选择的数据区域是: '+sheet_source.dimensions+'\n')
```

（b）用 print() 函数输出对象 sheet_source 的 dimensions 属性的值（表格的数据区域）

图 4-24　获取表格的数据区域

4.2.8 获取"来源数据"文件的标题行

代码清单 4.9 的作用如下。

读取"数据来源"文件后，将表格中第 1 行的标题写入一个列表变量中，方便后续根据标题中的字段进行数据查询。

代码清单 4.9 获取"数据来源"文件的标题行

```
140    # 获取"数据来源"文件的标题行
141    # 后续根据标题中的字段进行数据查询时，可以用变量代替常量，方便程序代码的移植
142    # 如果简化这段代码，后续可以直接写标题名称
143    # 定义一个空列表来保存"数据来源"文件的标题行
144    title_list_source = []
145    # 用 for 循环语句读取第一行数据
146    for row in sheet_source.iter_rows(min_row=1, max_row=1, min_col=1, max_
       col=sheet_source.max_column):
147        # 用 for 循环语句读取第一行的每一个单元格的数据
148        for cell in row:
149            # 获取每个单元格的数据
150            title_txt = cell.value
151            # 将获取的单元格的数据追加到列表变量中
152            title_list_source.append(title_txt)
153
154    # ===输出数据（测试用）===
155    # print('\n=====测试用："数据来源"文件的标题行=====\n')
156    # print(title_list_source)
157
```

代码清单 4.9 的解析

第 144 行用于创建一个空的列表 title_list_source。

第 146 行用 for 循环语句结合 iter_rows()命令读取表格数据，读取的数据区域从表格的第 1 行第 1 列到第 1 行最后 1 列（即表格的标题行），并将读取的数据赋给对象 row。

第 148 行用 for 循环语句读取表格第 1 行中每一个单元格的数据，并将其赋给对象 cell。

第 150 行将读取的每个单元格的数据写入变量 title_txt 中。

第 152 行将变量 title_txt 的值追加到列表变量 title_list_source 中。

第 154～156 行是调试代码，将第 156 行的"#"去掉（取消注释）可以查看读取的标题行数据。

知识扩展

第 146 行代码中的 iter_rows()命令是 openpyxl 模块中一条用于读取表格行数据的命令。使用该命令可以指定读取的行和列，比较灵活。

iter_rows()命令有 5 个参数，参数 min_row、max_row、min_col、max_col 分别指定编号最小和最大的行以及编号最小和最大的列（由编号最小的行、列和编号最大的行、列组成数据区域），参数 values_only 用于指定读取的单元格返回公式还是数据。

代码中的 min_row=1，max_row=1，min_col=1，max_col=sheet_source.max_column，用于指定数据范围从第 1 行第 1 列开始到第 1 行最后一列结束。

代码调试

在第 144 行中，设置一个断点，查看代码中各个变量的值，如图 4-25 所示。

执行第 144 行代码，创建一个空列表变量 title_list_source，如图 4-26 所示。

图 4-25　设置断点　　　　　　　　图 4-26　创建一个空列表变量 title_list_source

执行第 146 行代码前，对象 sheet_source 的 max_column 属性的值为 9（表格中编号最大的列是第 9 列），属性 max_row 的值是 11（表格中编号最大的行是第 11 行），如图 4-27 所示。

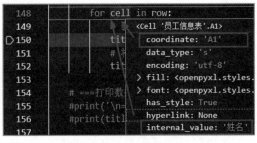

图 4-27　对象 sheet_source 的 max_column 属性的值是 9，max_row 属性的值是 11

执行第 146 行代码，将表格第一行中 A1 到 I1 单元格的数据赋给对象 row，如图 4-28 所示。

执行第 148 行代码，用 for 循环语句将对象 row 的内容逐一赋给对象 cell，对象 cell 的属性 coordinate（单元格坐标）的值是 A1，属性 internal_value（单元格值）的值是"姓名"，如图 4-29 所示。

图 4-28　将表格第一行中 A1 到 I1 单元格的　　图 4-29　对象 cell 的 coordinate 属性的值是 A1，
　　　　　数据赋给对象 row　　　　　　　　　　　internal_value 属性的值是"姓名"

执行第 150 行代码，将对象 cell 的 value 属性的值"姓名"赋给变量 title_txt，如图 4-30 所示。

执行第 152 行代码，将变量 title_txt 的值追加到列表变量 title_list_source 中，如图 4-31 所示。

图 4-30　将对象 cell 的 value 属性的值　　　图 4-31　将变量 title_txt 的值追加到
　　　"姓名"赋给变量 title_txt　　　　　　　列表变量 title_list_source 中

重复执行第 146～152 行代码后，将第 156 行代码的"#"去掉，如图 4-32（a）所示。用 print() 函数将列表变量 title_list_source 的值输出，可以在终端界面中看到完整地获取了表格的第一行数据（标题行），如图 4-32（b）所示。

（a）将第 156 行代码的 "#" 去掉

（b）完整地获取了表格的第一行数据（标题行）

图 4-32 获取表格的标题行

4.2.9 启动菜单

代码清单 4.10 的作用如下。

调用 menu()函数展示菜单，并将相关变量作为参数传递给 menu()函数。

代码清单 4.10 启动菜单

```
158    # 启动菜单
159    menu(file_name_target,wb_target,sheet_target,sheet_source,title_list_source)
160    # ===================================
161    # file_name_target：“查询结果”文件名（用于保存数据）
162    # wb_target：“查询结果”文件（相当于 Excel 的工作簿）
163    # sheet_target：“查询结果”文件的表（用于编辑数据）
164
165    # sheet_source：“数据来源”文件的表（用于读取数据）
166    # title_list_source：“数据来源”文件的标题行
167    # ===================================
168
169
```

代码清单 4.10 的解析

第 159 行调用 menu()函数启动菜单，并将相关变量作为参数传递给 menu()函数。具体传递的参数（变量的值）在第 161～166 行的注释中进行了说明。

4.3 建立程序菜单

在讲解代码前，先介绍本节代码涉及的知识点和代码的设计思路。

1. 本节代码涉及的知识点

本节代码涉及的 Python 知识点如表 4-3 所示。本节不涉及 openpyxl 模块的知识点。

表 4-3 本节代码涉及的 Python 知识点

Python 知识点	作用
def 函数名()	构建函数
int()函数	将一个字符串或数字转换为整型数据
input()函数	接收输入数据

续表

Python 知识点	作用
print()函数	输出
try…except	处理程序正常执行过程中出现的异常情况
if	条件语句
while	循环语句
break	退出循环

2．本节代码的设计思路

本节代码的设计思路是建立一个菜单，根据用户的选择进行相应的处理。

（1）构建一个 openfiles()函数，执行步骤（2）～（3）的代码。

（2）建立一个菜单，并将其显示在终端界面中，以供用户选择。

（3）根据用户的选择进行相应的处理。若用户输入 0，则退出程序；若用户输入整数 1～3，则跳转到查询主程序；若用户输入整数 0～3 以外的数字或非数字，则提示输入错误，并要求用户重新输入。

4.3.1　构建 menu()函数

代码清单 4.11 的作用如下。

构建一个 menu()函数，用于在终端界面显示菜单供用户选择，并根据用户的选择进行相应的处理。

代码清单 4.11　构建 menu()函数

```
170  # ==================================
171  # 显示菜单
172  # 建立程序菜单
173  # ==================================
174
175  def menu(file_name_target,wb_target,sheet_target,sheet_source,title_list_source):
176
```

代码清单 4.11 的解析

第 170～173 行是注释，用于标注这个函数的用途。

第 175 行用 def 命令构建 menu()函数，把变量名作为 menu()函数的参数，参数的值源自 openfiles()函数。

4.3.2　建立菜单

代码清单 4.12 的作用如下。

建立一个菜单，并将其显示在终端界面中，以供用户选择。

代码清单 4.12　建立菜单

```
177      # 用 while 循环语句控制菜单的显示
178      while True:
```

```
179            # 用 try…except 语句处理异常情况，避免程序中断
180            try:          # 输入正确
181                # 建立菜单
182                menu_option1 = '\n1.根据手机号码查询'
183                menu_option2 = '\n2.根据月薪查询'
184                menu_option3 = '\n3.根据部门名称和入职日期查询'
185                menu_option0 = '\n0.退出系统\n'
186                menu_option = '-'*30+menu_option1+menu_option2+menu_option3+menu_
                   option0+'-'*30+'\n 请输入整数 0～3: '
187                # 显示菜单并接收用户输入的信息
188                choice_number = int(input(menu_option))
189
```

代码清单 4.12 的解析

第 178 行用 while 循环语句建立一个循环，使菜单一直显示，用户输入 0 才结束循环。

第 180 行用 try 语句表示用户输入正确。

第 182～185 行将文字菜单分别赋给变量 menu_option1、menu_option2、menu_option3、menu_option0。

第 186 行首先用"-"乘以 30 拼接出一条横线，连接 4 个变量 menu_option1、menu_option2、menu_option3、menu_option0，再连接提示文字"请输入整数 0～3"，最后将连接后的值赋给变量 menu_option。

第 188 行用 input() 函数显示菜单并接收用户输入的信息，将用户输入的数字用 int() 函数转换为整型数字并赋给变量 choice_number。

知识扩展

第 188 行利用 input() 函数接收用户输入的信息后，返回的数据是字符型，为了方便编写后续代码，将用户输入的字符型数字用 int() 函数转换为整型数字并赋给变量 choice_number。

代码调试

因为使用了 while 循环语句，在没有遇到 break 语句之前，代码会一直循环运行，所以这里不需要设置断点。直接运行代码，菜单的展示效果如图 4-33 所示。

图 4-33 显示菜单

4.3.3 根据用户的选择进行处理

代码清单 4.13 的作用如下。

根据用户的选择进行相应的处理。若用户输入 0，则退出程序；若用户输入整数 1～3，

则跳转到 data_find_main() 函数；若用户输入 0～3 以外的数字或非数字，则提示输入错误，并要求用户重新输入。

代码清单 4.13　根据用户的选择进行处理

```
190              # 使用 if 条件语句，根据用户的选择进行相应的处理
191              if choice_number == 0:        # 退出本程序
192                  # 信息提示
193                  print('-'*30+'\n 感谢使用！再见')
194                  # 跳出 while 循环语句
195                  break
196              elif choice_number <= 3:  # 主体查询代码
197                  # 调用数据查询主程序
198                  data_find_main(file_name_target,wb_target,sheet_target,
                     sheet_source,title_list_source,choice_number)
199              elif choice_number > 3:        # 输入的数据超出范围
200                  # 信息提示
201                  print('xxx 错误提示 xxx：输入错误，请输入数字 0～3\n')
202          except ValueError as error:        # 输入错误
203              # 信息提示
204              print( 'xxx 错误提示 xxx：无效输入，请输入数字\n',error)
205              # 另外一种输出格式
206              # print('xxx 错误提示 xxx：无效输入(%s)，请输入数字\n'%error)
207
208
```

代码清单 4.13 的解析

第 191 行用 if 条件语句判断用户输入的数字是否为 0（若为 0 则结束程序）。

第 193 行用 print() 函数输出一条提示信息。

第 195 行用 break 语句退出 while 循环。

第 196 行用 if 条件语句的分支 elif 判断用户输入的数字是否为整数 1～3（进行查询）。

第 198 行调用 data_find_main() 函数，并将相关变量作为参数传递给 data_find_main() 函数。

第 199 行用 if 条件语句的分支 elif 判断用户输入的数字是否大于 3。

第 201 行用 print() 函数输出一条提示信息。

第 202 行的 except ValueError as error 语句用于处理用户输入的非数字字符。

第 204 行用 print() 函数输出一条提示信息。

知识扩展

第 202 行调用了系统的错误信息 ValueError，用 as error 的写法将 ValueError 赋给变量 error，并在第 204 行中用 print() 函数输出错误消息，让用户知道错误原因。

第 204 行代码和第 206 行代码的写法不同，但结果是一样的，读者可以自行选择。

代码调试

因为使用了 while 循环语句，在没有遇到 break 语句之前，代码会一直循环运行，所以这里不需要设置断点，直接运行代码，尝试输入 0、1，以及大于 3 的数字和英文字母 a，看看输出的结果。

若用户输入 0,退出程序,如图 4-34 所示。

若用户输入 1(对于 2、3,同理,不再演示),进入查询模块,如图 4-35 所示。

图 4-34 用户输入 0   图 4-35 用户输入 1

若用户输入大于 3 的整数,提示输入错误,如图 4-36 所示。

若用户输入英文字母 a,提示输入错误,这里英文提示的意思是输入的字母 a 不是有效的整型数字,如图 4-37 所示。

图 4-36 用户输入大于 3 的整数   图 4-37 用户输入英文字母 a

4.4 实现查询功能

这里我们会根据用户在菜单中的选择使用 data_find_main()函数、data_row_find()函数、data_get()函数、department_get()函数、workyear_get()函数和 data_beautify()函数等 6 个函数进行数据查询,并将查询结果保存在"查询结果"文件中。

4.4.1 查询主程序

在讲解代码前,先介绍本节代码涉及的知识点和代码的设计思路。

1. 本节代码涉及的知识点

本节代码涉及的知识点如表 4-4 所示。

表 4-4 本节代码涉及的知识点

知识点		作用
Python 知识点	def 函数名()	构建函数
	input()函数	接收输入数据
	int()函数	将一个字符串或数字转换为整型
	isinstance()函数	判断一个对象是不是一个已知的类型
	type()函数	返回对象的类型

续表

知识点		作用
Python 知识点	print()函数	输出
	len()函数	返回对象的长度或项的个数
	range()函数	创建一个整数列表，一般用在 for 循环中
	set()函数	创建一个无序、不重复的集合
	&	求两个集合的交集
	list()函数	将元组转换为列表
	sort()函数	对列表的数据进行排序
	str()函数	返回字符串格式
	list1 = [a,b]	创建列表
	try…except	处理程序正常执行过程中出现的异常情况
	if	条件语句
	while	循环语句
	break	退出循环
	for	循环语句
关于 openpyxl 模块的知识点	for sheet in wb:	读取所有表格
	sheet.delete_rows(行数字,行数字)	删除行
	wb.save('文件名')	保存文件

2．本节代码的设计思路

本节代码的设计思路是构建一个 data_find_main()函数，在其中调用其他函数，并对数据进行保存。其中的操作如下。

（1）构建一个 data_find_main()函数，执行步骤（2）～（6）的代码。

（2）用 while 循环语句让用户在进行一个查询后继续停留在查询条件输入界面，方便进行下一个查询，直到用户输入 0 才退出程序。

（3）若用户输入数字 1，进入"根据手机号码查询"模块。用 input()函数接收用户输入的手机号码，如果用户输入 0，则退出"根据手机号码查询"模块。

（4）若用户输入数字 2，进入"根据月薪查询"模块。用 input()函数询问用户是否继续进行查询，如果用户输入 0，则退出"根据月薪查询"模块；如果用户按 Enter 键，则继续用 input()函数接收用户输入的月薪最小值和月薪最大值。

（5）若用户输入数字 3，进入"根据部门名称和入职日期查询"模块。用 input()函数询问用户是否继续进行查询，如果用户输入 0，则退出"根据部门名称和入职日期查询"模块；如果用户按 Enter 键，则调用 department_get()函数和 workyear_get()函数获取用户选择的查询条件。

（6）根据用户输入的数字或者选择的查询条件，先调用 data_row_find()函数获取要查询的数据所在行的编号，并将行号赋给列表变量 data_row_list；再根据列表变量 data_row_list 的值（行号）调用 data_get()函数，查询并获取详细数据；最后用 data_beautify()函数对查询结果的表格数据进行修饰，用 openpyxl 语句对数据进行保存。

3．构建 data_find_main()函数

代码清单 4.14 的作用如下。

构建 data_find_main()函数，用于判断用户在菜单中的选择，根据用户的选择进行不同的查询，并对数据进行保存和修饰。

代码清单 4.14　构建 data_find_main()函数

```
209  # ================================
210  # 查询数据
211  # 实现查询功能
212  # ================================
213  # file_name_target：“查询结果”文件名（用于保存数据）
214  # wb_target：“查询结果”文件（相当于 Excel 的工作簿）
215  # sheet_target：“查询结果”文件的表格（用于编辑数据）
216  # sheet_source：“数据来源”文件的表格（用于读取数据）
217  # title_list_source：“数据来源”文件的标题行
218  # choice_number：用数字标记用户选择的功能
219  # ================================
220  # (1)查询主程序
221  def data_find_main(file_name_target,wb_target,sheet_target,sheet_source,
     title_list_source,choice_number):
222
```

代码清单 4.14 的解析

第 209～220 行是注释，标注了这部分代码的内容和使用的参数。

第 221 行用 def 命令构建 data_find_main()函数，小括号内是参数，用变量名作为 data_find_main()函数的参数，参数的值来源于 menu()函数。

4．建立循环语句

代码清单 4.15 的作用如下。

用 while 循环语句让用户在执行一个查询后继续停留在查询条件输入界面，以便进行下一个查询，直到用户输入 0 才退出程序。

代码清单 4.15　建立循环语句

```
223      # 用 while 循环语句控制菜单的显示，若用户不选择退出（不输入 0），则可以一直输入
224      while True:
```

代码清单 4.15 的解析

第 224 行用 while 循环语句让用户在执行一个查询后继续停留在查询条件输入界面，以便进行下一个查询。

while 循环语句不是代码必需的语句，如果不使用 while 循环语句，则用户执行一个查询后会返回菜单界面（即执行第 175～206 行代码）。

5．用户在菜单界面输入整数 1

代码清单 4.16 的作用如下。

若用户在菜单界面中输入整数 1，进入“根据手机号码查询”模块。用 input()函数接收用户输入的手机号码，如果用户输入 0，则退出“根据手机号码查询”模块。

代码清单 4.16 用户在菜单界面中输入整数 1

```
225          # 用 if 条件语句根据用户的选择将标题赋给变量 col_name 并生成查询条件
226          if choice_number == 1:          # 根据手机号码查询
227              # 将需要查询的标题赋给变量 col_name
228              col_name = '手机号码'
229              # 弹出询问对话
230              input_txt = input('\n 请输入需要查询的'+col_name+'(可以输入部分数字
                 实现模糊查询)，退出查询请按 0：')
231              # 显示用户输入的查询信息
232              message = '你需要查询'+col_name+'包含的关键字：'+input_txt
233
```

代码清单 4.16 的解析

第 226 行用 if 条件语句判断变量 choice_number 的值。若用户在菜单界面中输入数字 1，则表示选择"根据手机号码查询"模块。

第 228 行将"手机号码"4 个字赋给变量 col_name。

第 230 行用 input() 函数接收用户输入的手机号码，并给变量 input_txt 赋值。

第 232 行将一段提示文字赋给变量 message，并在第 289 行中用 print() 函数输出。

代码调试

在第 226 行中，设置一个断点，查看代码中各个变量的值，如图 4-38 所示。

在菜单界面中，输入整数 1，选择"根据手机号码查询"模块，如图 4-39 所示。

图 4-38 设置断点

图 4-39 在菜单界面中输入数字 1，
选择"根据手机号码查询"模块

执行第 226 行代码，判断变量 choice_number 的值是否等于 1，如图 4-40 所示。然后执行第 228~232 行代码。

执行第 228 行代码，将"手机号码"4 个字赋给变量 col_name，如图 4-41 所示。

图 4-40 判断变量 choice_number 的值是否等于 1

图 4-41 将"手机号码"4 个字赋给变量 col_name

执行第 230 行代码，用 input() 函数显示提示信息，如图 4-42（a）所示。

用户输入查询关键字 139 后，按 Enter 键，如图 4-42（b）所示。执行第 230 行代码，将 139 赋给变量 input_txt，如图 4-42（c）所示。

请输入需要查询的手机号码(可以输入部分数字实现模糊查询)，退出查询请按0：

（a）用 input() 函数显示提示信息

图 4-42 关键字查询的实现流程

请输入需要查询的手机号码(可以输入部分数字实现模糊查询)，退出查询请按0：139

（b）用户输入查询关键字 139

229	# 弹出询 '139'
230	input_txt = input('

（c）将 139 赋给变量 input_txt

图 4-42　关键字查询的实现流程（续）

执行第 232 行代码，将一段由提示文字和变量 col_name 的值、变量 input_txt 的值组成的提示信息赋给变量 message，并在第 289 行中用 print()函数输出。变量 message 的值是"你需要查询手机号码包含的关键字：139"，如图 4-43 所示。

230	
231	# 显示 '你需要查询手机号码包含的关键字：139'
232	message = '你需要查询'+col_name+'包含的关键字：'+input_txt

图 4-43　变量 message 的值

---

6. 用户在菜单界面中输入整数 2

代码清单 4.17 的作用如下。

若用户在菜单界面中输入整数 2，进入"根据月薪查询"模块。用 input()函数询问用户是否继续进行查询，如果用户输入 0，则退出"根据月薪查询"模块；如果用户按 Enter 键，则继续用 input()函数接收用户输入的月薪最小值和月薪最大值。

代码清单 4.17　用户在菜单界面中输入整数 2

```
234         elif choice_number == 2:     # 根据月薪查询
235             # 将需要查询的标题赋给变量 col_name
236             col_name = '月薪'
237             # 弹出询问对话
238             input_txt = input('\n 继续['+col_name+']查询请按 Enter 键，退出查询请按0：')
239             # 用 if 条件语句根据用户的选择判断是否继续执行以下代码
240             if input_txt != '0':
241                 # 用 while 循环语句控制显示，如果用户输入错误，则需要重新输入
242                 while True:
243                     # 弹出询问对话
244                     input_min = input('\n请输入需要查询的'+col_name+'最小值(整数)：')
245                     input_max = input('请输入需要查询的'+col_name+'最大值(整数)：')
246                     # 用 try…except 语句处理异常情况，避免程序中断
247                     try:    # 输入正确
248                         # 用 if 条件语句判断用户输入的值是否为整数
249                         if isinstance(int(input_min),int) == True and
                            type(int (input_max)) == int:
250                             # 将用户输入的月薪最大值和月薪最小值组合成字符串，并赋
                                # 给变量 input_txt
251                             input_txt = input_min + '～' + input_max
252                             # 显示用户输入的查询信息
253                             message = '你需要查询'+col_name+'在'+input_txt+'之
                                间的数据'
254                             # 跳出 while 循环
255                             break
256                     except ValueError as error:        # 输入错误
```

```
257                              # 信息提示
258                              print('xxx 菜单选项 2"月薪"错误提示 xxx：无效输入(%s)，请
                                 输入整数\n'%error)
259
```

代码清单 4.17 的解析

第 234 行用 if 条件语句的分支 elif 判断变量 choice_number 的值。若用户在菜单界面中输入数字 2，则表示选择"根据月薪查询"模块。

第 236 行将"月薪"两个字赋给变量 col_name。

第 238 行用 input()函数接收用户输入的月薪（若按 Enter 键，表示进行查询；若输入 0，表示结束当前查询，退出"根据月薪查询"模块），并赋给变量 input_txt。

第 240 行用 if 条件语句判断变量 input_txt 的值。若用户的输入不等于 0，则表示选择继续进行"根据月薪查询"。

第 242 行的 while 循环语句允许用户输入错误后再次输入，不需要返回上一个菜单界面。

第 244～245 行用 input()函数接收用户输入的月薪最小值和月薪最大值（文本型数字），并赋给变量 input_min 和 input_max。

第 247 行用 try 语句表示用户输入正确。

第 249 行用 if 条件语句判断变量 input_min 和 input_max 的值是否为整数。

第 251 行将用户输入的月薪最小值和月薪最大值（文本型数字）组合起来，并赋给变量 input_txt。

第 253 行将一段提示文字赋给变量 message，在第 289 行中用 print()函数输出。

第 255 行用 break 语句跳出 while 循环。

第 256 行的 except ValueError as error 语句用于处理"输入数值错误"的异常情况。如果用户输入错误（不是整数），则会返回 except ValueError，这时程序代码会跳转到 except ValueError 部分，执行第 256～258 行代码。

第 258 行用 print()函数输出一条提示信息。

知识扩展

第 238 行代码中的 input()函数接收的输入内容是字符串，所以第 249 行代码先用 int()函数将字符串转为整数，再用 isinstance()函数和 type()函数判断用户输入的内容是否为整数。

第 249 行代码使用了 isinstance()函数和 type()函数。下面介绍一下这两个函数的不同用法，实际运用时选择其中一个即可。

isinstance()函数用于判断一个对象是不是一个已知的类型。例如，判断数字 100 是否为整数或者判断字母 a 是否为字符串。

该函数有两个参数，第一个参数是对象，第二个参数是数据类型（例如，整数的数据类型是 int，字符串的数据类型是 str）。如果判断结果为真，则返回 True；如果判断结果为假，则返回 False。

第 249 行代码中的 isinstance(int(input_min),int)的第一个参数是用户输入的已经转换为整型的月薪最小值（例如，0），第二个参数要求 isinstance()函数判断用户输入的数据是否为整数。第 249 行代码用 if 条件语句对 isinstance()函数的返回结果和 True 进行比较。如果二者相等，则用户输入的数据是整型，符合输入要求；如果不相等，则让用户重新输入。

type()函数用于直接返回对象的数据类型。例如，判断数字 100 后返回的数据类型是 int，判断字母 a 后返回的数据类型是 str。

第 249 行代码用 type(int(input_max))判断用户输入的数据的类型，第 249 行代码中 type(int(input_max))返回的结果是 int。用 if 条件语句对 type()函数的返回结果和 int 进行比较。如果相等，则用户输入的数据是整型，符合输入要求；如果不相等，则让用户重新输入。

代码调试

在第 234 行中，设置一个断点，查看代码中各个变量的值，如图 4-44 所示。

图 4-44　设置断点

在菜单界面中，输入整数 2，选择"根据月薪查询"模块，如图 4-45 所示。

在第 234 行代码中，变量 choice_number 的值等于 2，如图 4-46 所示。然后执行第 236~258 行代码。

图 4-45　在菜单界面中输入整数 2，
选择"根据月薪查询"模块

图 4-46　变量 choice_number 的值等于 2

执行第 236 行代码，将"月薪"两个字赋给变量 col_name，如图 4-47 所示。

执行第 238 行代码，用 input()函数给出提示信息，如图 4-48 所示。

图 4-47　将"月薪"两个字赋给变量 col_name

继续[月薪]查询请按Enter键，退出查询请按0:

图 4-48　用 input()函数给出提示信息

执行第 238 行代码后，按 Enter 键，将一个空值赋给变量 input_txt。在第 240 行代码中，变量 input_txt 的值是空值且不等于 0，所以继续执行第 242~258 行代码，让用户输入月薪的最小值和最大值，如图 4-49 所示。

```
239                  # 用if条件语    ''  根据用户的选择，是否继续以下代码
240              if input_txt != '0':
```

图 4-49　判断变量 input_txt 的值

执行第 242 行代码，用 while 循环语句建立一个循环，如图 4-50 所示。允许用户输入错误后再次输入，不需要返回上一个菜单界面。

```
241          # 用while循环语句控制显示，用户输入错误，需要重新输入
242              while True:
```

图 4-50　用 while 循环语句建立一个循环

执行第 244 行和第 245 行代码，用 input()函数输出信息，此时输入月薪最小值 0 和月薪最大值 10000，如图 4-51（a）所示。将输入的数据 0 和 10000 分别赋给变量 input_min 与变量 input_max，如图 4-51（b）所示。

（a）用 input()函数给出提示信息　　　　　　（b）将输入的数据 0 和 10000 分别赋给变量 input_min 与变量 input_max

图 4-51　输入月薪的最小值和最大值

执行第 247 行代码，用 try...except 语句处理用户输入异常的情况，如图 4-52 所示。

```
246            # 用try…except语句处理异常错误，避免程序中断
247            try:   # 输入正确
```

图 4-52　用 try…except 语句处理用户输入异常的情况

执行第 249 行代码，用 isinstance()函数和 type()函数判断用户输入的信息是否正确，如图 4-53 所示。

```
if isinstance(int(input_min),int) == True and type(int(input_max)) == int:
```

图 4-53　用 isinstance()函数和 type()函数判断用户输入的信息是否正确

执行第 249 行代码后，用户输入的月薪最小值 0 和月薪最大值 10000 都通过了 isinstance()函数与 type()函数的检验，检验结果为 True，这说明用户输入的数据正确，如图 4-54 所示。

图 4-54　用户输入的数据通过了 isinstance()函数和 type()函数的检验

执行第 251 行代码，将变量 input_min 的值 0 和变量 input_max 的值 10000 组合起来，赋给变量 input_txt，变量 input_txt 的值是 "0～10000"，如图 4-55 所示。

```
250            # 将用户 '0~10000' 和最小值组合成字符串，并
251            input_txt = input_min + '~' + input_max
```

图 4-55　变量 input_txt 的值是 "0～10000"

执行第 253 行代码，将一段由提示文字和变量 col_name 的值、变量 input_txt 的值组成的提示信息赋给变量 message，在第 289 行用 print()函数输出。变量 message 的值是 "你需要查询月薪在 0～10000 的数据"，如图 4-56 所示。

图 4-56　变量 message 的值

执行第 255 行代码，用 break 语句跳出第 242 行建立的 while 循环，结束用户的输入，如

图 4-57 所示。

图 4-57 用 break 语句跳出第 242 行建立的 while 循环

执行第 244 行和第 245 行代码,用 input()函数给出提示信息,将用户输入的月薪最小值 1.23 与月薪最大值 abc 赋给变量 input_min 和变量 input_max,如图 4-58 所示。

执行第 249 行代码后,可以看到用户输入的月薪最小值 1.23 与最大值 abc 都无法通过 isinstance()函数和 type()函数的检验,检验结果为 ValueError,如图 4-59 所示。此时跳转到第 256～258 行代码。

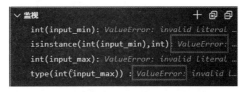

图 4-58 给变量赋值

图 4-59 用户输入的数据无法通过 isinstance() 函数和 type()函数的检验

执行第 258 行代码,显示错误提示信息,提示用户输入错误,如图 4-60 所示。然后返回第 244 行代码,让用户重新输入正确数据。

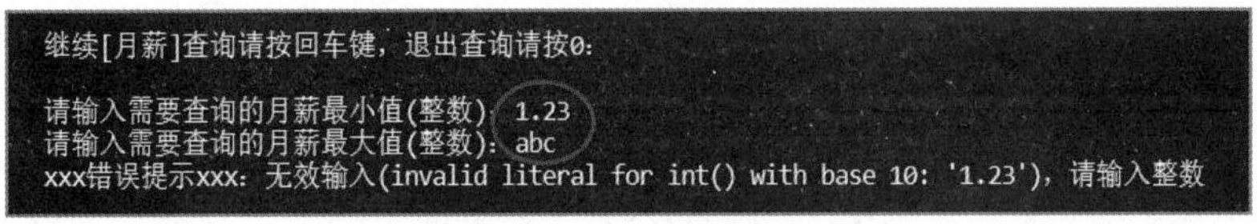

图 4-60 显示错误提示信息

7. 用户在菜单界面中输入整数 3

代码清单 4.18 的作用如下。

若用户在菜单界面中输入整数 3,进入"根据部门名称和入职日期查询"模块。用 input()函数询问用户是否继续进行查询,如果用户输入 0,则退出"根据部门名称和入职日期查询"模块;如果用户按 Enter 键,则调用 department_get()函数和 workyear_get()函数获取用户选择的查询条件。

代码清单 4.18 用户在菜单界面中输入整数 3

```
260        elif choice_number == 3:     # 根据部门名称和入职日期查询
261            # 弹出询问对话
262            input_txt = input('\n 继续[部门名称和入职日期]查询请按 Enter 键,退出查
               询请按 0: ')
263            # 用 if 条件语句根据用户的选择,判断是否继续执行以下代码
264            if input_txt != '0':
265                # 将需要查询的标题赋给变量 col_name
266                col_name_1 = '部门编号'
267                col_name_2 = '部门名称'
268                col_name = col_name_1+'-'+col_name_2
269                # 获取部门名称查询条件
```

```
270                    choice_department_txt = department_get(sheet_source,title_
                       list_source,col_name)
271                    # 将需要查询的标题赋给变量 col_name
272                    col_name = '入职日期'
273                    # 获取入职年份查询条件
274                    choice_workyear_txt = workyear_get(sheet_source,title_
                       list_source,col_name)
275
276                    # 显示用户选择的查询信息
277                    message='你要查询：部门名称：('+choice_department_txt+')/入职
                       日期：('+choice_workyear_txt+')'
278                    # 将"部门名称"和"入职日期"两列的数据组成列表，并赋给变量 col_name_
                       # list，方便后续循环读取
279                    col_name_list = ['部门名称','入职日期']
280                    # 将用户选择的部门名称和入职年份组合成列表，并赋给 input_ txt_list
281                    input_txt_list = [choice_department_txt,choice_workyear_txt]
282
```

代码清单 4.18 的解析

第 260 行用 if 条件语句的分支 elif 判断变量 choice_number 的值。若用户在菜单界面中输入数字 3，则表示选择"根据部门名称和入职日期查询"模块。

第 262 行用 input()函数接收用户输入的信息（若用户按 Enter 键，表示进行查询；若输入 0，表示结束当前查询，退出"根据部门名称和入职日期查询"模块），并赋给变量 input_txt。

第 264 行用 if 条件语句判断变量 input_txt 的值。若用户不输入 0，则继续进行查询。

第 266 行将"部门编号"4 个字赋给变量 col_name_1。

第 267 行将"部门名称"4 个字赋给变量 col_name_2。

第 268 行将变量 col_name_1 的值"部门编号"和变量 col_name_2 的值"部门名称"组合起来，赋给变量 col_name，作为 department_get()函数的参数之一，变量 col_name 的值是"部门编号-部门名称"

第 270 行调用 department_get()函数获取部门名称作为查询条件，将相关变量（menu()函数传递过来的部分变量和变量 col_name）作为参数传递给 department_get()函数，并将 department_get()函数返回的结果（部门名称）赋给变量 choice_department_txt。

第 272 行将"入职日期"赋给变量 col_name。变量 col_name 是 workyear_get()函数的参数之一。

第 274 行调用 workyear_get()函数获取入职年份作为查询条件，将相关变量（menu()函数传递过来的部分变量和变量 col_name）作为参数传递给 workyear_get()函数，并将 workyear_get()函数返回的结果（入职年份）赋给变量 choice_workyear_txt。

第 277 行将一段提示文字赋给变量 message，在第 289 行中用 print()函数输出。

第 279 行将"部门名称"和"入职日期"列的数据组成列表，并赋给列表变量 col_name_ list。

第 281 行将变量 choice_department_txt 和 choice_workyear_txt 的值组成列表，并赋给列表变量 input_txt_list。

代码调试

在第 260 行中，设置一个断点，查看代码中各个变量的值，如图 4-61 所示。因为还没有讲解 department_get()函数和 workyear_get()函数，所以函数的具体代码暂时略过。

图 4-61 设置断点

在菜单界面中，输入整数 3，选择"根据部门名称和入职日期查询"模块，如图 4-62 所示。

图 4-62 在菜单界面中输入整数 3，选择"根据部门名称和入职日期查询"模块

在第 260 行代码中，变量 choice_number 的值等于 3，如图 4-63 所示。然后，执行第 261～281 行代码。

图 4-63 变量 choice_number 的值等于 3

执行第 262 行代码，用 input()函数给出提示信息，如图 4-64 所示。

继续[部门名称和入职日期]查询请按Enter键，退出查询请按0:

图 4-64 用 input()函数给出提示信息

执行第 262 行代码后按 Enter 键，将一个空值赋给变量 input_txt，如图 4-65 所示。在第 264 行代码中，变量 input_txt 的值是空值且不等于 0，所以继续执行第 265～281 行代码，让用户继续选择部门名称和输入入职年份。

图 4-65 按 Enter 键将一个空值赋给变量 input_txt

执行第 266 行代码，将"部门编号"4 个字赋给变量 col_name_1，如图 4-66（a）所示。执行第 267 行代码，将"部门名称"4 个字赋给变量 col_name_2，如图 4-66（b）所示。

| 265 | # 将需要 '部门编号' 赋值给 col_name |
| 266 | col_name_1 = '部门编号' |

（a）将"部门编号"4 个字赋给 col_name_1

| 266 | col_name '部门名称' 号' |
| 267 | col_name_2 = '部门名称' |

（b）将"部门名称"4 个字赋给变量 col_name_2

图 4-66 给变量 col_name_1 和 col_name_2 赋值

执行第 268 行代码，将变量 col_name_1 的值和变量 col_name_2 的值组合起来赋给变量 col_name，变量 col_name 的值是"部门编号-部门名称"，如图 4-67 所示。

图 4-67 变量 col_name 的值是 "部门编号-部门名称"

执行第 270 行代码，调用 department_get()函数，在部门名称列表中输入 13，选择办公室和销售部，如图 4-68 所示。

图 4-68 在部门名称列表中输入 13，选择办公室和销售部

执行第 270 行代码后，department_get()函数会返回字符串 "办公室,销售部"，并赋给变量 choice_department_txt，如图 4-69 所示。

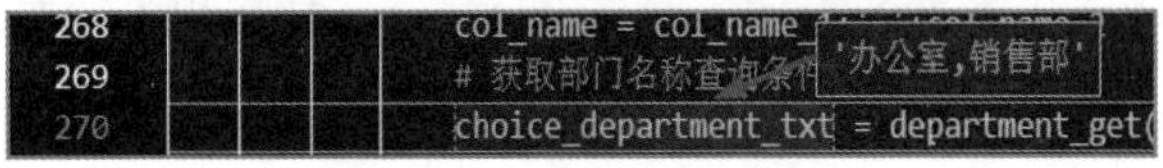

图 4-69 将字符串 "办公室，销售部" 赋给变量 choice_department_txt

执行第 272 行代码，将 "入职日期" 4 个字赋给变量 col_name，如图 4-70 所示。

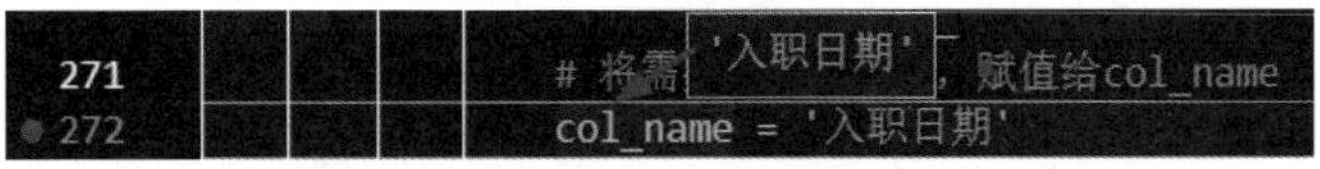

图 4-70 将 "入职日期" 4 个字赋给变量 col_name

执行第 274 行代码，调用 workyear_get()函数，在入职年份范围内输入入职年份的最小值 2010 和最大值 2015，如图 4-71 所示。

图 4-71 输入入职年份的最小值 2010 和最大值 2015

执行第 274 行代码后，workyear_get()函数会返回字符串 "2010—2015"，并赋给变量 choice_workyear_txt，如图 4-72 所示。

图 4-72 将字符串 "2010—2015" 赋给变量 choice_workyear_txt

执行第 277 行代码，将一段由提示文字和变量 choice_department_txt 的值、变量 choice_workyear_txt 的值组成的提示信息赋给变量 message，在第 289 行代码中用 print()函数输出。变量 message 的值是 "你要查询：部门名称:（办公室，销售部）/入职日期:（2010—2015）"，如图 4-73 所示。

图 4-73 变量 message 的值

执行第 279 行代码，创建一个列表变量 col_name_list，该变量的值分别是"部门名称"和"入职日期"，如图 4-74 所示。

| 279 | | | col_name_list = [['部门名称','入职日期']] |
| 280 | | | # 将用户选择[['部门名称', '入职日期'] |

图 4-74　创建一个列表变量 col_name_list

执行第 281 行代码，创建一个列表变量 input_txt_list，该变量的值分别为"办公室,销售部"和"2010—2015"，如图 4-75 所示。

281			input_txt_list = [choice_department_txt,choice_workyear_txt]
282			['办公室,销售部', '2010—2015']
283		# 用if条件语句，根据用	> special variables
284		if input_txt == '0':	> function variables
285		# 跳出while循环后，	0: '办公室,销售部'
286		break	1: '2010—2015'

图 4-75　创建一个列表变量 input_txt_list

8. 用户在菜单界面中输入整数 0

代码清单 4.19 的作用如下。

用户在菜单界面中输入整数 0，退出查询模块，返回菜单界面。

代码清单 4.19　用户在菜单界面中输入整数 0

```
283        # 使用 if 条件语句，根据用户的输入判断是退出程序还是进行查询
284        if input_txt == '0':    # 退出查询
285            # 跳出 while 循环后，用 return 语句结束程序
286            break
```

代码清单 4.19 的解析

这里输入的 0 与菜单中的 0 不一样。这里输入 0 用于退出查询模块，返回菜单界面。

第 284 行用 if 条件语句判断变量 input_txt 的值。若用户输入 0，则结束查询，执行第 286 行代码。

第 286 行用 break 语句退出第 224 行建立的 while 循环，返回菜单界面（执行第 175～206 行代码）。

9. 获取查询关键字所在行的编号

代码清单 4.20 的作用如下。

根据用户输入的查询关键字，调用 data_row_find() 函数，获取查询关键字所在行的编号，并将行号赋给列表变量 data_row_list。

如果根据部门名称和入职日期查询，则需要调用两次 data_row_find() 函数，分别获取用户选择的部门名称的行号和输入的入职年份的行号；然后运用求交集的方法找到相同的行号，组成新的行号唯一的列表，并将其作为参数传给 data_get() 函数。

代码清单 4.20　获取查询关键字所在行的编号

```
287        else:                    # 查询
288            # 信息提示
289            print('【信息提示】：正在开始查询, '+message)
```

```
290                   # 调用数据所在行的查询代码（根据用户输入的查询条件，查询数据所在行的编号，
                      # 并将其写入列表变量 data_row_list）
291                   # 用 if 条件语句判断用户的选择
292                   if choice_number != 3:            # 根据手机号码或月薪查询
293                       # 调用数据所在行的查询代码
294                       data_row_list = data_row_find(sheet_source,title_list_
                          source,choice_number,col_name,input_txt)
295                   else:                             # 根据部门名称和入职年份查询
296                       # 用 for 循环语句遍历变量 col_name_list，逐个读取标题的数据
297                       for i in range(len(col_name_list)):
298                           # 将列的值赋值给 col_name
299                           col_name = col_name_list[i]
300                           input_txt = input_txt_list[i]
301                           # 调用数据所在行的查询代码
302                           data_row_list = data_row_find(sheet_source,title_list_
                              source,choice_number,col_name,input_txt)
303                           # 将返回的列表转换为集合
304                           if col_name == '部门名称':
305                               department_set = set(data_row_list)
306                           elif col_name == '入职日期':
307                               workyear_set = set(data_row_list)
308                       # 找出部门名称集合和入职日期集合中行号相同的数据
309                       data_row_set = department_set & workyear_set
310                       # 将集合转换为列表
311                       data_row_list = list(data_row_set)
312                       # 对新的列表进行排序
313                       data_row_list.sort(reverse = False)
314
```

代码清单 4.20 的解析

第 287 行用 if 条件语句的分支 else 判断变量 choice_number 的值。若用户回应 input()函数的信息，并按 Enter 键继续进行查询，则执行第 288～340 行。

第 289 行用 print()函数输出一条提示信息，即输出在第 232 行、253 行、277 行赋给变量 message 的值。

第 292 行用 if 条件语句判断变量 choice_number 的值。若用户在菜单界面输入的数字不等于 3，则表示选择 "根据手机号码或者月薪查询" 模块，然后执行第 294 行代码。

第 294 行调用 data_row_find()函数，获取查询关键字所在行的编号，将相关变量（menu()函数传递过来的部分变量、变量 col_name 和变量 input_txt）作为参数传递给 data_row_find()函数，并将 data_row_find()函数返回的结果（行号）赋给列表变量 data_row_list。

第 295 行用分支 else 判断 choice_number 的值是否等于 3，若等于 3，则选择 "根据部门名称和入职日期查询" 模块。

第 297 行用 for 循环语句读取列表变量 col_name_list 的值（部门名称和入职日期）、列表变量 input_txt_list 的值（用户选择的部门名称和输入的入职年份）。

第 299 行将列表变量 col_name_list 的值赋给变量 col_name。

第 300 行将列表变量 input_txt_list 的值赋给变量 input_txt。

第 302 行调用 data_row_find()函数获取查询关键字所在行的编号，将相关变量（menu()函数传递过来的部分变量、变量 col_name 和变量 input_txt）作为参数传递给 data_row_find()函数，并将 data_row_find()函数的返回结果（行号）赋给列表变量 data_row_list。

第 304 行用 if 条件语句判断变量 col_name 的值是否等于 "部门名称"。

在第 305 行中，如果变量 col_name 的值等于"部门名称"，则将列表变量 data_row_list 的数据类型从列表转换为集合，并赋给集合变量 department_set。

第 306 行用 if 条件语句的分支 elif 判断变量 col_name 的值是否等于"入职日期"。

如果变量 col_name 的值等于"入职日期"，在第 307 行中，则将列表变量 data_row_list 的数据类型从列表转换为集合，并赋给集合变量 workyear_set。

第 309 行用于找出两个集合的交集（找出"部门名称"和"入职日期"列中行号相同的数据），并将交集的值赋给集合变量 data_row_set。

第 311 行将集合变量 data_row_set（新的集合）的数据类型从集合转换为列表，并将列表的值赋给列表变量 data_row_list（这里重写列表变量 data_row_list 的值，以覆盖之前 data_row_find() 函数返回的值）。

第 313 行对列表变量 data_row_list 的值进行排序。

知识扩展

第 305 行代码运用了集合的方法。

集合（set）是一个元素无序的且不重复的序列，用求交集的方法可以将两个集合相同的元素找出来。

例如，集合 1 是{1，3，5，7}，集合 2 是{2，3，5，8}，二者的交集（相同的元素）是{3，5}。

交集的标准写法是 data_row_set = set.intersection(department_set,workyear_set)。

交集的简洁写法是 data_row_set = department_set & workyear_set。

集合和列表是可以相互转换的。将列表转换为集合的方法是集合=set(列表)。将集合转换为列表的方法是列表=list(集合)。

代码调试

在第 289 行代码中，设置一个断点，查看代码中各个变量的值，如图 4-76 所示。

图 4-76　设置断点

在菜单界面中，输入整数 1，选择"根据手机号码查询"模块（输入整数 2，选择"根据月薪查询"模块，其步骤与输入整数 1 的步骤相似，所以不再单独调试），如图 4-77（a）所示。然后，根据提示输入关键字 139 进行查询，如图 4-77（b）所示。将 1 赋给变量 choice_number，将"手机号码"4 个字赋给变量 col_name，将 139 赋给变量 input_txt，如图 4-77（c）所示。接下来，执行第 292～294 行代码。

（a）在菜单界面中输入整数 1

图 4-77　根据手机号码查询

（b）根据提示输入关键字 139 进行查询

```
∨ 监视
    choice_number: 1
    col_name: '手机号码'
    input_txt: '139'
```

（c）分别值给变量 choice_number、变量 col_name、变量 input_txt 赋值

图 4-77　根据手机号码查询（续）

执行第 289 行代码，用 print()函数输出一条提示信息，如图 4-78 所示，提示信息包含变量 message 的值"你需要查询手机号码包含的关键字：139"。

```
请输入需要查询的手机号码(可以输入部分数字实现模糊查询)，退出查询请按0: 139
【信息提示】：正在开始查询，你需要查询手机号码包含的关键字: 139
```

图 4-78　用 print()函数输出一条提示信息

执行第 294 行代码，将 data_row_find()函数返回的值赋给列表变量 data_row_list，变量的值为[0,2,3]（表示手机号码中包含 139 的数据在这些行中），如图 4-79 所示。

```
294              data_row_list = data_row_find(sh
295         else:                  [0, 2, 3]
```

图 4-79　将 data_row_find()函数返回的值赋给变量 data_row_list

在菜单界面中，输入整数 3，选择"根据部门名称和入职日期查询"模块，如图 4-80（a）所示。然后，输入 13，选择"办公室，销售部"，如图 4-80（b）所示。再依次输入 2010、2015，选择"2010—2015"，如图 4-80（c）所示，然后执行第 297～313 行代码。

```
------------------------------
1.根据手机号码查询
2.根据月薪查询
3.根据部门名称和入职日期查询
0.退出系统
------------------------------
请输入整数0~3: 3
```
（a）在菜单界面中输入整数 3

```
['0全选', '1办公室', '2技术部', '3销售部', '4财务部']
请输入数字选择[所属部门]，输入0表示全选: 13
你选择了这些部门: 办公室,销售部
```
（b）选择"办公室，销售部"

```
['2010', '2011', '2012', '2013', '2014' '2015']
请输入查询的最小入职年份（2010—2015）: 2010
请输入查询的最大入职年份（2010—2015）: 2015
你选择入职年份: 2010—2015
```

（c）选择"2010—2015"

图 4-80　根据部门名称和入职日期查询

执行第 297 行代码前，可以看到列表变量 col_name_list 的值为 2，也就是说，for 循环只需要执行两次，如图 4-81 所示。

图 4-81　for 循环只需要执行两次

第 1 次执行 for 循环语句时，在执行第 299～300 行代码后，将 "部门名称" 4 个字赋给变量 col_name，将 "办公室,销售部" 赋给变量 input_txt，如图 4-82 所示。

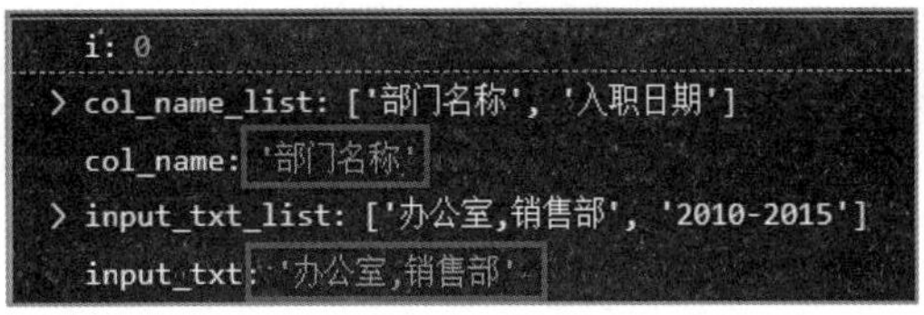

图 4-82　分别给变量 col_name、变量 input_txt 赋值

执行第 302 行代码，将 data_row_find() 函数返回的值赋给列表变量 data_row_list，变量的值为[0,1,2,5,6,10]（表示部门名称是办公室和销售部的数据在这些行中），如图 4-83 所示。

图 4-83　将 data_row_find() 函数返回的值赋给变量 data_row_list

在第 304 行代码中，变量 col_name 的值等于 "部门名称"，如图 4-84 所示。

图 4-84　变量 col_name 的值等于 "部门名称"

执行第 305 行代码，用 set() 函数将列表变量 data_row_list 的数据类型从列表转换为集合，并将集合的值赋给集合变量 department_set，如图 4-85 所示。

图 4-85　将列表变量 data_row_list 的数据类型从列表转换为集合 1

第 2 次执行 for 循环语句时，在执行第 299～300 行代码后，将 "入职日期" 4 个字赋给变量 col_name，将 "2010—2015" 赋给变量 input_txt，如图 4-86 所示。

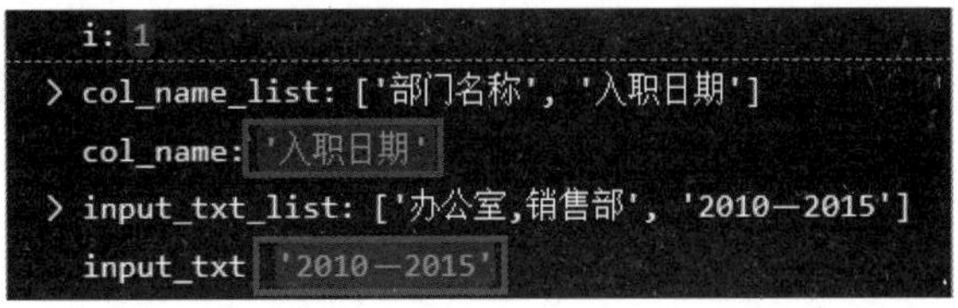

图 4-86　分别给变量 col_name、变量 input_txt 赋值

执行第 302 行代码，将 data_row_find() 函数返回的值赋给列表变量 data_row_list，变量的值为全部数据，如图 4-87 所示。

图 4-87　将 data_row_find() 函数返回的值赋给列表变量 data_row_list

执行第 306 行代码，用分支 elif 判断出变量 col_name 的值是否等于"入职日期"，如图 4-88 所示。

图 4-88　变量 col_name 的值是否等于"入职日期"

执行第 307 行代码，用 set() 函数将列表变量 data_row_list 的数据类型从列表转换为集合，并将集合的值赋给集合变量 workyear_set，如图 4-89 所示。

图 4-89　将列表变量 data_row_list 的数据类型从列表转换为集合 2

执行第 309 行代码，运用求交集的方法找出两个集合的共同元素，将形成的一个新的集合赋给变量 data_row_set（部门名称和入职日期相同的行的编号为 0、1、2、5、6、10），如图 4-90 所示。

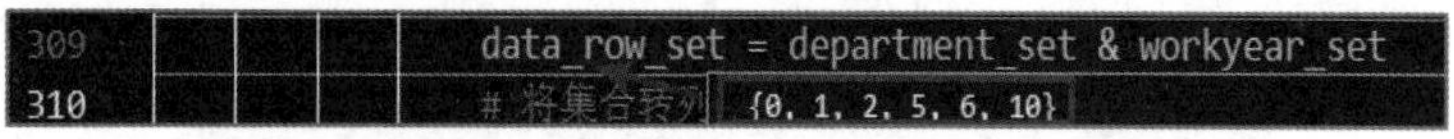

| 309 | | | | | data_row_set = department_set & workyear_set |
| 310 | | | | | # 将集合转列 {0, 1, 2, 5, 6, 10} |

图 4-90　运用交集的方法找出两个集合的共同元素

执行第 311 行代码，用 list() 函数将集合变量 data_row_set 的数据类型从集合转换为列表，并将列表的值赋给列表变量 data_row_list（这里重写列表变量 data_row_list 的值，以覆盖之前 data_row_find() 函数返回的值），如图 4-91 所示。

| 311 | | | | | data_row_list = list(data_row_set) |
| 312 | | | | | # 将新的列表 [0, 1, 2, 5, 6, 10] |

图 4-91　将集合变量 data_row_set 的数据类型从集合转换为列表

执行第 313 行代码，用 sort() 函数对列表变量 data_row_list 的值进行排序，排序方式是升序（这行代码的意义在于如果转换后的列表的值无序，则在这里进行排序，以方便后续数据的查询），如图 4-92 所示。

| 313 | | | | | data_row_list.sort(reverse = False) |
| 314 | | | | | [0, 1, 2, 5, 6, 10] |

图 4-92　对列表变量 data_row_list 的值进行排序

10．数据获取

代码清单 4.21 的作用如下。

先清空"查询结果"文件的全部数据，避免获取的数据重复写入；然后根据列表变量 data_row_list 的值（行号）调用 data_get() 函数，查询获取的详细数据。

代码清单 4.21　数据获取

315	# 每次查询前，清空"查询结果"文件的全部数据，避免获取的数据重复写入
316	# 用 for 循环语句删除所有表数据（本案例只有一个表，但是删除代码也适用于
	# 多个表）

```
317                    for sheet in  wb_target:
318                        # 将表格的第一行到最后一行（sheet.max_row）的数据删除
319                        sheet.delete_rows(1,sheet.max_row)
320                    # 删除后要保存才能生成一个新的空白工作簿
321                    wb_target.save(file_name_target)
322
323                    # 调用数据获取代码（根据返回的行号列表获取所在行的数据）
324                    find_result = data_get(sheet_target,sheet_source,data_row_list)
325
```

代码清单 4.21 的解析

第 317 行用 for 循环语句读取"查询结果"文件的表格（本书案例只有一个表，但是代码用 for 循环语句，因此也适用于有多个表的 Excel 文档）。

第 319 行用 sheet.delete_rows()命令将表格中第 1 行到最后 1 行的数据删除。删除数据的目的是避免再次写入数据时，之前保留的数据还存在，导致最终数据出现错误。

第 321 行用 wb_target.save()命令将这个空白工作簿以变量 file_name_target 的值（例如，查询结果 20220330.xlsx）为文件名进行保存。

第 324 行调用 data_get()函数查询详细数据，将相关变量（menu()函数传递过来的部分变量和列表变量 data_row_list）作为参数传递给 data_get()函数，并将 data_get()函数返回的结果赋给变量 find_result。

知识扩展

第 319 行代码的 sheet.max_row 表示表格中编号最大的行（最后一行），sheet.max_col 表示表格中编号最大的列（最后一列）。

代码调试

在第 317 行中，设置一个断点，如图 4-93 所示，查看之前有数据的表格，执行第 317～321 行代码（删除表格数据）。

图 4-93　设置断点

执行第 317～321 行代码前，原来的"查询结果"文件有数据，如图 4-94（a）所示。执行第 317～321 行代码后，原来的"查询结果"文件的数据被删除了，如图 4-94（b）所示。

（a）原来的"查询结果"文件有数据　　（b）原来的"查询结果"文件的数据被删除了

图 4-94　删除文件数据

11．数据的修饰和保存

代码清单 4.22 的作用如下。

先用 data_beautify()函数对查询结果的表格数据进行修饰，再用 wb_target save()对数据进行保存，最后用 print()函数输出提示信息。

代码清单 4.22　数据的修饰和保存

```
326                 # 表格的修饰与美化
327                 data_beautify(sheet_target,title_list_source)
328
329                 # 数据的保存
330                 wb_target.save(file_name_target)
331
332                 # 显示查询结果信息
333                 # 用 if 条件语句判断返回的结果，根据返回结果显示不同的提示信息
334                 if find_result == 1:      #标题占了一行，实际没有数据
335                     # 信息提示
336                     print('查询结束，查询结果为 0\n')
337                 else:                     # 标题+数据大于 2，所以减 1 才表示真正有多少条记录
338                     # 信息提示
339                     print('查询结束，查询结果有('+str(find_result-1)+')条记录，',end='')
340                     print('查询的数据保存在<<'+file_name_target+'>>文件中！\n')
341
342
```

代码清单 4.22 的解析

第 327 行调用 data_beautify()函数对数据进行美化修饰，将相关变量（menu()函数传递过来的部分变量）作为参数传递给 data_beautify()函数，data_beautify()函数不需要返回值。

第 330 行用 wb_target.save()命令保存有数据的表格，以变量 file_name_target 的值（例如，查询结果 20220330.xlsx）为文件名进行保存。

第 334 行用 if 条件语句判断变量 find_result 的值是否等于 1，若等于 1，则表示查询结果没有任何数据，只返回标题行。

第 336 行用 print()函数输出一条提示信息。

第 337 行用分支 else 判断变量 find_result 的值是否大于 1，若大于 1，则表示查询结果有数据，执行第 339 行和第 340 行。

第 339 行和第 340 行均用 print()函数输出提示信息。

代码调试

先注释第 327 行代码，如图 4-95（a）所示，看看不运行 data_beautify()函数的结果。可以看到不运行 data_beautify()函数，表格中仅有数据，没有对单元格的格式进行修饰与美化，如图 4-95（b）所示。

（a）注释第 327 行代码

图 4-95　注释 data_beautify()函数使其不可运行

（b）不运行 data_beautify()函数的结果

图 4-95 注释 data_beautify()函数使其不可运行（续）

取消注释第 327 行代码，如图 4-96（a）所示，维持原来的代码，看看运行 data_beautify()
函数的结果。可以看到运行 data_beautify()函数后，表格数据的字体、格式等发生了变化，如
图 4-96（b）所示。

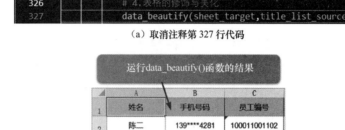

（a）取消注释第 327 行代码

（b）运行 data_beautify()函数的结果

图 4-96 取消注释使 data_beautify()函数可运行

接着看看第 334～340 行代码的信息提示。例如，选择"根据手机号码查询"模块，输入关
键字 1234，如图 4-97（a）所示。查询后没有包含该关键字的手机号码，然后执行第 334 行代
码，用 if 条件语句判断变量 find_result 的值是否等于 1，结果为真，如图 4-97（b）所示。

（a）选择"根据手机号码查询"模块，输入关键字 1234

（b）判断变量 find_result 的值是否等于 1

图 4-97 根据关键字 1234 查询手机号码

执行第 336 行代码，用 print()函数输出一条提示信息，如图 4-98 所示。

查询结束，查询结果为0

图 4-98 用 print()函数输出一条提示信息

再例如，选择"根据手机号码查询"模块，输入关键字 139，如图 4-99（a）所示；查询结
果有两条记录，然后执行第 334 行代码，用 if 条件语句判断变量 find_result 的值是否等于 1，结
果为假，接着执行第 339 行和第 340 行代码，如图 4-99（b）所示。

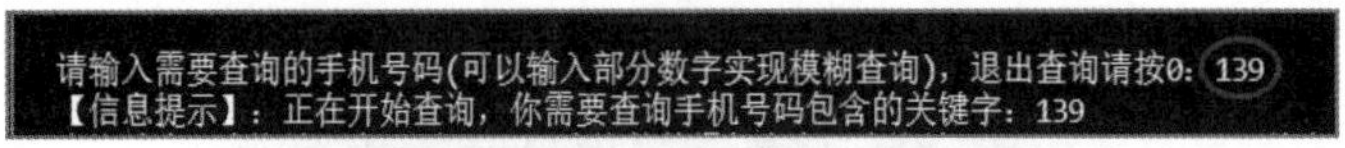

（a）选择"根据手机号码查询"模块，输入关键字 139

（b）判断变量 find_result 的值是否等于 1

图 4-99 根据关键字 139 查询手机号码

执行第 339 行和第 340 行代码，用 print() 函数输出提示信息，如图 4-100 所示。

查询结束，查询结果有(2)条记录，查询的数据保存在≪查询结果20220722.xlsx≫文件中！

图 4-100 用 print() 函数输出提示信息

4.4.2 查询子程序（查询数据所在行的行号）

在讲解代码前，先介绍本节代码涉及的知识点和代码的设计思路。

1. 本节代码涉及的知识点

本节代码涉及的知识点如表 4-5 所示。

表 4-5 本节代码涉及的知识点

	知识点	作用
Python 知识点	def 函数名()	构建函数
	index() 函数	返回字符串中包含子字符串的索引值
	str() 函数	返回字符串格式
	append() 函数	添加列表项
	enumerate() 函数	将一个可遍历的对象组合为一个索引序列，同时列出数据和数据下标
	split() 函数	通过指定分隔符对字符串进行切片
	sort() 函数	对列表的值进行排序
	int() 函数	将一个字符串或数字转换为整型
	len() 函数	返回对象的长度或项目的个数
	range() 函数	创建一个整数列表，一般用在 for 循环中
	insert() 函数	在列表的指定位置插入对象
	list1 = []	创建列表
	if	条件语句
	for	循环语句
关于 openpyxl 模块的知识点	openpyxl.utils.get_column_letter(数字)	将数字转换为列字母
	for cell in sheet[列字母]:	读取指定列的单元格的值
	cell.data_type == 'n'	单元格数据类型
	cell.value = 变量/常量	写入单元格的值

2．本节代码的设计思路

本节代码的设计思路是根据用户输入的查询关键字，获取查询关键字所在行的编号，并返回 data_find_main()函数，再调用 data_get()函数进行处理。具体操作如下。

（1）构建一个 data_row_find()函数，执行步骤（2）～（7）的代码。

（2）获取查询关键字所在列的数据，用于和查询关键字匹配。

（3）用 if 条件语句判断变量 choice_number（用户在菜单界面中的选择）的值，根据查询条件，获取数据所在行的编号。

（4）如果变量 choice_number 的值是 1（根据手机号码查询），则直接以变量 input_txt 的值作为查询条件。

（5）如果变量 choice_number 的值是 2（根据月薪查询），则用 split()函数拆分变量 input_txt 的值为月薪最小值和月薪最大值，以月薪最小值和月薪最大值作为查询条件。

（6）如果变量 choice_number 的值是 3（根据部门名称和入职日期查询），则先用 if 条件语句判断变量 col_name 的值是部门名称还是入职日期（变量 col_name 的值通过 department_get()函数和 workyear_get()函数传递了两次，分别是部门名称和入职日期），再用 split()函数将变量 input_txt 的值拆分为部门名称和入职年份，以部门名称和入职年份作为查询条件。

（7）将获取的数据所在行的编号返回给查询主程序 data_find_main()函数，再调用 data_get()函数进行处理。

3．构建 data_row_find()函数

代码清单 4.23 的作用如下。

构建一个 data_row_find()函数，由查询主程序 data_find_main()函数对其进行调用（第 294 行代码、第 302 行代码），并根据用户输入的查询关键字获取查询关键字所在行的编号，然后将行号赋给列表变量 data_row_list，并返回给查询主程序 data_find_main()函数，再调用 data_get()函数进行处理。

代码清单 4.23　构建 data_row_find()函数

```
343  # 查询子程序
344  # ====================================
345  # 查询子程序（查询数据所在行的编号）
346  # ==========================
347  # sheet_source："数据来源"文件的表格（用于读取数据）
348  # title_list_source: "数据来源"文件的标题行
349  # choice_number：1 代表手机号码，2 代表月薪，3 代表部门名称和入职日期
350  # col_name:查询条件：手机号码（月薪/部门名称和入职日期）
351  # input_txt：用户输入的内容
352  # ==========================
353  def data_row_find(sheet_source,title_list_source,choice_number,col_name,
     input_txt):
354
355
```

代码清单 4.23 的解析

第 343～352 行是注释，标注了这部分代码的内容和具体接收的参数（变量）的值。

第 353 行用 def 命令构建 data_row_find()函数，以变量名作为 data_row_find()函数的参数，参数的值来源于 data_find_main()函数。

4．获取查询关键字所在列的数据

代码清单 4.24 的作用如下。

获取查询关键字所在列的数据，用于和查询关键字匹配。

代码清单 4.24　获取查询关键字所在列的数据

```
356     # 找出查询条件（手机号码/月薪/部门名称/入职日期）所在的列
357     # 找出 col_name 值（用户选择的查询条件/字段）在标题行中的位置
358     title_source_index = title_list_source.index(col_name) +1
359     # 将数字转换为列字母
360     title_source_col = openpyxl.utils.get_column_letter(title_source_index)
361
362
363     # 获取所在列的数据
364     # 定义一个空列表变量（保存查询字段所在列的全部数据）
365     col_data_list = []
366     # 用 for 循环语句遍历读取该列每一个单元格的值
367     for cell in sheet_source[title_source_col]:
368         # 用 if 条件语句判断单元格的值并转换
369         if choice_number == 1:        # 根据手机号码查询
370             # 如果是数值，则转换为字符串
371             if cell.data_type == 'n':
372                 # 将单元格的值转换为字符串（表格数据会被读入缓存，这里修改的是缓存数
                    # 据，表格数据不改变）
373                 cell.value = str(cell.value)
374         elif choice_number == 2:      # 根据月薪查询
375             # 如果不是标题而是数据，则进行转换
376             if cell.value != col_name:
377                 # 如果是字符串，则转换为数值
378                 if cell.data_type == 's':
379                     cell.value = Decimal(cell.value).quantize(Decimal("0.00"))
380         # 将单元格的值追加到列表中
381         col_data_list.append(cell.value)
382     # ===输出数据（测试用）===
383     # print('\n=====('+col_name+')所在列的数据=====')
384     # print(col_data_list)
385
386
```

代码清单 4.24 的解析

第 358 行用 index() 函数找出 col_name 值（用户选择的查询条件/字段）在标题行（列表变量 title_list_source）中的位置，加 1 后赋给变量 title_source_index。

第 360 行用 openpyxl.utils.get_column_letter() 将变量 title_source_index 的值从数字转换变为字母（对应 Excel 的列），并赋给变量 title_source_col。

第 365 行定义一个空的列表变量 col_data_list，用于记录表格中各个单元格的值。

第 367 行用 for 循环语句读取用户选择的查询条件（例如，手机号码）所在列的每个单元格的值，并将读取的单元格值赋给对象 cell。对象 sheet_source 表示"数据来源"文件的表格，变量 title_source_col 表示所在列的列字母（例如，B）。

第 369 行用 if 条件语句判断变量 choice_number 的值是否等于 1，若等于 1，则选择"根据手机号码查询"模块，执行第 371～373 行代码。

第 371 行用 if 条件语句判断对象 cell 的数据类型是否为数值。

在第 373 行中，如果对象 cell 的数据类型是数值，则用 str() 函数将对象 cell 的值转换为字符串。

第 374 行用分支 elif 判断变量 choice_number 的值是否等于 2，若等于 2，则选择"根据月薪查询"模块，执行第 376～379 行代码。

第 376 行用 if 条件语句判断对象 cell 的值是否不等于变量 col_name 的值（如果单元格的值不是标题行文字，则执行第 378～379 行代码）。

第 378 行用 if 条件语句判断对象 cell 的数据类型是否为字符串。

在第 379 行中，如果对象 cell 的数据类型是字符串，则用 decimal 模块将数据类型从字符串转换为有两位小数的数值。

第 381 行将对象 cell 的值（value）追加到列表变量 col_data_list 中。

第 382～384 行的注释用于调试，可以用 print() 函数输出列表变量 col_data_list 的值。

知识扩展

第 358 行代码的 index() 函数用于检测字符串中是否包含子字符串。如果包含子字符串，则返回开始的索引值；否则，抛出异常。

例如，本书案例中列表变量 title_list_source 的值是表格的第一行标题，如图 4-101 所示，用 index() 函数检测"手机号码、月薪、部门名称、入职日期"等是否包含在标题行中。如果包含，则返回"手机号码、月薪、部门名称、入职日期"等在标题行中的位置（索引）。

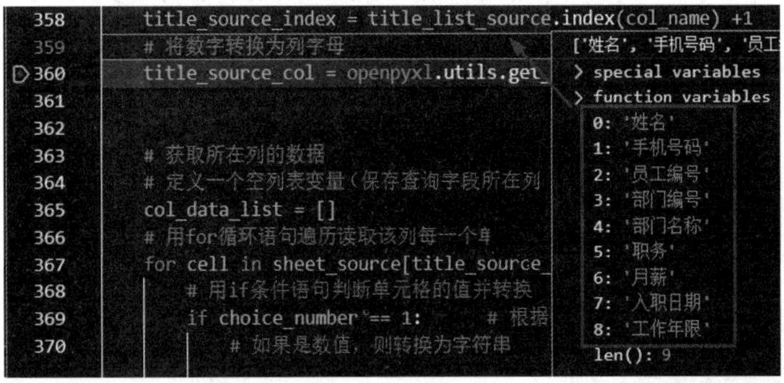

图 4-101 列表变量 title_list_source 的值是表格的第一行标题

因为列表的索引值从 0 开始，所以"手机号码"的索引是 1，执行第 358 行代码获取"手机号码"的索引后，要将索引加 1 才是手机号码真正的位置（第 2 位），如图 4-102 所示。

图 4-102 索引加 1 才是手机号码真正的位置

第 367 行代码中的 sheet_source[title_source_col] 相当于 sheet['B']，其含义是读取 B 列的所有数据（因为变量 title_source_col 的值是 2，所以将其转换为列字母后是 B），如图 4-103（a）所示；用 for 循环语句结合 sheet['B'] 来读取 B 列每个单元格的值，并赋给对象 cell。

另外，sheet['B:C']的含义是读取 B 列和 C 列的数据，如图 4-103（b）所示。

（a）sheet['B']的含义是读取 B 列的所有数据   （b）sheet['B:C']的含义是读取 B 列和 C 列的数据

图 4-103　读取列数据

第 371 行用 if 条件语句判断对象 cell 的数据类型是不是其自身的属性 data_type 的值，如图 4-104（a）所示，代码的写法是 cell.data_type 而不是 type(cell)，因为 type(cell)函数返回的值是 cell，如图 4-104（b）所示。

（a）判断对象 cell 的数据类型是不是其自身的属性 data_type 的值   （b）type(cell)函数返回的值是 cell

图 4-104　判断对象 cell 的数据类型

第 373 行代码中的 str()函数用于将数值转换为字符串。例如，数值为 8000，用 str()函数转换后，变成字符串'8000'，如图 4-105 所示。在实际应用中，手机号码的数据类型有可能是字符串，也有可能是常规或者数值，将其统一转换为字符串（执行第 371～373 行代码）可以方便用查询关键字进行模糊查询。

第 379 行代码用 decimal 模块将字符串转换为有两位小数的数值。在实际工作中，月薪的数据类型有可能是字符串，也有可能是数值，如图 4-106 所示，要将字符串月薪转换为数值月薪（执行第 378～379 行代码）才能实现在指定范围内进行查询。

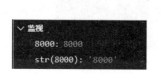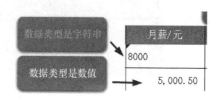

图 4-105　用 str()函数将数值转换为字符串   图 4-106　月薪的数据类型有可能是字符串，也有可能是数值

要将字符串转换为数值，代码的写法是 Decimal('8000')，如果转换的同时还需要保留两位小数，则代码的完整写法是 Decimal('8000').quantize(Decimal("0.00"))，如图 4-107 所示，转换后的结果是 8000.00。其中，0.00 表示保留两位小数。

```
Decimal(cell.value).quantize(Decimal("0.00"))
```

图 4-107　Decimal()函数的完整写法

第 376 行代码用 if 条件语句判断对象 cell 的值是否不等于变量 col_name 的值，代码的含义是标题本身是文字，其数据类型是字符串，不需要转换为数值。

第 373 行代码和第 379 行代码中对象 cell 的值都会被重新改写。注意，修改的是缓存中的数据，并不是表格真正的数据（因为程序已经用 load_workbook()将表格数据读入缓存）。执行

save()后，才能真正将修改后的缓存数据保存到表格中。

第 369～379 行代码不是必需的，在表格数据不够规范的时候，这几行代码用于对相关数据进行统一、规范；如果表格数据比较规范和准确，则可以直接执行第 381 行代码。

代码调试

在第 358 行中，设置一个断点，查看代码中各个变量的值，如图 4-108 所示。

图 4-108 设置断点

在菜单界面中，输入整数 1，选择"根据手机号码查询"模块，如图 4-109（a）所示。然后，根据提示，输入关键字 139，进行查询，如图 4-109（b）所示。

（a）在菜单界面输入整数 1，选择"根据手机号码查询"模块

请输入需要查询的手机号码(可以输入部分数字实现模糊查询)，退出查询请按0：139

（b）输入关键字 139 进行查询

图 4-109 根据手机号码查询

执行第 358 行代码，用 index()函数从列表变量 title_list_source 中找出变量 col_name 的值（手机号码）的位置——1，如图 4-110（a）所示。将该值加上 1 之后赋给变量 title_source_index，如图 4-110（b）所示。

（a）变量 col_name 的值（手机号码）的位置是 1   （b）将 2 赋给变量 title_source_index

图 4-110 确定位置并赋值

执行第 360 行代码，用 openpyxl.utils.get_column_letter()将变量 title_source_index 的值（2）转换为字母 B，并赋给变量 title_source_col，如图 4-111（a）所示。"员工信息表"的 B 列如图 4-111（b）所示。

（a）将数字 2 转变为字母 B 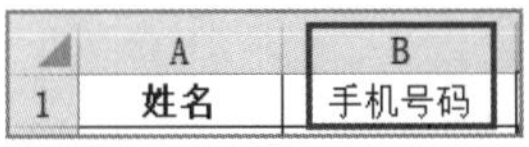   （b）"员工信息表"的 B 列

图 4-111 将位置数值转换为列字母

执行第 365 行代码，定义一个空的列表变量 col_data_list，用于记录表格中各个单元格的值，如图 4-112 所示。

执行第 367 行代码，用 for 循环语句将 B 列中单元格的内容和属性从 B1 开始赋给对象 cell，如图 4-113 所示。

图 4-112　定义一个空列表变量 col_data_list 　　图 4-113　从 B1 开始将内容和属性赋给对象 cell

在第 369 行代码中，变量 choice_number 的值等于 1，如图 4-114 所示，继续执行第 371～373 行代码。

图 4-114　变量 choice_number 的值等于 1

执行第 371 行代码，对象 cell 的属性 data_type 的值等于 s（字符串），如图 4-115（a）所示。跳转执行第 381 行代码，将对象 cell 的值（value）追加到列表变量 col_data_list 中，如图 4-115（b）所示。

（a）对象 cell 的 data_type 属性的值等于 s（字符串）

（b）将对象 cell 的值（value）追加到列表变量 col_data_list 中

图 4-115　判断 cell 的值的数据类型并追加到变量中

重复执行第 367～373 行代码，将单元格的内容和属性赋给对象 cell。在第 371 行代码中，判断出对象 cell 的属性 data_type 的值等于 n，如图 4-116 所示，继续执行第 373 行代码。

执行第 373 行代码，用 str() 函数将对象 cell 的值的数据类型从常规转为字符串，并重新赋值给对象 cell。然后跳转执行第 381 行代码，将对象 cell 的值追加到列表变量 col_data_list 中，如图 4-117 所示。

图 4-116　对象 cell 的属性 data_type 的值等于 n 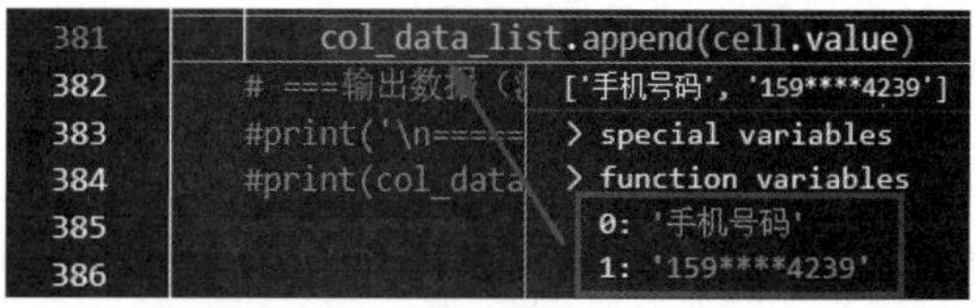　图 4-117　将对象 cell 的值追加到列表变量 col_data_list 中

重复执行第 367～381 行代码，直到把 B 列的数据读取完毕。将第 383～384 行代码中的"#"去掉，如图 4-118（a）所示。可以看到，用 print() 函数输出的结果是一个列表，如图 4-118（b）所示。

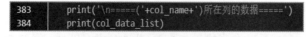

（a）将第 383～384 行代码中的"#"去掉

图 4-118　输出读取的数据

(b) 用print()函数输出的结果是一个列表

图 4-118　输出读取的数据（续）

第 374~379 行代码用于处理"根据月薪查询"的情况。在菜单界面中，输入整数 2，选择"根据月薪查询"模块，如图 4-119（a）所示。然后，输入月薪最小值 0 和月薪最大值 10000，如图 4-119（b）所示。

(a) 在菜单界面中输入整数 2，选择"根据月薪查询"模块 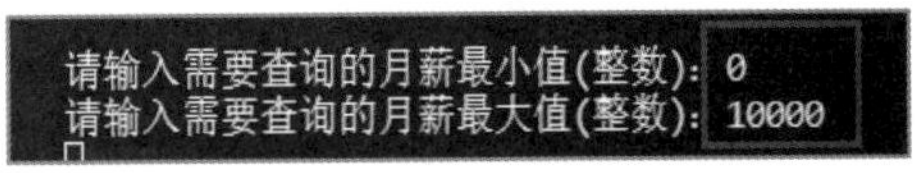　　　(b) 输入月薪最小值 0 和月薪最大值 10000

图 4-119　根据月薪查询

在第 374 行代码中，变量 choice_number 的值等于 2，如图 4-120 所示，继续执行第 376~379 行代码。

执行第 376 行代码，由于对象 cell 的值等于变量 col_name 的值，如图 4-121 所示，因此跳过第 377~379 行代码，直接执行第 381 行代码。

图 4-120　变量 choice_number 的值等于 2　　图 4-121　对象 cell 的值等于变量 col_name 的值

重复执行第 374~379 行代码，将单元格的内容和属性赋给对象 cell。在执行第 376 行代码时，对象 cell 的值不等于变量 col_name 的值，继续执行第 378 行代码，判断出对象属性 cell 的 data_type 的值等于 s，如图 4-122 所示，继续执行第 379 行代码。

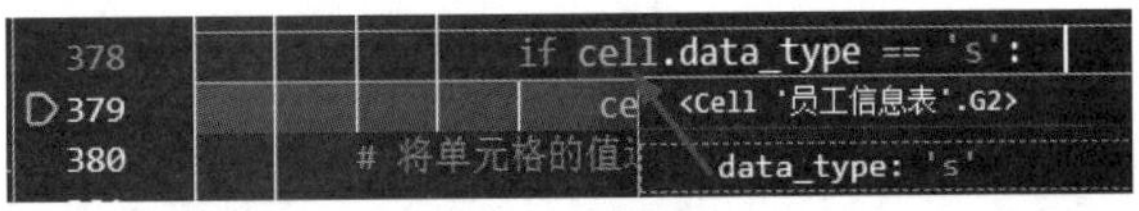

图 4-122　对象属性 cell 的 data_type 的值等于 s

执行第 379 行代码，将对象 cell 的值的数据类型从字符串转换为有两位小数的数值，如图 4-123 所示。

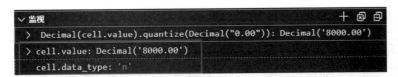

图 4-123　将对象 cell 的值的数据类型从字符串转换为有两位小数的数值

重复执行第 374~379 行代码，直到把"月薪"列的数据读取完毕。执行第 383~384 行代码，可以看到用print()函数输出的结果是一个列表，如图 4-124 所示。

```
=====(月薪)所在列的数据=====
['月薪', Decimal('8000.00'), 5000.5, 7001.8, 5500,
Decimal('7500.30'), 6000, 8000, 6500, 5700, 5600]
```

图 4-124 用 print()函数输出的结果是一个列表

5. 获取根据手机号码查询的关键字所在行的编号

代码清单 4.25 的作用如下。

用 if 条件语句判断变量 choice_number 的值（用户在菜单界面中的选择），如果值是 1（根据手机号码查询），则直接将变量 input_txt 的值作为查询条件。

代码清单 4.25 获取根据手机号码查询的关键字所在行的编号

```
387        # 获取数据所在行的行号
388        # 获取手机号码所在行的编号
389        # 用 if 条件语句判断用户选择的查询方式，然后获取用户要查询的数据所在行的编号
390        if choice_number == 1:   # 根据手机号码查询
391
392            # 用 enumerate()函数获取用户要查询的数据所在行的编号，并组成一个列表
393            data_row_list = [index for (index,value) in enumerate(col_data_list)
    if input_txt in value]
394
395
```

代码清单 4.25 的解析

第 390 行用 if 条件语句判断变量 choice_number 的值。若用户在菜单界面输入数字 1，则表示选择“根据手机号码查询”模块。

第 393 行用 enumerate()函数并结合 for 循环语句、if 条件语句找出变量 input_txt 的值（用户输入的内容）在列表变量 col_data_list 中的位置（列表序号），返回的列表序号（可以是多个不连续的序号）代表查询关键字的位置（所在行的编号），将其组成一个列表，并赋给列表变量 data_row_list。

知识扩展

在第 393 行代码中，enumerate()函数的作用是将一个可遍历的数据对象（列表、元组或字符串）转换为一个索引序列，同时列出数据和数据下标，它一般用在 for 循环当中。如果想要同时读取列表的索引和值，则可以使用 enumerate()函数。

普通 for 循环语句的写法如图 4-125（a）所示，和 enumerate()函数结合使用的 for 循环语句的写法如图 4-125（b）所示。

```
# 普通for 循环
index = 0
list1 = ['one','two','three']
for value in list1:
    print(index,list1[index])
    index = index + 1
```

（a）普通 for 循环语句的写法

```
# for循环和enumerate()函数结合使用的for循环
list1 = ['one','two','three']
for index,value in enumerate(list1):
    print(index,value)
```

（b）和 enumerate()函数结合使用 for 循环语句的写法

图 4-125 for 循环的两种写法

可以看到，两种写法输出的结果都是一样的，如图 4-126 所示，但是结合 enumerate()函数使用的写法更加简洁，普通 for 循环语句的写法则显得复杂一些。

将第 393 行代码改为不使用 enumerate()函数的普通 for 循环语句，如图 4-127 所示。

```
# 定义一个空列表变量（保存查询数据的所在行号）
data_row_list = []
# 用for循环语句，遍历col_data_list列表
for index in range(len(col_data_list)):
    # 将列表的值写入变量value
    value = col_data_list[index]
    # 用if条件语句，判断列表的值是否包含用户输入的值
    if input_txt in value:
        # 将列表的值对应的行号追加到列表中
        data_row_list.append(index)
```

图 4-126 两种写法输出的结果都是一样的　　　　图 4-127 不使用 enumerate()函数的普通 for 循环语句

对图 4-127 所示的不使用 enumerate()函数的情形的详解如下。

首先，定义一个空白列表变量 data_row_list。

其次，用 for 循环语句读取列表变量 col_data_list 的长度和值（手机号码所在列的数据），并赋给变量 index 和变量 value，循环次数是列表变量 col_data_list 的长度。

最后，用 if 条件语句进行判断，如果变量 value 的值（例如，11 位手机号码）包含变量 input_txt 的值（用户输入的手机号码关键字 139），则将变量 index 的值（索引号）追加到列表变量 data_row_list 中。

第 393 行代码使用 enumerate()函数的简洁写法如图 4-128 所示。

```
#简洁写法
data_row_list = [index for (index,value) in enumerate(col_data_list) if input_txt in value]
```

图 4-128 使用 enumerate()函数的简洁写法

对图 4-128 所示的使用 enumerate()函数的情形的详解如下。

先用 enumerate()函数遍历列表变量 col_data_list（手机号码所在列的数据），用 for 循环语句将变量 col_data_list 的长度和值赋给变量 index 与变量 value。

再用 if 条件语句进行判断，如果变量 value 的值（例如，11 位手机号码）包含变量 input_txt 的值（用户输入的手机号码关键字 139），则将变量 index 的值（索引号）赋给列表变量 data_row_list。

代码调试

在第 390 行中，设置一个断点，查看代码中各个变量的值，如图 4-129 所示。

```
389         # 用if条件语句判断用户选择的是哪种查询方式，然后获取用
390         if choice_number == 1:  # 根据手机号码查询
```

图 4-129 设置断点

在菜单界面中，输入整数 1，选择"根据手机号码查询"模块，如图 4-130（a）所示。然后，根据提示输入关键字 139 进行查询，如图 4-130（b）所示。

（a）在菜单界面输入整数 1，选择"根据手机号码查询"模块

请输入需要查询的手机号码(可以输入部分数字实现模糊查询)，退出查询请按0: 139

（b）根据提示输入关键字 139 进行查询

图 4-130　根据手机号码查询

在第 390 行代码中，变量 choice_number 的值等于 1，如图 4-131 所示，继续执行第 393 行代码。

图 4-131　变量 choice_number 的值等于 1

执行第 393 行代码前，列表变量 col_data_list 的值是表格 B 列的手机号码，变量 input_txt 的值是 139，如图 4-132 所示。

图 4-132　执行第 393 行代码前，列表变量 col_data_list 的值和变量 input_txt 的值

执行第 393 行代码的过程中，列表变量 col_data_list 和列表变量 data_row_list 的值是不可见的，只能看到变量 input_txt、变量 index、变量 value 的值，如图 4-133 所示。

执行第 393 行代码后，可以看到列表变量 col_data_list 和列表变量 data_row_list 的值。列表变量 data_row_list 的值如图 4-134 所示。

图 4-133　只能看到变量 input_txt、
变量 index、变量 value 的值

图 4-134　列表变量 data_row_list 的值

将第 456 行和第 457 行代码中的"#"去掉，如图 4-135（a）所示，可以看到用 print() 函数输出的结果是一个列表，如图 4-135（b）所示。

注意，前面获取的列表变量data_row_list的值并没有第一个元素0，在用print()函数输出的时候，却多了一个0，这是因为在执行第454行代码时在列表变量data_row_list的第一个位置插入了一个0，这表示需要获取标题行。

（a）将第456行和第457行代码中的"#"去掉　　（b）用print()函数输出的结果是一个列表

图4-135　输出获取的行号

6. 获取根据月薪查询的关键字所在行的编号

代码清单4.26的作用如下。

用if条件语句判断变量choice_number（用户在菜单界面中的选择）的值，如果值是2（根据月薪查询），则用split()函数将变量input_txt的值拆分为月薪最小值和月薪最大值，并以月薪最小值和月薪最大值作为查询条件。

代码清单4.26　获取根据月薪查询的关键字所在行的编号

```
396        # 获取月薪数据所在行的编号
397        # 用if条件语句判断用户选择的查询方式，然后获取用户查询的数据所在行的编号
398        if choice_number == 2:  # 根据月薪查询
399            # 用split()拆分input_txt的值，将用户输入的月薪最小值和月薪最大值拆分为列表
400            salary_list = input_txt.split('~')
401            # 将列表中的字符串转换为数值
402            # salary_list = list(map(int,salary_list))
403            # 对列表进行排序（由小到大）
404            salary_list.sort()
405            # 将列表的第一个值转换为数值，并赋给变量salary_min
406            salary_min = int(salary_list[0])
407            # 将列表的第二个值转换为数值，并赋给变量salary_max
408            salary_max = int(salary_list[1])
409
410            # 定义一个空列表变量（保存查询的数据所在行的行号）
411            data_row_list = []
412            # 用for语句遍历col_data_list，将列表序号写入index(第0行是标题行，不用写入)
413            for index in range(1,len(col_data_list)):
414                # 根据变量index将列表的值写入变量value
415                value = col_data_list[index]
416                # 用if条件语句判断列表的值是否在月薪最小值和月薪最大值之间
417                if salary_min <= value <= salary_max:
418                    # 如果列表的值在月薪最小值和月薪最大值之间，则将列表序号（行号）追加
                         # 到data_row_list中
419                    data_row_list.append(index)
420
421
```

代码清单4.26的解析

第398行用if条件语句判断变量choice_number的值是否等于2，若等于2，则表示选择"根据月薪查询"模块，执行第400～419行代码。

第 400 行根据分隔符 "-"，用 split()函数将变量 input_txt 的值拆分转换为列表，并赋给列表变量 salary_list。

第 404 行用 sort()函数按照由小到大的顺序对列表变量 salary_list 的值进行排序。

第 406 行将列表变量 salary_list 的第一个值转换为数值，并赋给变量 salary_min。

第 408 行将列表变量 salary_list 的第二个值转换为数值，并赋给变量 salary_max。

第 411~419 行没有使用 enumerate()函数，而使用普通 for 循环语句读取列表变量 col_data_list 的值，并赋给列表变量 data_row_list。

第 411 行定义一个空的列表变量 data_row_list，用于记录表格中各个单元格的值。

第 413 行用 for 循环语句读取 col_data_list 中的序号和值。

第 415 行将列表变量 col_data_list 的值赋给变量 value。

第 417 行用 if 条件语句判断变量 value 的值是否大于或等于变量 salary_min 的值且小于或等于变量 salary_max 的值。

在第 419 行中，如果变量 value 的值大于或等于变量 salary_min 的值且小于或等于变量 salary_max 的值，则将列表变量 col_data_list 的序号追加到 data_row_list 中。

知识扩展

第 251 行代码将用户输入的月薪最小值和月薪最大值组合成一个字符串，并赋给变量 input_txt，以传递给 data_row_find()函数。所以第 400 行代码要先用 split()函数将变量 input_txt 的值拆分为月薪最小值和月薪最大值作为查询条件。

split()函数通过指定分隔符对字符串进行拆分，然后返回分割的字符串列表。例如，变量 input_txt 原来的值是字符串'7000-8000'，根据指定的分隔符 "-" 用 split()函数将其拆分后变成列表['7000','8000']，如图 4-136 所示。

图 4-136 用 split()函数将变量 input_txt 的值拆分为列表['7000','8000']

第 402 行代码用 map()函数将列表变量 salary_list 的值转换为数值，如图 4-137（a）所示。用 map()函数将列表中的字符串转换为数值后，例如，若将['7000','8000']直接转为数值[7000,8000]，就不需要在第 406 行代码和第 408 行代码中用 int()函数将列表变量 salary_list 的值从字符串转换为数值，如图 4-137（b）所示。

```
402     salary_list = list(map(int,salary_list))
403     # 将列表由    [7000, 8000]
```
（a）用 map()函数将列表变量 salary_list 的值转换为数值

```
405     # 将列表的第一个值转为数值，
406     salary_min = int(salary_list[0])
407     # 将列表的第二个值转为数值，
408     salary_max = int(salary_list[1])
```
（b）用 int()函数转换列表变量 salary_list 的值

图 4-137 转换列表变量 salary_list 的值

第 404 行代码用 sort()函数对列表的值进行排序，以预防用户输入的月薪最小值大于月薪最

大值（例如，月薪最小值为 8000（单位是元），月薪最大值为 7000（单位是元）），如图 4-138
（a）所示，这会导致查询失败。用 sort() 函数排序后，无论用户如何输入，都可以避免出现月薪
最小值大于月薪最大值的情况，如图 4-138（b）所示。

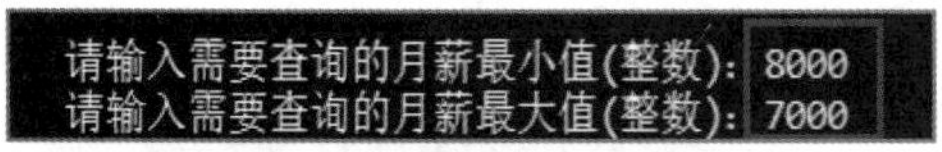

（a）用户输入的月薪最小值大于月薪最大值 　　　（b）排序后可以避免出现月薪最小值大于月薪最大值的情况

图 4-138　对列表的值进行排序的作用

代码调试

在第 398 行中，设置一个断点，查看代码中各个变量的值，如图 4-139 所示。

图 4-139　设置断点

在菜单界面中输入整数 2，选择"根据月薪查询"模块，如图 4-140（a）所示。然后，输
入月薪最小值 0 和月薪最大值 10000，如图 4-140（b）所示。

（a）在菜单界面中输入整数 2，选择"根据月薪查询"模块 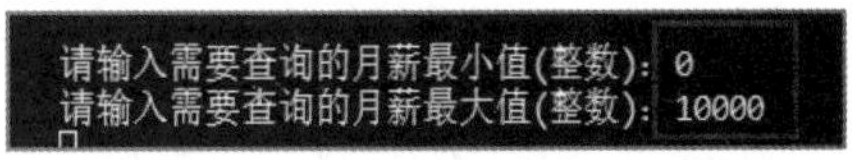　　　（b）输入月薪最小值 0 和月薪最大值 10000

图 4-140　根据月薪查询

在第 398 行代码中，变量 choice_number 的值等于 2，如图 4-141 所示，继续执行第 400～
419 行代码。

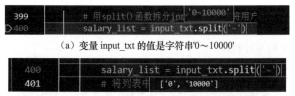

图 4-141　变量 choice_number 的值等于 2

在执行第 400 行代码之前，变量 input_txt 的值是字符串'0～10000'，如图 4-142（a）所示。
执行第 400 行代码，用 split() 函数将变量 input_txt 的值转换为列表['0','10000']并赋给列表变量
salary_list，如图 4-142（b）所示。

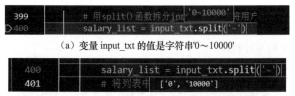

（a）变量 input_txt 的值是字符串'0～10000'

（b）将变量 input_txt 的值转换为列表['0','10000']并赋给列表变量 salary_list

图 4-142　将变量 input_txt 的值转换为列表并赋给变量 salary_list

执行第 404 行代码，用 sort()函数按照由小到大的顺序对列表变量 salary_list 的值进行排序，如图 4-143 所示。

执行第 406 行代码和第 408 行代码，用 int()函数将字符串转换为数值，将数字 0 赋给变量 salary_min，将数字 10000 赋给变量 salary_max，如图 4-144 所示。

图 4-143 用 sort()函数对列表变量
salary_list 的值进行排序

图 4-144 将数字 0 赋给变量 salary_min，
将数字 10000 赋给变量 salary_max

执行第 411 行代码，定义一个空白列表变量 data_row_list，如图 4-145 所示。

图 4-145 定义一个空白列表变量 data_row_list

执行第 413 行代码，用 for 循环语句从索引 1 开始（0 代表标题行，不需要读取）读取列表变量 col_data_list 的序号和值，循环次数为列表变量 col_data_list 的长度，如图 4-146 所示。

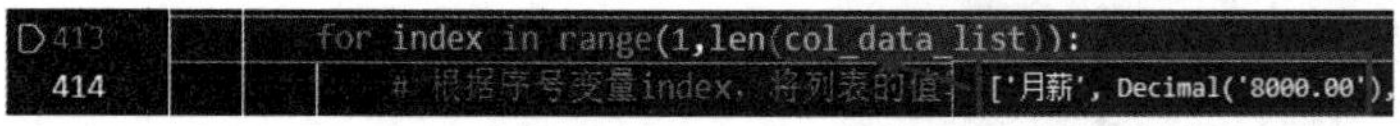

图 4-146 用 for 循环语句读取列表变量 col_data_list 的序号和值

执行第 415 行代码，将列表变量 col_data_list 的值逐一赋给变量 value，如图 4-147 所示。

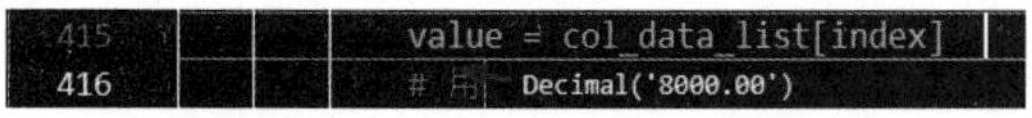

图 4-147 将列表变量 col_data_list 的值逐一赋值给变量 value

执行第 417 行代码，用 if 条件语句判断出变量 value 的值 8000 大于或等于变量 salary_min 的值 0 且小于或等于变量 salary_max 的值 10000，如图 4-148 所示，继续执行第 419 行代码（否则跳过第 419 行代码，重新执行第 413 行循环语句代码）。

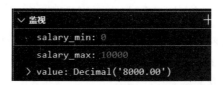

图 4-148 value 的值在变量 salary_min 的值和变量 salary_max 的值之间

执行第 419 行代码，将列表变量 col_data_list 的序号 1 追加到 data_row_list 中，如图 4-149 所示，然后继续执行第 413 行代码。

图 4-149 将列表变量 col_data_list 的序号 1 追加到 data_row_list 中

7. 获取根据部门名称或者入职日期查询的关键字所在行的编号

代码清单 4.27 的作用如下。

用 if 条件语句判断变量 choice_number（用户在菜单界面中的选择）的值，如果值是 3（根据部门名称和入职日期查询），则用 split() 函数拆分变量 input_txt 的值为部门名称和入职年份，并以部门名称和入职年份作为查询条件。

代码清单 4.27　获取根据部门名称或者入职日期查询的关键字所在行的编号

```
422     # 获取部门名称和入职日期数据所在行的编号
423     # 用 if 条件语句判断用户选择的查询方式，然后获取用户查询的数据所在行的编号
424     if choice_number == 3:  # 根据部门名称和入职日期查询
425         # 用 if 条件语句判断如何拆分变量 input_txt 的值
426         if col_name == '部门名称':
427             # 将部门名称列表再细分
428             department_list = input_txt.split(',')
429             # 用 enumerate() 函数获取用户查询的数据所在行的编号，并组合成一个列表
430             data_row_list = [index for (index,value) in enumerate(col_
                data_list) if value in department_list]
431         else:            # 入职日期
432             # 将入职日期再细分
433             workyear_list = input_txt.split('-')
434             # 对列表变量的值排序（由小到大）
435             workyear_list.sort()
436             # 将列表的第一个值赋给变量 workyear_min
437             workyear_min = workyear_list[0]
438             # 将列表的第二个值赋给变量 workyear_max
439             workyear_max = workyear_list[1]
440
441             # 用普通的 for 循环写法
442             # 定义一个空列表变量（保存查询的数据所在行的编号）
443             data_row_list = []
444             # 用 for 循环语句遍历 col_data_list 列表，将列表序号写入变量 index
445             for index in range(1,len(col_data_list)):
446                 # 获取字符串的前 4 位数字，并赋给变量 value
447                 value = str(col_data_list[index])[0:4]
448                 # 用 if 条件语句判断列表的值是否在最小值和最大值之间
449                 if workyear_min <= value <= workyear_max:
450                     # 如果列表的值在最小值和最大值之间，则将列表序号（行号）追加到列表中
451                     data_row_list.append(index)
452
```

代码清单 4.27 的解析

第 424 行用 if 条件语句判断变量 choice_number 的值是否等于 3，若等于 3，则表示选择"根据部门名称和入职日期查询"模块，执行第 424～451 行代码。

第 426 行用 if 条件语句判断变量 col_name 的值是否等于"部门名称"，若等于，则执行第 428～430 行代码。

第 428 行根据分隔符"，"，用 split() 函数将变量 input_txt 的值拆分转换为列表，并赋给列表变量 department_list。

第 430 行根据列表变量 department_list 的值（用户输入的内容），结合 for 循环语句、if

条件语句，用 enumerate()函数获取用户查询的部门名称关键字所在行的编号，并将其组合成一个列表，赋给列表变量 data_row_list。

第 431 行用分支 else 判断变量 cd_name 的值是否不等于"部门名称"（是否等于"入职日期"），若不等于，则执行第 433～451 行代码。

第 433 行根据分隔符"-"，用 split()函数将变量 input_txt 的值拆分转换为列表，并赋给列表变量 workyear_list。

第 435 行用 sort()函数按照由小到大的顺序对列表变量 workyear_list 的值进行排序。

第 437 行将列表变量 workyear_list 的第一个值赋给变量 workyear_min。

第 439 行将列表变量 workyear_list 的第二个值赋给变量 workyear_max。

第 443 行定义一个空的列表变量 data_row_list，用于记录表格中各个单元格的值。

第 445 行用 for 循环语句读取列表变量 col_data_list 的序号和值。

第 447 行将列表变量 col_data_list 的值转换为字符串类型，获取字符串的前 4 位数字（入职年份），并赋给变量 value。

第 449 行用 if 条件语句判断变量 value 的值是否大于或等于变量 workyear_min 的值且小于或等于变量 workyear_max 的值。

在第 451 行中，如果变量 value 的值大于或等于变量 workyear_min 的值且小于或等于变量 workyear_max 的值，则将列表变量 col_data_list 的序号追加到列表变量 data_row_list 中。

知识扩展

第 430 行代码用 enumerate()函数，而第 443～451 行代码用普通 for 循环的目的是方便读者对比两种代码写法的不同。

第 393 行代码的 enumerate()函数中的 if 条件语句用 input_txt in value 的写法如图 4-150（a）所示；第 430 行代码的 enumerate()函数中的 if 条件语句用 value in department_list 的写法如图 4-150（b）所示。

（a）用 input_txt in value 的写法　　　　　（b）用 value in department_list 的写法

图 4-150　enumerate()函数中 if 条件语句的两种写法

需要留意的是 value 的位置不同：第 392 行代码使用手机号码中的几个关键字（input_txt）查询整个手机号码（value），所以要让变量 value 的值包含变量 input_txt 的值；而第 430 行代码要判断表格数据中的部门名称（value）是否在用户选择的范围之内（department_list），所以要让变量 department_list 的值包含变量 value 的值。

代码调试

在第 424 行中，设置一个断点，查看代码中各个变量的值，如图 4-151 所示。

图 4-151　设置断点

　　在菜单界面中，输入整数 3，选择"根据部门名称和入职日期查询"模块，如图 4-152（a）所示。然后，输入 13，选择"办公室、销售部"，如图 4-152（b）所示。再依次输入 2010、2015，选择"2010—2015"，如图 4-152（c）所示。接下来，继续执行第 424～451 行代码。

（a）在菜单界面中输入整数 3，选择"根据部门名称和入职日期查询"模块

（b）选择"办公室、销售部" 　　　　　　　　　　　（c）选择"2010—2015"

图 4-152　根据部门名称和入职日期查询

　　执行第 424 行代码，变量 choice_number 的值等于 3，如图 4-153 所示，继续执行第 426～451 行代码。

```
423        # 用if条件语句，[3]断用户选择的查询方式，然后获取用户查询数
424        if choice_number == 3:    # 根据部门名称和入职日期查询
```

图 4-153　变量 choice_number 的值等于 3

　　执行第 426 行代码，若变量 col_name 的值等于"部门名称"，如图 4-154 所示，继续执行第 428～430 行代码。

```
424        if choice_num         值据部门名称和入职日期
425        # 用if条            '部门名称'  何拆分input_txt
426            if col_name == '部门名称':
```

图 4-154　变量 col_name 的值等于"部门名称"

　　在执行第 428 行代码之前，变量 input_txt 的值是字符串'办公室,销售部'，如图 4-155（a）所示。执行第 428 行代码，用 split()函数将变量 input_txt 的值转为列表['办公室','销售部']并赋给变量 department_list，如图 4-155（b）所示。

```
426            if col_name == '部门名称'    '办公室,销售部'
427            # 将部门名称列表再细分
428            department_list = input_txt.split(',')
```

（a）变量 input_txt 的值是字符串'办公室,销售部'

```
428            department_list = input_txt.split(',')
429            # 用enumerate()  ['办公室', '销售部']
```

（b）将变量 input_txt 的值转换为列表['办公室','销售部']并赋给变量 department_list

图 4-155　将变量 input_txt 的值转换为列表并赋给变量 department_list

　　执行第 430 行代码，结合 for 循环语句、if 条件语句，用 enumerate()函数获取用户查询的办公室和销售部所在行的编号 1、2、5、6、10，并赋给列表变量 data_row_list，如图 4-156 所示。

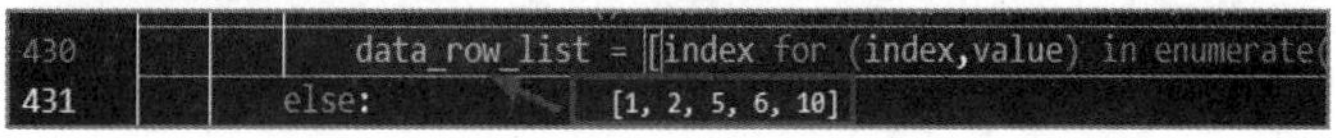

图 4-156　将行号赋给列表变量 data_row_list

跳转执行第 453～460 行代码，用 return 语句返回主程序后，继续执行第 302 行代码，再次调用 data_row_find()函数，获取入职日期所在行的编号，如图 4-157 所示。

```
302                    data_row_list = data_row_find(sheet_sourc
303                    # 将返回的列表转换为集合
304 ∨                  if col_name == '部门名称':
305                        department_set = set(data_row_list)
306                    elif col_name == '入职日期':
307                        workyear_set = set(data_row_list)
```

图 4-157 将列表变量 data_row_list 的值返回给 data_find_main()函数

调用 data_row_find()函数后，执行第 424 行代码，变量 choice_number 的值等于 3。然后，判断出变量 col_name 的值等于"入职日期"，如图 4-158 所示，跳转执行第 431～451 行代码。

图 4-158 判断变量 col_name 的值等于"入职日期"

在执行第 433 行代码之前，变量 input_txt 的值是字符串'2010—2015'，如图 4-159（a）所示。执行第 433 行代码，用 split()函数将变量 input_txt 的值转换为列表['2010','2015']，并赋给列表变量 workyear_list，如图 4-159（b）所示。

```
431              else:          # 入职日期          '2010—2015'
432                  # 将入职日期再细分
⊳433                 workyear_list = input_txt.split('-')
```

（a）变量 input_txt 的值是字符串'2010-2015'

```
433              workyear_list = input_txt.split('-')
434              # 将列表由小于  ['2010', '2015']
```

（b）将变量 input_txt 的值转换为列表['2010','2015']并赋给列表变量 workyear_list

图 4-159 将变量 input_txt 的值转换为列表并赋给变量 workyear_list

执行第 437 行代码与第 439 行代码，将字符串'2010'和'2015'分别赋给变量 workyear_min 和变量 workyear_max，如图 4-160 所示。

执行第 443 行代码，定义一个空白列表变量 data_row_list，如图 4-161 所示。

```
∨ 监视
    workyear_min: '2010'
    workyear_max: '2015'
```

```
443              data_row_list = []
444              # 用for循环  []
```

图 4-160 将字符串'2010'和'2015'分别赋给　　　图 4-161 定义一个空白列表变量 data_row_list
变量 workyear_min 与变量 workyear_max

执行第 445 行代码，用 for 循环语句从索引号 1 开始（0 代表标题行，不需要读取）读取 col_data_list 的序号和值，循环次数为列表变量 col_data_list 的长度，如图 4-162 所示。

```
445              for index in range(1,len(col_data_list)):
446                  # 将列表的值写入变量value，并  ['入职日期', datetime
```

图 4-162 用 for 循环语句读取 col_data_list 的序号和值

执行第 447 行代码，将列表变量 col_data_list 的值转换为字符串后，将前 4 位数字'2012'赋给变量 value，如图 4-163 所示。

执行第 449 行代码，用 if 条件语句判断出变量 value 的值 2012 大于或等于变量 workyear_min 的值 2010 且小于或等于变量 workyear_max 的值 2015，如图 4-164 所示，继续执行第 451 行代码（否则跳过第 451 行代码，重新执行第 445 行循环语句代码）。

图 4-163　将列表变量 col_data_list 的值转换为字符串后，将前 4 位数字"2012"赋给变量 value 　　　图 4-164　变量 value 的值在 workyear_min 的值和 workyear_max 的值之间

执行第 451 行代码，将列表变量 col_data_list 的序号 1 追加到 data_row_list 中，如图 4-165 所示，然后继续执行第 445 行代码。

图 4-165　将列表变量 col_data_list 的序号 1 追加到 data_row_list 中

8．返回获取的数据所在行的编号

代码清单 4.28 的作用如下。

返回获取的数据所在行的编号。

代码清单 4.28　返回获取的数据所在行的编号

```
453     # 在列表最前面增加一个元素 0，用于获取标题行
454     data_row_list.insert(0,0)
455     # ===输出数据（测试用）===
456     # print('\n=====匹配（'+col_name+')的行号=====')
457     # print(data_row_list)
458
459     # 返回行号组成的列表
460     return data_row_list
461
462
```

代码清单 4.28 的解析

第 454 行用于在 data_row_list 的值的前面插入一个 0，这表示同时获取标题行。

第 456 行和第 457 行中注释的代码用于调试，可以输出列表变量 data_row_list 的值。

第 460 行用 return 语句返回 data_row_list 的值。

代码调试

在第 454 行中，设置一个断点，查看代码中各个变量的值，如图 4-166 所示。

```
453        # 在列表最前面增加一个元素0, 表示获取标题行
454        data_row_list.insert(0,0)
```

图 4-166 设置断点

在菜单界面中, 输入整数 1, 选择 "根据手机号码查询" 模块, 如图 4-167 (a) 所示。然后, 根据提示输入关键字 139 进行查询, 如图 4-167 (b) 所示。

```
1.根据手机号码查询
2.根据月薪查询
3.根据部门名称和入职日期查询
0.退出系统

请输入整数0-3: 1
```

(a) 在菜单界面中输入整数 1, 选择 "根据手机号码查询" 模块

```
请输入需要查询的手机号码(可以输入部分数字实现模糊查询), 退出查询请按0: 139
```

(b) 根据提示输入关键字 139 进行查询

图 4-167 根据手机号码查询

在执行第 454 行代码前, 列表变量 data_row_list 的值是 2 和 3, 如图 4-168 所示。

执行第 454 行代码, 在列表变量 data_row_list 的值的前面插入一个 0, 这表示同时获取标题行, 如图 4-169 所示。

```
454        data_row_list.insert(0,0)
455        # ===输出数据    [2, 3]
```

图 4-168 列表变量 data_row_list 的值是 2 和 3

```
454        data_row_list.insert(0,0)
455        # ===输出数据    [0, 2, 3]
```

图 4-169 在列表变量 data_row_list 的值的
最前面插入一个 0

将第 456 行和第 457 行代码中的 "#" 去掉, 如图 4-170 (a) 所示。用 print()函数输出提示信息, 可以看到获取的行号 (包括标题行) 是 0、2、3, 如图 4-170 (b) 所示。

```
455        # ===输出数据 (测试用)===
456        print('\n=====匹配('+col_name+')的行号=====')
457        print(data_row_list)
```

(a) 将第 456 行和第 457 行代码中的 "#" 去掉

```
=====匹配(手机号码)的行号=====
[0, 2, 3]
```

(b) 获得的行号 (包括标题行) 是 0、2、3

图 4-170 输出获取的行号

4.4.3 查询子程序 (获取数据)

在讲解代码前, 先介绍本节代码涉及的知识点和代码的设计思路。

1. 本节代码涉及的知识点

本节代码涉及的知识点如表 4-6 所示。

表 4-6 本节代码涉及的知识点

知识点		作用
Python 知识点	def 函数名()	构建函数
	append()函数	添加列表项

续表

知识点		作用
Python 知识点	len()函数	返回对象的长度或项的个数
	list1 = []	创建列表
	for	循环语句
关于 openpyxl 模块的知识点	sheet.iter_rows(min_row=数字, max_row=数字, min_col=数字, max_col=数字)	读取指定范围单元格的值
	for cell in row:	读取行单元格
	openpyxl.utils.get_column_letter(1)	将数字转换为列字母
	sheet['A1:I11']	读取指定范围单元格的值（A1 引用样式）
	cell.value = 变量	写入单元格的值

2. 本节代码的设计思路

本节代码的设计思路是根据行号从"数据来源"文件读取数据，然后写入"查询结果"文件中。具体操作如下。

（1）构建一个 data_get()函数，执行步骤（2）～（4）对应的代码。

（2）根据 data_row_find()函数获取的行号，获取该行的数据。先分别定义两个列表变量 data_result 和 data_row，用 for 循环语句将读取的每行中每个单元格的数据写入列表变量 data_row，再将列表变量 data_row 的值追加到 data_result 中，形成一个第一层元素是每行数据、第二层元素是每行中每个单元格的数据的嵌套列表。

（3）将获取的数据写入"查询结果"文件中，并返回 data_find_main()函数，保存数据。首先，根据列表变量 data_result 的第一个元素（标题行）的个数确定查询范围中编号最大的列。然后，根据变量 find_result 的值确定查询范围中编号最大的行。在根据编号最大的列和编号最大的行确定写入数据的区域后，用循环语句将获取的数据写入"查询结果"文件中。

（4）将查询总记录数赋给变量 find_result，由 data_find_main()函数输出。

3. 构建 data_get()函数

代码清单 4.29 的作用如下。

构建一个 data_get()函数，由 data_find_main()函数对其进行调用，主要根据之前利用 data_row_find()函数获取的行号获取该行的数据，再将获取的数据写入"查询结果"文件中，最后将查询总记录数赋给变量 find_result，返回 data_find_main()函数，进行处理。

代码清单 4.29　构建 data_get()函数

```
463  # 查询子程序（获取数据）
464  # ==========================
465  # sheet_target："查询结果"文件的表格
466  # sheet_source："数据来源"文件的表格
467  # data_row_list："数据来源"文件的行号（用户查询的数据所在行的编号组成的列表）
468  # ==========================
469  def data_get(sheet_target,sheet_source,data_row_list):
470
471
```

代码清单 4.29 的解析

第 463～468 行是注释，标注了这部分代码的内容和具体接收的参数（变量）的值。

第 469 行用 def 命令构建 data_get() 函数。

4．获取数据

代码清单 4.30 的作用如下。

根据 data_row_find() 函数获取的行号，获取该行的数据。先分别定义两个列表变量 data_result 和 data_row，用 for 循环语句将读取的每行中每个单元格的数据写入列表变量 data_row，再将列表变量 data_row 的值追加到列表变量 data_result 中，形成一个第一层元素是每行数据、第二层元素是每行中每个单元格的数据的嵌套列表。

代码清单 4.30　获取数据

```
472        # 定义一个空列表变量（保存实际所在行的数据）
473        data_result = []
474        # 用 for 循环语句遍历读取列表的值
475        for i in data_row_list:
476            # 用指定新列表的方式清空原列表 data_row 的数据，避免重复写入。data_row 是用于
             # 记录每行数据的列表，所以会被重复使用
477            # 通过 clear() 函数、remove() 函数、pop() 函数、append() 函数等改变列表，相应地
             # 已经赋给其他变量的列表也会被清空
478            data_row = []
479            # 用 for 循环语句根据变量 i 得出实际所在行的数据
480            for row in sheet_source.iter_rows(min_row=i+1, max_row=i+1, min_
             col=1, max_col=sheet_source.max_column):
481                # 用 for 循环语句将单元格数据写入列表 data_row
482                for cell in row:
483                    data_row.append(cell.value)
484            # 将全部数据写入列表，组成新的嵌套列表。列表的第一层元素是每行数据，列表的第二
             # 层元素是每行中每个单元格的数据
485            data_result.append(data_row)
486    # ===输出数据（测试用）===
487    # print('\n=====查询结果=====')
488    # print(data_result)
489
490
```

代码清单 4.30 的解析

第 473 行定义一个空的列表变量 data_result（嵌套列表），用于记录所有数据。

第 475 行用 for 循环语句读取列表变量 data_row_list 的值（行号）。

第 478 行定义一个空的列表变量 data_row，用于记录每行数据。

第 480 行根据变量 i 的值（加 1 表示行号）用 for 循环语句读取对应行的数据。

第 482 行用 for 循环语句读取对应行（对象 row）中每个单元格（对象 cell）的数据。

第 483 行将单元格（对象 cell）的数据追加到 data_row 中。

第 485 行将列表变量 data_row 的值追加到 data_result 中。

第 486～488 行注释的代码用于调试，即用 print() 函数输出 data_result 的值。

知识扩展

第 478 行代码定义一个空的列表变量 data_row，实际上这是将一个列表重置为空列表的方法，即直接用指定新列表的方式重置一个空列表。

"通过 clear() 函数、remove() 函数、pop() 函数、append() 函数等改变列表，相应地已经赋给其他变量的列表也会被清空"这句话有点难以理解，我们设计了一个例子来帮助读者理解，如图 4-171 所示。

```
1  a = [1,2,3]
2  b = [4,5,6]
3  c=[]
4  c.append(a)
5  c.append(b)
6  a.clear()  #用clear()函数删除列表的值,
```

图 4-171 示例

执行第 6 行代码前，列表 c 的值是 [[1,2,3],[4,5,6]]，如图 4-172 所示。

用 clear() 函数、remove() 函数、pop() 函数清空列表 a，例如，执行第 6 行代码 a.clear()，列表 a 被清空的同时，列表 c 的值也改变了，列表 c 的值变为 [[],[4,5,6]]，如图 4-173 所示。

```
∨ 监视
> a: [1, 2, 3]
> b: [4, 5, 6]
> c: [[1, 2, 3], [4, 5, 6]]
```

```
∨ 监视
> a: []
> b: [4, 5, 6]
> c: [[], [4, 5, 6]]
```

图 4-172 列表 c 的值是 [[1,2,3],[4,5,6]]　　　图 4-173 列表 c 的值变为 [[],[4,5,6]]

这说明，如果将一个列表的值赋给其他列表，用 clear() 函数、remove() 函数、pop() 函数清空该列表，则其他列表中包含该列表的值也会被清空。

如果想在不改变列表 c 的值的基础上重置列表 a，则可用直接指定新列表的方式（这里重写了第 6 行代码），如图 4-174（a）所示。列表 a 被重置为空列表，但是列表 c 的值没有改变，如图 4-174（b）所示。

```
1  a = [1,2,3]
2  b = [4,5,6]
3  c = []
4  c.append(a)
5  c.append(b)
6  a = []
```

```
∨ 监视
> a: []
> b: [4, 5, 6]
> c: [[1, 2, 3], [4, 5, 6]]
```

（a）重写第 6 行代码　　　　　　　　　　（b）列表 c 的值没有改变

图 4-174 在不改变列表 c 的值的基础上重置列表 a

在第 480 行代码中，iter_rows() 函数的参数 min_row 和 max_row 的值均为 i+1，如图 4-175（a）所示。因为变量 i 的值源自列表变量 data_row_list，如图 4-175（b）所示，而列表变量 data_row_list 的索引是从 0 开始的，表格的行、列是从 1 开始的，所以需要将 i（值为 0）加上 1，才能使列表的索引和表格的行、列匹配。

```
sheet_source.iter_rows(min_row=i+1, max_row=i+1)
```

```
for i in data_row_list:
```

（a）iter_rows() 函数的参数 min_row 和 max_row 的值均是 i+1　　　（b）变量 i 的值源自列表变量 data_row_list

图 4-175 将列表的索引和表格的行、列匹配

代码调试

在第 473 行中，设置一个断点，查看代码中各个变量的值，如图 4-176 所示。

图 4-176 设置断点

在菜单界面中，输入整数 1，选择"根据手机号码查询"模块，如图 4-177（a）所示。然后，根据提示输入关键字 139 进行查询，如图 4-177（b）所示。

（a）在菜单界面输入整数 1，选择"根据手机号码查询"模块

请输入需要查询的手机号码(可以输入部分数字实现模糊查询)，退出查询请按0: 139

（b）根据提示输入 139 关键字进行查询

图 4-177 根据手机号码查询

执行第 473 行代码，定义一个空的列表变量 data_result（嵌套列表），用于记录所有数据，如图 4-178 所示。

执行第 475 行代码，用 for 循环语句将列表变量 data_row_list 的值（之前获取的行号）逐一赋给变量 i，如图 4-179 所示。

图 4-178 定义一个空的列表变量 data_result

图 4-179 用 for 循环语句将列表变量 data_row_list 的值逐一赋给变量 i

执行第 478 行代码，定义一个空的列表变量 data_row，用于记录每行数据，如图 4-180 所示。

执行第 480 行代码，用 for 循环语句将表格的数据逐行赋给对象 row，如图 4-181 所示。

图 4-180 定义一个空的列表变量 data_row

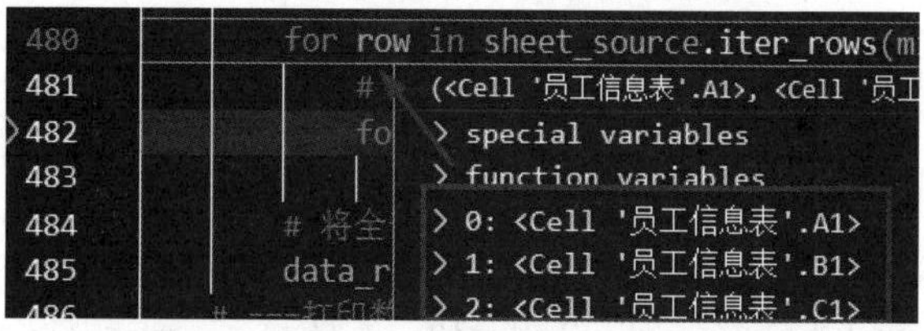

图 4-181 将表格的数据逐行赋给对象 row

执行第 482 行代码，用 for 循环语句将对象 row 的值逐个赋给对象 cell，如图 4-182 所示。

执行第 483 行代码，将对象 cell 的值追加到 data_row 中，如图 4-183 所示。

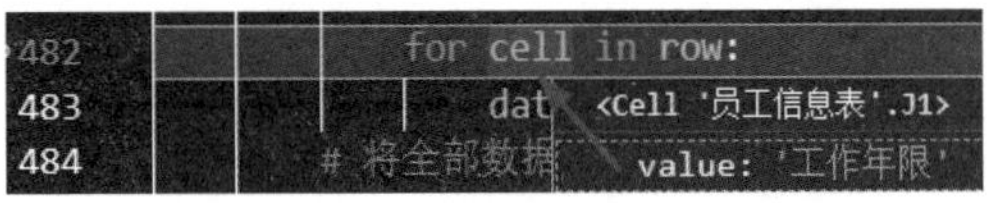

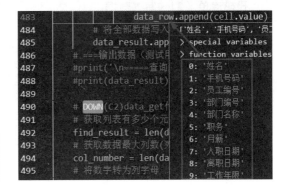

图 4-182 将对象 row 的值逐个赋给
对象 cell

图 4-183 将对象 cell 的值追加到 data_row 中

执行第 485 行代码，将列表变量 data_row 的值追加到 data_result 中，如图 4-184 所示。

图 4-184 将列表变量 data_row 的值追加到 data_result 中

重复执行第 475～485 行代码，直到把所有数据读取完毕。将第 487 行和第 488 行代码中的"#"去掉，如图 4-185（a）所示。用 print()函数输出获取的数据，如图 4-185（b）所示。

（a）将第 487 行和第 488 行代码的"#"去掉

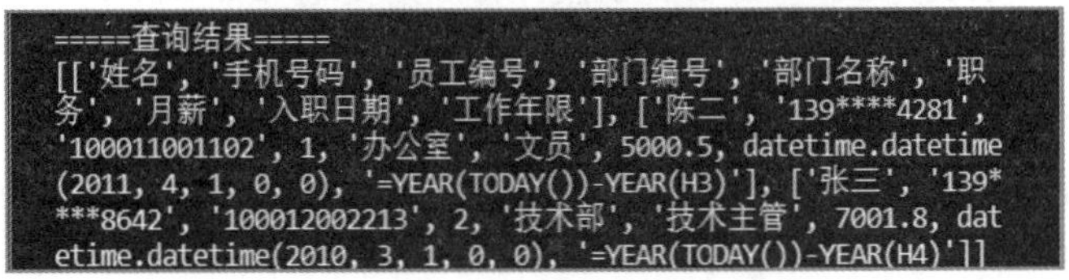

```
=====查询结果=====
[['姓名', '手机号码', '员工编号', '部门编号', '部门名称', '职
务', '月薪', '入职日期', '工作年限'], ['陈二', '139****4281',
'1000011001102', 1, '办公室', '文员', 5000.5, datetime.datetime
(2011, 4, 1, 0, 0), '=YEAR(TODAY())-YEAR(H3)'], ['张三', '139*
***8642', '1000012002213', 2, '技术部', '技术主管', 7001.8, dat
etime.datetime(2010, 3, 1, 0, 0), '=YEAR(TODAY())-YEAR(H4)']]
```

（b）用 print()函数输出获取的数据

图 4-185 输出获取的数据

---

5. 写入数据

代码清单 4.31 的作用如下。

将获取的数据写入"查询结果"文件，并返回 data_find_main()函数，进行数据的保存。首先，根据列表变量 data_result 的第一个元素（标题行）的个数确定查询范围中编号最大的列。然后根据变量 find_result 的值确定查询范围中编号最大的行。在根据编号最大的列和编号最大的行确定写入数据的区域后，用循环语句将获取的数据写入"查询结果"文件。

代码清单 4.31　写入数据

```
491        # 获取列表中的元素数
492        find_result = len(data_result)
493        # 获取最大列数(列表第一个元素是标题行)
494        col_number = len(data_result[0])
495        # 将数字转换为列字母
496        max_col = openpyxl.utils.get_column_letter(col_number)
497        # 获取最大行数(判断列表的个数,即行数),不用加1是因为列表已经包含标题行
498        max_row = find_result
499
500        # 初始化变量(行数 row),只需要变化一次,不需要重置,所以放在循环语句前
501        row_i = 0
502        # 用 for 循环语句在数据区域中写入数据(用 max_col 和 max_row 确定数据区域的最大范围)
503        for row in sheet_target['A1:'+max_col+str(max_row)]:
504            # 初始化变量(列数 col),由于每行需要重新计算,所以需要重置,放在第一个循环语句中
505            col_j = 0
506            # 用 for 循环语句获取当前行的每一个单元格的数据
507            for cell in row:
508                # data_result 是一个嵌套列表变量,所以要用行编号和列编号获取真正的数据
509                cell.value = data_result[row_i][col_j]
510                # col_j+1 表示读取列表当前序号后面的数据(相当于当前列的下一列的数据)
511                col_j = col_j + 1
512            # row_i+1 表示读取列表下一个序号的数据(相当于当前行的下一行的数据)
513            row_i = row_i + 1
514
515        # 将查询结果(记录数)返回查询主程序
516        return find_result
517
518
```

代码清单 4.31 的解析

第 492 行获取列表变量 data_result 的长度,并赋给变量 find_result。

第 494 行获取列表变量 data_result 中第一个元素(嵌套列表变量 data_result 中的第一个元素,即标题行)的长度(列数),并赋给变量 col_number。

第 496 行用 openpyxl.utils.get_column_letter() 将变量 col_number 的值从数值转换变为字母,并赋给变量 max_col。

第 498 行将变量 find_result 的值(最大行数)赋给变量 max_row。

第 501 行将 0 赋给变量 row_i。

第 503 行用 for 循环语句读取对象 row 的值(目标表格指定范围内的每一行)。

第 505 行将 0 赋给变量 col_j。

第 507 行用 for 循环语句读取对象 cell 的值(目标表格指定范围内每一行的每个单元格)。

第 509 行将列表变量 data_result 的值写入对象 cell(单元格)。

第 511 行将变量 col_j 的值加 1(相当于转到下一个单元格),继续执行后续的循环语句。

第 513 行将变量 row_i 的值加 1(相当于转到下一行),继续执行后续的循环语句。

第 516 行用 return 语句返回变量 find_result 的值。

知识扩展

用 openpyxl 模块读取表格数据的第一种写法是使用 iter_rows()，如第 146 行，如图 4-186（a）所示，需要用 min_row、max_row、min_col、max_col 这 4 个参数指定表格的范围，参数的值是数字。例如，需要用 min_row=1, max_row=5, min_col=1, max_col=2 来指定表格范围。

第 503 行是用 openpyxl 模块读取表格数据的另外一种写法，如图 4-186（b）所示，在不使用 iter_rows()的情况下，可以直接使用表格的行、列字母和数字（A1 引用样式）来指定表格的范围，如 A1:B5。A 对应 min_col，1 对应 min_row，B 对应 max_col，5 对应 max_row。

```
sheet_source.iter_rows(min_row=1, max_row=1, min_col=1, max_col=sheet_source.max_column):
```

（a）用 openpyxl 模块读取表格数据的第一种写法

```
for row in sheet_target['A1:'+max_col+str(max_row)]:
```

（b）openpyxl 模块读取表格数据的第二种写法

图 4-186 用 openpyxl 读取表格数据的两种写法

第 501 行代码用变量 row_i 表示行数，因为行数只需要写入一次，这意味着变量 row_i 不需要重置，所以将变量 row_i 放在第 503 行代码中的 for 循环语句前。

第 505 行代码用变量 col_j 表示列数，因为每行数据均需重新从 A 列开始写入，这意味着写入每行数据前，要对变量 col_j 进行重置，所以将变量 col_j 放在第 503 行代码的 for 循环语句中和第 507 行代码的 for 循环语句前，如图 4-187 所示。

第 509 行代码的列表变量 data_result 表示一个嵌套列表变量，所以要用 data_result[row_i][col_j]这种格式才能获取嵌套列表中真正的值（数据）。

```
501    row_i = 0
502    # 用for循环语句，在数据
503    for row in sheet_targe
504        # 初始化变量(列数co
505        col_j = 0
506        # 用for循环语句，获
507        for cell in row:
```

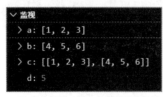

图 4-187 变量 row_i 和变量 col_j 的位置

再来看一个例子，列表变量 c 是一个嵌套列表变量，如图 4-188（a）所示，要读取嵌套列表变量 c 中第二个列表[4,5,6]的第二个元素 5，第 6 行代码需要写成 d=c[1][1]，如图 4-188（b）所示。

列表元素从 0 开始，c[1]表示第二个列表，c[1][1]表示第二个列表的第二个元素。

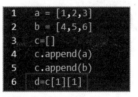

```
∨ 监视
  > a: [1, 2, 3]
  > b: [4, 5, 6]
  > c: [[1, 2, 3], [4, 5, 6]]
    d: 5
```

（a）列表变量 c 是一个嵌套列表变量

```
1    a = [1,2,3]
2    b = [4,5,6]
3    c=[]
4    c.append(a)
5    c.append(b)
6    d=c[1][1]
```

（b）第 6 行代码需要写成 d=c[1][1]

图 4-188 读取列表变量 c 中的元素

代码调试

在第 492 行中，设置一个断点，查看代码中各个变量的值，如图 4-189 所示。

```
491    # 获取列表有多少个元素（有多少条记录）
492    find_result = len(data_result)
```

图 4-189 设置断点

在菜单界面中，输入整数 1，选择"根据手机号码查询"模块，如图 4-190（a）所示。然后根据提示输入关键字 139 进行查询，如图 4-190（b）所示。

（a）在菜单界面输入整数1，选择"根据手机号码查询"模块

（b）根据提示输入关键字 139 进行查询

图 4-190　根据手机号码查询

执行第 492 行代码前，列表变量 data_result 是一个嵌套列表变量，如图 4-191 所示。

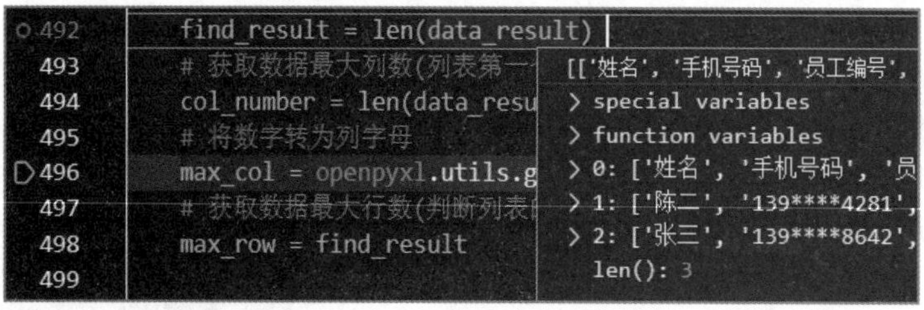

图 4-191　列表变量 data_result 是一个嵌套列表变量

执行第 492 行代码，由于列表变量 data_result 的长度是 3（表示有 3 行数据），因此将 3 赋给变量 find_result，如图 4-192 所示。

执行第 494 行代码，由于列表变量 data_result 的第一个元素的长度是 9（表示有 9 列数据），因此将 9 赋给变量 col_number，如图 4-193 所示。

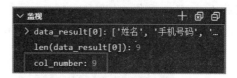

图 4-192　将列表变量 data_result 的长度 3 赋给变量 find_result

图 4-193　将列表变量 data_result 的第一个元素的长度 9 赋给变量 col_number

执行第 496 行代码，用 openpyxl.utils.get_column_letter()将变量 col_number 的值（数字 9）转换为字母 I，并赋给变量 max_col，如图 4-194 所示。

执行第 498 行代码，将变量 find_result 的值 3（最大行数）赋给变量 max_row，如图 4-195 所示。

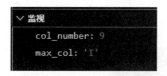

图 4-194　将数字 9 转换为字母 I

图 4-195　将变量 find_result 的值 3 赋给变量 max_row

执行第 501 行代码，将 0 赋给变量 row_i，如图 4-196 所示。

执行第 503 行代码后，sheet_target 表格的范围是 A1:I3（变量 max_col 的值是 I，变量 max_row 的值是 3。因为要用字符串表示表格范围，所以 max_row 的值 3 要用 str() 函数转换为字符串'3'），如图 4-197 所示。

图 4-196 将 0 赋给变量 row_i

执行第 505 行代码，将 0 赋给变量 col_j，如图 4-198 所示。

图 4-197 sheet_target 表格的范围是 A1:I3

图 4-198 将 0 赋给变量 col_j

执行第 509 行代码前，对象 cell（A1）的值（value）为 None，如图 4-199（a）所示。执行第 509 行代码，data_result[row_i][col_j] 实际是 data_result[0][0]，对应单元格的位置 A1，对象 cell（A1）的值（value）设置为"姓名"，如图 4-199（b）所示。

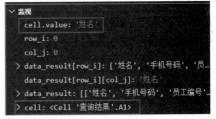

（a）对象 cell（A1）的值（value）为 None　　　　（b）对象 cell（A1）的值（value）设置为"姓名"

图 4-199 给对象 cell 赋值

执行第 511 行代码，将变量 col_j 的值加 1，继续执行第 507 行代码。

第 507 行代码中的 for 循环语句执行完毕后，执行第 513 行代码，将变量 row_i 的值加 1，继续执行第 503 行 for 循环语句代码，如图 4-200（a）所示。

最后，执行第 516 行代码，用 return 语句将变量 find_result 的值返回给 data_find_main() 函数，如图 4-200（b）所示。

```
503 ∨   for row in sheet_target['A1:'+max_col+str(max_row)]:
504         # 初始化变量(列数col)，由于每行需要重新计算由A列开始，所以需要重置
505         col_j = 0
506         #用for循环语句，获取当前行的每一个单元格
507 ∨     for cell in row:
508             # data_result.values是一个嵌套列表，所以要用[0][i]获取真正的数
509             cell.value = data_result[row_i][col_j]
510             # 变量col_j+1是读取列表当前序号后面的数据（相当于表格后面列的数
511             col_j = col_j + 1
512         # 变量row_i+1是读取列表下一个序号的记录（相当于表格的下一行数据）
513         row_i = row_i + 1
```

（a）继续执行第 503 行和第 507 行的 for 循环语句代码

（b）用 return 语句将变量 find_result 的值返回给 data_find_main() 函数

图 4-200 for 循环语句代码执行完毕后返回 find_result

4.4.4 查询子程序（表格的美化与修饰）

在讲解代码前，先介绍本节代码涉及的知识点和代码的设计思路。

1. 本节代码涉及的知识点

本节代码涉及的知识点如表 4-7 所示。

表 4-7 本节代码涉及的知识点

	知识点	作用
Python 知识点	def 函数名()	构建函数
	range()函数	创建一个整数列表，一般用在 for 循环中
	len()函数	返回对象的长度或项目的个数
	index()函数	返回字符串中包含子字符串的索引值
	str()函数	返回字符串格式
	float()函数	用于将整数和字符串转换成浮点数
	list1 = [a]	创建列表
	for	循环语句
关于 openpyxl 模块的知识点	cell.alignment = Alignment(horizontal='center')	设置对齐方式
	cell.font = Font(name=字体, size=字号)	设置字体字号
	border = Side(border_style='thin') cell.border = Border(left=border)	设置边框样式
	sheet.column_dimensions[col].width = 数字	设置列宽
	sheet.row_dimensions[num].height = 数字	设置行高
	cell.fill = PatternFill(fill_type='solid')	设置背景色
	cell.number_format = '#,##0.00'	设置单元格的数据格式
	sheet[J11] = Excel 公式	公式
	sheet.freeze_panes = 单元格名称	冻结窗格
	for row in sheet.rows:	读取所有行
	for cell in row:	读取行单元格
	openpyxl.utils.get_column_letter(1)	将数字转换为列字母
	sheet['A1:I11']	读取指定范围的单元格

2. 本节代码的设计思路

本节代码的设计思路是美化与修饰用户查询的数据。具体操作如下。

（1）构建一个 data_beautify()函数，执行步骤（2）～（7）对应的代码。

（2）用 openpyxl 命令设置对齐方式、字体、字号和边框样式。

（3）用 openpyxl 命令设置列宽和行高。

（4）用 openpyxl 命令统一设置标题行的前景色。

（5）用 openpyxl 命令将入职日期设置为 10 位的文本。

（6）用 openpyxl 命令将文本型数字转换为数值型数字。

（7）用 openpyxl 命令为含公式的单元格重新设置正确的公式。

（8）用 openpyxl 命令冻结窗口。

3. 构建 data_beautify()函数

代码清单 4.32 的作用如下。

构建一个 data_beautify()函数，由 data_find_main()函数对其进行调用（第 327 行代码），主要用于美化与修饰用户查询的数据。

代码清单 4.32　构建 data_beautify()函数

```
519  # 查询子程序（表格的修饰）
520  # ===========================
521  # sheet_target："查询结果"文件的表格
522  # title_list_source："数据来源"文件的列标题
523  # ===========================
524  def data_beautify(sheet_target,title_list_source):
525
526
```

代码清单 4.32 的解析

第 519～523 行是注释，标注了这部分代码的内容和具体接收的参数（变量）的值。

第 524 行用 def 命令构建 data_beautify()函数。

4. 设置对齐方式、字体、字号和边框样式

代码清单 4.33 的作用如下。

用 openpyxl 命令设置对齐方式、字体、字号和边框样式。

代码清单 4.33　设置对齐方式、字体、字号和边框样式

```
527      # 设置对齐方式、字体、字号和边框样式
528      # 对齐方式：水平居中、垂直居中，用缩小字体填充
529      cell_alignment = Alignment(horizontal='center', vertical='center',
         shrink_to_fit=True)
530      # 字体与字号：字体为 Arial，字号为 10，不使用粗体，颜色为黑色
531      cell_font = Font(name='Arial', size=10, bold=False, color='000000')
532      # 边框样式：边框线的类型为细线，边框颜色为黑色
533      border = Side(border_style='thin', color='000000')
534      cell_border = Border(left=border, right=border, top=border, bottom=border)
535      # 用 for 循环语句遍历每一行（sheet_target.rows 表示所有行）
536      for row in sheet_target.rows:
537          # 遍历每一行的每个单元格
538          for cell in row:
539              # 设置对齐方式
540              cell.alignment = cell_alignment
541              # 设置字体
542              cell.font = cell_font
543              # 设置边框样式
544              cell.border = cell_border
545
```

代码清单 4.33 的解析

第 529 行指定对齐方式（属性 Alignment）——水平居中（horizontal='center'）、垂直居中（vertical='center'），用缩小字体填充（shrink_to_fit=True），并赋给变量 cell_alignment。

第 531 行指定字体字号（属性 Font）——字体名称为 Arial，字号大小为 10 号，不使用粗体（bold=False），字体颜色为黑色（color='000000'），并赋给变量 cell_font。

第 533 行和第 534 行指定边框样式（需要同时运用属性 Side 和 Border），先在第 533 行设置边框线的类型是细线（border_style='thin'），颜色是黑色（color='000000'），并赋给变量 border；再在第 534 行设置边框的上下左右均使用变量 border 的值（边框的上下左右均设置为黑色细线），并赋给变量 cell_border。

第 536 行用 for 循环语句读取表格的每一行，并赋给对象 row。

第 538 行用 for 循环语句读取对应行的每个单元格，并赋给对象 cell。

第 540 行设置单元格的对齐方式（对象 cell 的 alignment 属性的值等于变量 cell_alignment 的值）。

第 542 行设置单元格的字体（对象 cell 的 font 属性的值等于变量 cell_font 的值）。

第 544 行设置单元格的边框样式（对象 cell 的 border 属性的值等于变量 cell_border 的值）。

知识扩展

用 openpyxl 模块对表格进行美化，从各个属性参数中可以看到熟悉的 Excel 属性。

第 529 行代码设置对齐方式：horizontal 代表水平方向，在水平方向上可以左（left）对齐、居中（center）和右（right）对齐；vertical 代表垂直方向，在垂直方向上可以居中（center）、靠上（top）对齐、靠下（bottom）对齐。

另外，在对齐方式中，还可以设置缩小字体填充（shrink_to_fit）和自动换行（wrap_text），但是自动换行和缩小字体填充是互斥的，不能同时设置，只允许设置其中一项。如果同时设置，如图 4-201（a）所示，自动换行将优先于缩小字体填充，也就是说，表格数据会实现自动换行而不会实现缩小字体填充，如图 4-201（b）所示。

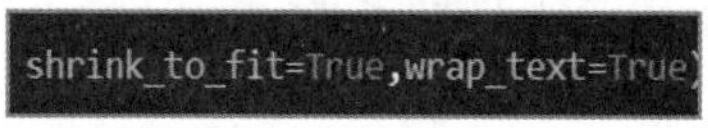

（a）同时设置自动换行和缩小字体填充

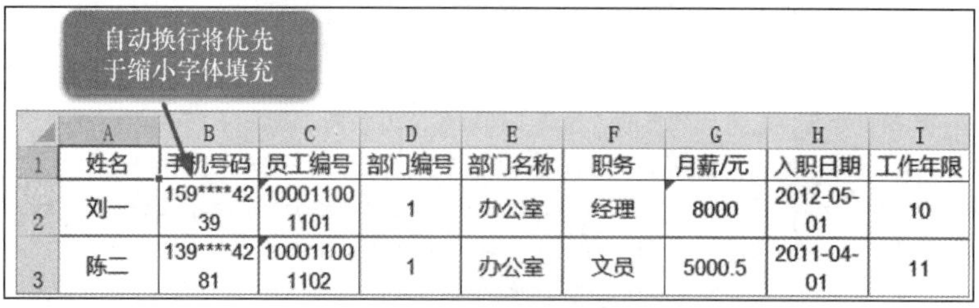

（b）自动换行将优先于缩小字体填

图 4-201 同时设置自动换行和缩小字体填充的效果

第 531 行代码设置的颜色是索引颜色和 ARGB 颜色。在 Excel 文档中，打开"设置单元格格式"对话框，选择"字体"选项卡，从"颜色"下拉列表中选择"其他颜色"，如图 4-202（a）所示。打开"颜色"对话框，选择"自定义"选项卡，查看十六进制的编号，这个编号表示的颜色就是 openpyxl 模块使用的颜色，如图 4-202（b）所示。

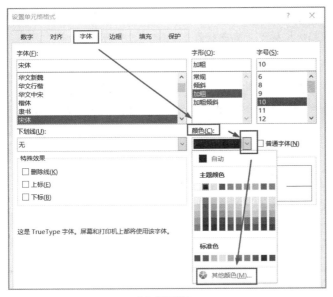

（a）设置颜色　　　　　　　　　　　　　（b）十六进制编码表示的颜色就是
　　　　　　　　　　　　　　　　　　　　openpyxl 模块使用的颜色

图 4-202　openpyxl 模块使用的颜色

第 533 行和第 534 行代码设置边框样式，需要先设置 Side 属性的样式，才能将 Side 属性的
样式应用到 Border 属性中，如图 4-203 所示。

```
533    border = Side(border_style='thin', color='000000')
534    cell_border = Border(left=border, right=border, top=border, bottom=border)
```

图 4-203　先设置 Side 属性的样式

第 536 行代码展示了用 openpyxl 模块读取表格数据的第三种写法，前两种（见第 146 行代码
和第 503 行代码）写法需要用参数指定范围，第三种写法则用 rows 代表所有行，如图 4-204 所示。

```
sheet_source.iter_rows(min_row=i+1, max_row=i+1, min_col=1, max_col=sheet_source.max_column)

sheet_target['A1:'+max_col+str(max_row)]

sheet_target.rows
```

图 4-204　使用 openpyxl 模块读取表格数据的第三种写法，用 rows 代表所有行

代码调试

这里不设置断点，直接运行代码，看看美化与修饰表格前后的效果。美化与修饰表格前，
表格内容没有居中，字号没有统一为 10 磅[①]，没有边框，如图 4-205 所示。

图 4-205　美化与修饰表格前的效果

---

① 1 磅$=\dfrac{4}{3}$ 像素≈ 0.0353 厘米。

执行第529～544行代码后，为表格设置了对齐方式（水平居中、垂直居中，用缩小字体填充）、字体（Arial）、字号（10号）和边框样式（黑色细线），如图4-206所示。

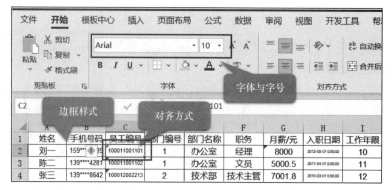

图4-206　为表格设置了对齐方式、字体字号和边框样式

5. 设置列宽和行高

代码清单4.34的作用如下。

用openpyxl命令为每一列设置宽度，为每一行设置高度。

代码清单4.34　设置列宽和行高

```
546      # 设置列宽和行高
547      # 设置列宽
548      # 用for循环语句遍历每一列（用max_column确定数据区域的最大列）
549      for num in range(1,sheet_target.max_column+1):   # 从第1列到最后一列，
         # max_column +1才是最后一列
550          # 将数字转换为列字母
551          col = openpyxl.utils.get_column_letter(num)
552          # 设置列宽
553          sheet_target.column_dimensions[col].width = 15
554      # 设置行高
555      # 用for循环语句从第一行开始设置行高，如果max_row不加1，则会忽略最后一行
556      for num in range(1,sheet_target.max_row+1):
557          # 设置行高
558          sheet_target.row_dimensions[num].height = 24
559
560
```

代码清单4.34的解析

第549行用for循环语句读取表格第一列到最后一列，并将读取的列数赋给变量num。

第551行用openpyxl.utils.get_column_letter()将变量num的值从数字转换为列字母，并赋给变量col。

第553行根据列字母设置对象sheet_target的column_dimensions属性的width值为15（设置列宽），即sheet_target.column_dimensions[col].width = 15。

第556行用for循环语句读取表格第一行到最后一行，并将读取的行数值给变量num。

第558行根据行数设置对象sheet_target的row_dimensions属性的height值为24，即sheet_target.row_dimensions[num].height = 24。

知识扩展

因为 range() 函数的第二个参数是循环停止的数字，并不包含在循环范围内，所以如果第 549 行代码中的参数 max_column 和第 556 行代码中的参数 max_row 不加 1，那么循环读取表格时会漏掉表格的最后一列和最后一行。

例如，在菜单界面中，输入数字 1，输入手机号码关键字 139，获得两条数据，加上标题行，表格总共有 3 行，如图 4-207（a）所示，每行有 9 列，如图 4-207（b）所示。

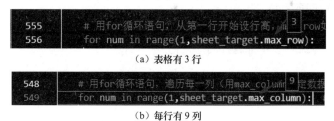

图 4-207 表格有 3 行 9 列

虽然参数 max_column 的值是 9，但是在循环时，实际只循环 8 次，这会导致表格的最后一列并没有设置列宽，即"工作年限"列的宽度仍然是 8.11 个标准字符的宽度，没有设置为 15 个标准字符的宽度，如图 4-208 所示。

同理，虽然参数 max_row 的值是 3，但是在循环时，实际只循环两次，这会导致表格的最后一行并没有设置高度，即第 3 行的高度仍然是 14.40 磅，没有设置为 24 磅，如图 4-209 所示。

 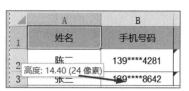

图 4-208 "工作年限"列的宽度仍然是 8.11 个标准字符的宽度　　图 4-209 第 3 行的高度仍然是 14.40 磅

代码调试

这里不设置断点，直接运行代码，看看美化与修饰表格前后的效果。美化与修饰表格前，列宽和行高都为默认值，如图 4-210 所示。

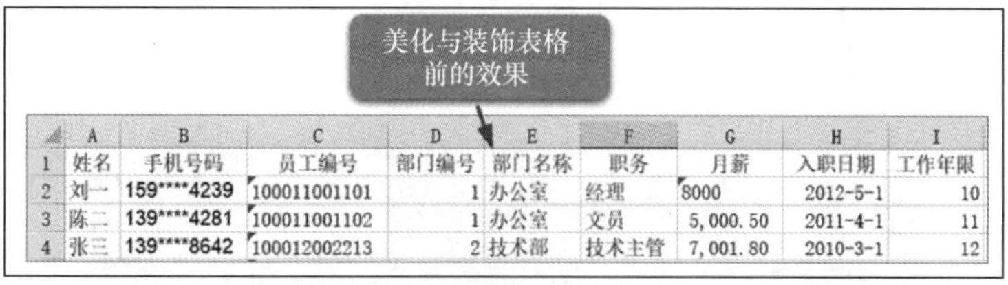

图 4-210 美化与修饰表格前的效果

执行第 549～558 行代码，设置表格列宽为 15 个标准字符的宽度，行高为 24 磅，如图 4-211 所示。

图 4-211　设置表格列宽和行高

6．设置标题行的前景色

代码清单 4.35 的作用如下。

用 openpyxl 命令统一设置标题行的前景色。

代码清单 4.35　设置标题行的前景色

```
561     # 设置标题行的前景色
562     fgColor = PatternFill(fill_type='solid', fgColor='9BC2E6')
563     # 获取最大列数，并将数字转换为列字母
564     max_col = openpyxl.utils.get_column_letter(sheet_target.max_column)
565     # 用 for 循环语句遍历第一行的每个单元格
566     for row in sheet_target['A1:'+max_col+'1']:
567         # 获取每个单元格
568         for cell in row:
569             # 设置前景色
570             cell.fill = fgColor
571
```

代码清单 4.35 的解析

第 562 行指定标题行的前景色（属性 PatternFill）——填充类型为纯色（fill_type='solid'），前景色为浅蓝色（fgColor='9BC2E6'），并赋给变量 fgColor。

第 564 行用 openpyxl.utils.get_column_letter() 将最大列数转换为列字母，并赋给变量 max_col。

第 566 行用 for 循环语句遍历表格（从第一行 A 列单元格到第一行最后一列单元格），并赋给对象 row。

第 568 行用 for 循环语句遍历对应行的每个单元格，并赋给对象 cell。

第 570 行设置单元格的前景色（对象 cell 的 fill 属性的值等于变量 fgColor 的值）。

知识扩展

第 562 行代码有几种不同的写法，用任何一种写法均可，如图 4-212 所示。start_color 和 fgColor 的意思都是前景色。

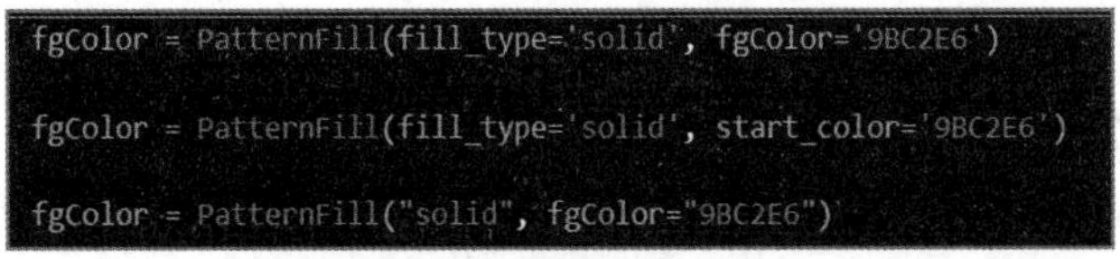

```
fgColor = PatternFill(fill_type='solid', fgColor='9BC2E6')

fgColor = PatternFill(fill_type='solid', start_color='9BC2E6')

fgColor = PatternFill("solid", fgColor="9BC2E6")
```

图 4-212　定义前景色的几种不同写法

代码调试

这里不设置断点，直接运行代码，看看美化与修饰表格前后的效果。美化与修饰表格前，标题行没有前景色，如图 4-213 所示。

图 4-213 美化与修饰表格前的效果

执行第 562~570 行代码后，为表格的标题行设置了前景色，如图 4-214 所示。

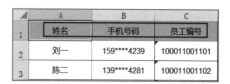

图 4-214 为表格的标题行设置了前景色

7. 设置入职日期的长度

代码清单 4.36 的作用如下。

用 openpyxl 命令将入职日期设置为长度等于 10 位的文本。

代码清单 4.36 设置入职日期的长度

```
572     # 设置日期的长度
573     formula_list = ['入职日期']
574     # 用 for 循环语句设置入职日期的长度
575     for i in range(len(formula_list)):
576         # 找出"入职日期"在 title_list_source 列表中的位置（数字）
577         title_source_index = title_list_source.index(formula_list[i]) +1
578         # 将数字转换为列字母
579         title_source_col = openpyxl.utils.get_column_letter(title_source_index)
580         # 用 for 循环语句从第二行开始设置入职日期的长度（第一行是标题行），如果 max_row
            # 不加 1，则会忽略最后一行
581         for row in range(2,sheet_target.max_row + 1):
582             # 用 openpyxl 的对象 cell 来代替 sheet_target[title_source_col+str
                # (row)]，以缩短代码
583             cell = sheet_target[title_source_col+str(row)]
584             # 如果单元格的值的数据类型是日期，则将前 10 位（yyyy-mm-dd）转换为字符串
585             if cell.data_type == 'd':
586                 # 将单元格的值的数据类型转换为字符串
587                 cell.value = str(cell.value)[0:10]
588
589
```

代码清单 4.36 的解析

第 573 行定义列表变量 formula_list，列表变量的值是"入职日期"，用于记录需要设置入职日期长度的字段（如果有多个入职日期字段需要批量设置，则只需要添加列表变量 formula_list 的值即可，而不需要大幅度更改代码）。

第 575 行用 for 循环语句读取列表变量 formula_list 的值，循环次数是列表变量 formula_list 的长度。

第 577 行用于找出"入职日期"在 title_list_source 中的位置（索引），并赋给变量 title_source_index。

第 579 行用 openpyxl.utils.get_column_letter() 将变量 title_source_index 的值从数字转换为列字母，并赋给变量 title_source_col。

第 581 行用 for 循环语句读取表格第二行到最后一行，并将读取的行的编号赋给变量 row（因为第一行是标题行，不需要设置，所以从第 2 行开始。max_row+1 用于保证读取到最后一行）。

第 583 行用对象 cell 来代替 sheet_target[title_source_col+str(row)]，减少了第 585～587 行的代码。sheet_target[title_source_col+str(row)] 是指具体的单元格，如 H2。

第 585 行用 if 条件语句判断对象 cell 的数据类型是否为日期。

在第 587 行中，如果对象 cell 的数据类型是日期，则将数据类型从日期转换为字符串，并取字符串的前 10 位，然后重新写入对象 cell 中。

代码调试

在第 573 行中，设置一个断点，查看代码中各个变量的值，如图 4-215 所示。

执行第 573 行代码，将"入职日期"赋给列表变量 formula_list，如图 4-216 所示。

图 4-215 设置断点

图 4-216 将"入职日期"赋给列表变量 formula_list

执行第 575 行代码，用 for 循环语句读取列表变量 formula_list 的长度，并赋给变量 i，如图 4-217 所示。

执行第 577 行代码，变量 i 的值是 0，列表变量 formula_list[i] 的值是"入职日期"，列表变量 title_list_source 是之前获取的列标题，通过 index() 函数找出"入职日期"在列表中的位置是 8，并赋给变量 title_source_index，如图 4-218 所示。

图 4-217 用 for 循环语句读取列表变量
formula_list 的长度，并赋给变量 i

图 4-218 各个变量的值

需要留意，列表的索引号是从 0 开始的，虽然"入职日期"的索引为 7，但是它在第 8 位，所以第 577 行代码需要将索引加 1 才能和 Excel 表格的列字母相匹配，如图 4-219 所示。

执行第 579 行代码，将数字 8 转换为字母 H，如图 4-220 所示。

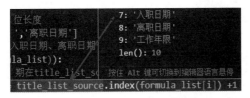

图 4-219 "入职日期"的索引号为 7，但实际上它在第 8 位 　　图 4-220 将数字 8 转换为字母 H

执行第 581 行代码，用 for 循环语句将从 2 开始到表格最后一行的编号赋给变量 row，如图 4-221 所示。

图 4-221 用 for 循环语句将从 2 开始到表格最后一行的行号赋给变量 row

执行第 583 行代码后，对象 cell 被设定为单元格 H2，如图 4-222 所示。

图 4-222 对象 cell 被设定为单元格 H2

执行第 585 行代码，判断对象 cell 的数据类型是不是日期，如图 4-223（a）所示，格式是 yyyy-mm-dd h:mm:ss，如图 4-223（b）所示。

（a）对象 cell 的数据类型是日期

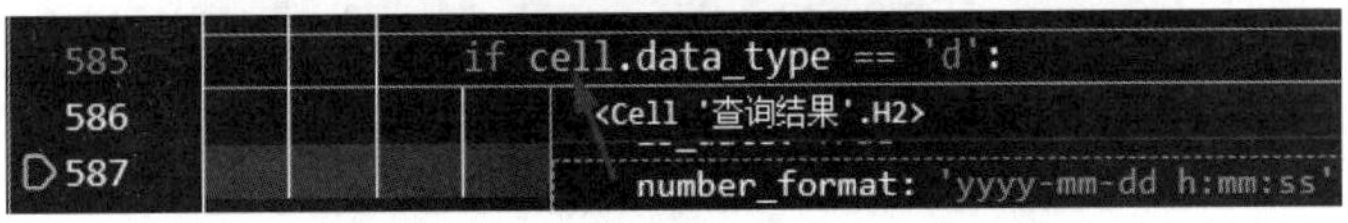

（b）对象 cell 的日期格式是 yyyy-mm-dd h:mm:ss

图 4-223 判断对象 cell 的数据类型

执行第 587 行代码，将对象 cell 的值的数据类型从日期转换为字符串，并且取前 10 位，最终日期格式是 yyyy-mm-dd，如图 4-224 所示。

图 4-224 将对象 cell 的值的数据类型从日期转换为字符串，并且取前 10 位

看看美化与修饰表格前后的效果。美化与修饰表格前，日期的长度不足 10 位，如图 4-225 所示。

图 4-225　美化与修饰表格前的效果

执行第 573～587 行代码后，将日期转换为字符串并将长度设置为 10 位，如图 4-226 所示。

图 4-226　将日期转换为字符串并设置为 10 位长度

8．转换文本型数字为数值型数字

代码清单 4.37 的作用如下。

用 openpyxl 命令将文本型数字转换为数值型数字。

代码清单 4.37　转换文本型数字为数值型数字

```
590    # 转换文本型数字为数值型数字
591    # 找出含数字的列的标题在 title_list_source 中的位置（数字）
592    title_source_index = title_list_source.index('月薪') +1
593    # 将数字转换为列字母
594    title_source_col = openpyxl.utils.get_column_letter(title_source_index)
595    # 用 for 循环语句从第二行开始转换文本型数字（第一行是标题行），如果 max_row 不加 1,
       # 则会忽略最后一行
596    for row in range(2,sheet_target.max_row + 1):
597        # 用 openpyxl 的对象 cell 来代替 sheet_target[title_source_col+str
           # (row)]，以缩短代码
598        cell = sheet_target[title_source_col+str(row)]
599        # 单元格的数据保留两位小数
600        cell.number_format = '#,##0.00'
601        # 如果单元格的值是文本，则将其转换为数值
602        if cell.data_type == 's':
603            # 将文本型数字转换为数值型数字
604            cell.value = float(cell.value)          # 将字符串转换为数字
605
606
```

代码清单 4.37 的解析

第 592 行用于找出"月薪"在列表变量 title_list_source 中的位置，并赋给变量 title_source_index。

第 594 行用 openpyxl.utils.get_column_letter()将变量 title_source_index 的值从数字转换为

列字母，并赋给变量 title_source_col。

第 596 行用 for 循环语句读取表格第二行到最后一行。

第 598 行用对象 cell 来代替 sheet_target[title_source_col+str(row)]，减少第 600～604 行的代码。

第 600 行设置对象 cell（单元格）的数据格式是 "#,##0.00"。

第 602 行用 if 条件语句判断对象 cell 的数据类型是否为字符串。

在第 604 行中，如果对象 cell 的值的数据类型是字符串，则将数据类型从字符串转换为数值，并重新写入对象 cell 中。

知识扩展

第 600 行代码要先设置单元格的数据格式，如果不设置，则第 604 行代码用 float() 函数转换数据类型后，数据类型默认为常规。

文员的月薪数据在原来的表格中有两位小数，如图 4-227（a）所示。如果不执行第 600 行代码，文员的月薪的数据类型转换为常规，并没有保留两位小数，如图 4-227（b）所示。

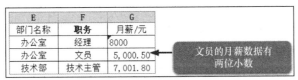

（a）文员的月薪数据有两位小数

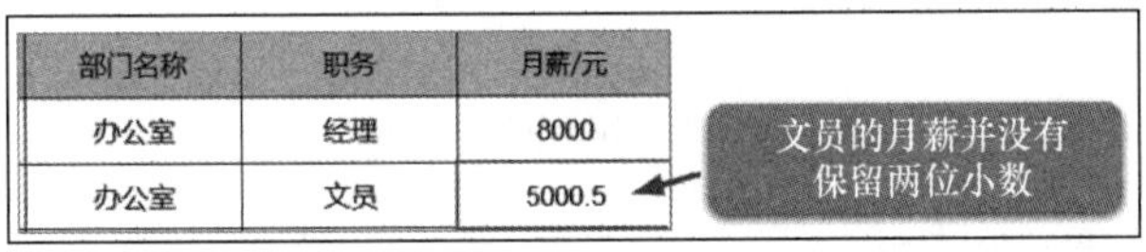

（b）不执行第 600 行代码，文员的月薪并没有保留两位小数

图 4-227　第 600 行代码对数据类型的影响

另外，如果不执行第 602～604 行代码，和 Excel 一样，有数据后再设置单元格的数据格式，是不能将已有的文本型数字转为数值型数字的。

经理的月薪（8000 元）在原来的表格中的数据类型是文本，如图 4-228（a）所示。若执行第 600 行代码，但是不执行第 602～604 行代码，最终经理的月薪在表格中的数据类型仍然是文本，如图 4-228（b）所示。

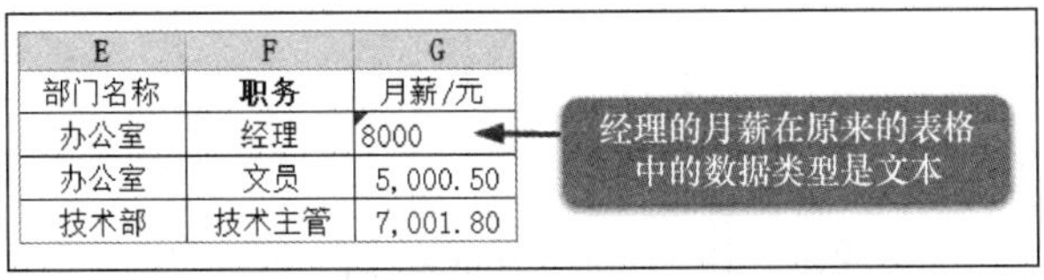

（a）经理的月薪 8000 在原来的表格中的数据类型是文本

（b）不执行第 602～604 行代码，经理的月薪在表格中的数据类型仍然是文本

图 4-228　第 602～604 行代码对数据类型的影响

代码调试

这里不设置断点，直接运行代码，看看美化与修饰表格前后的效果。美化与修饰表格前，月薪有部分数据是字符串，并且没有保留两位小数，如图 4-229 所示。

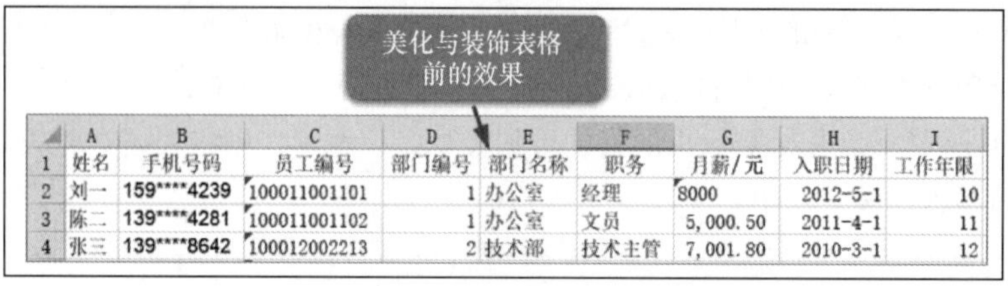

图 4-229 美化与修饰表格前的效果

执行第 592～604 行代码后，将月薪设置为带两位小数的数值型，如图 4-230 所示。

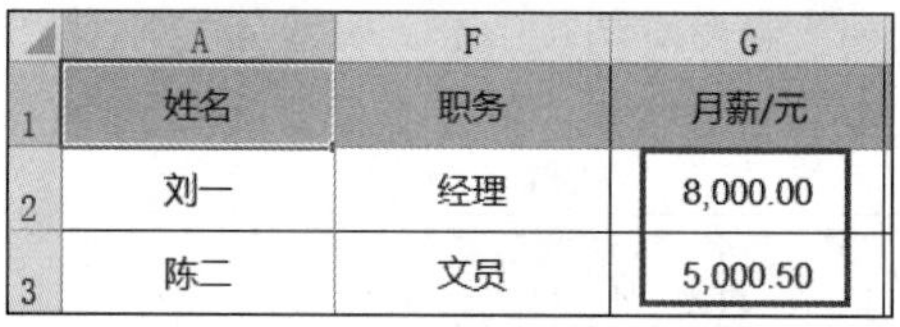

图 4-230 将表格的文本型数字转换为数值型数字并保留两位小数

9. 重设公式

代码清单 4.38 的作用如下。

用 openpyxl 命令为单元格重新设置正确的公式。

代码清单 4.38 重设公式

```
607    # 重设公式
608    # 找出有公式的列的标题在 title_list_source 中的位置（数字）
609    title_source_index = title_list_source.index('工作年限') +1
610    # 将数字转换为列字母
611    title_source_col = openpyxl.utils.get_column_letter(title_source_index)
612    # 用 for 循环语句从第二行开始设置公式（第一行是标题行），如果 max_row 不加 1，则会忽略最后一行
613    for row in range(2,sheet_target.max_row + 1):
614        # 重设工作年限的计算公式
615        sheet_target[title_source_col+str(row)] = '=YEAR(TODAY())-YEAR(H'+
           str(row)+')'
616
```

代码清单 4.38 的解析

第 609 行用于找出"工作年限"在 title_list_source 中的位置，并赋给变量 title_source_index。

第 611 行用 openpyxl.utils.get_column_letter() 将变量 title_source_index 的值从数字转换为列字母，并赋给变量 title_source_col。

第 613 行用 for 循环语句读取表格第二行到最后一行，并将读取的行的编号赋给变量 row。

第 615 行根据变量 title_source_col 和变量 row 确定单元格的位置，并在该单元格中写入相应的公式。

知识扩展

第 615 行代码重新设置了 Excel 公式，使用 openpyxl 模块设置 Excel 公式是遵循 Excel 规则的，先输入等号（=），然后输入相关函数，引用相关的单元格。

使用 openpyxl 模块读取源数据时，会将公式一并读入，但是如果表格的公式没有使用$（绝对引用符号），则有可能导致公式引用的单元格错乱。

例如，源表格第 I 列第 4 行单元格中的值用当前年份减去入职年份得出（为了方便理解，公式中的 TODAY()的年份为 2022 年），可以看到公式没有使用$，如图 4-231 所示。

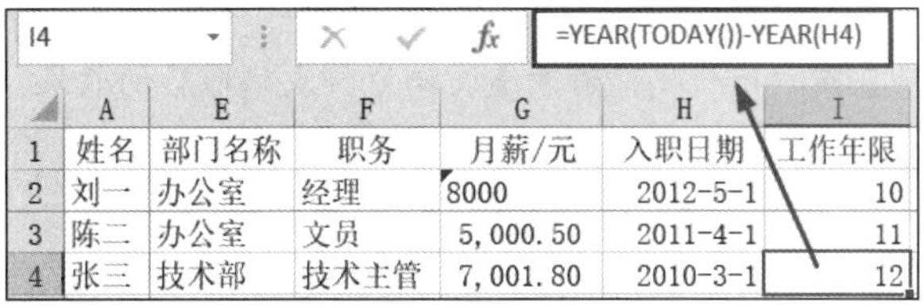
I4 =YEAR(TODAY())-YEAR(H4)

	A	E	F	G	H	I
1	姓名	部门名称	职务	月薪/元	入职日期	工作年限
2	刘一	办公室	经理	8000	2012-5-1	10
3	陈二	办公室	文员	5,000.50	2011-4-1	11
4	张三	技术部	技术主管	7,001.80	2010-3-1	12

图 4-231 公式没有使用$

在菜单界面中，输入数字 1，选择“根据手机号码查询”模块，输入手机号码关键字 139，如图 4-232 所示。

```
----------------------------
请输入整数0~3: 1
请输入需要查询的手机号码(可以输入部分数字实现模糊查询)，退出查询请按0: 139
```

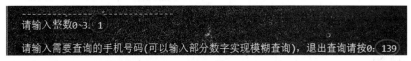

图 4-232 选择“根据手机号码查询”模块，输入手机号码关键字 139

可以看到查询结果有两条数据，此处直接将公式完整复制过来了，但是公式计算的值并不正确，陈二的工作年限变成 12，张三的工作年限变成 122，如图 4-233 所示。查看公式，发现公式引用的单元格不正确，例如，张三的数据在第 3 行，工作年限的计算公式却引用了 H4 单元格，而张三的工作年限的正确计算公式应该是=YEAR(TODAY())-YEAR(H3)。

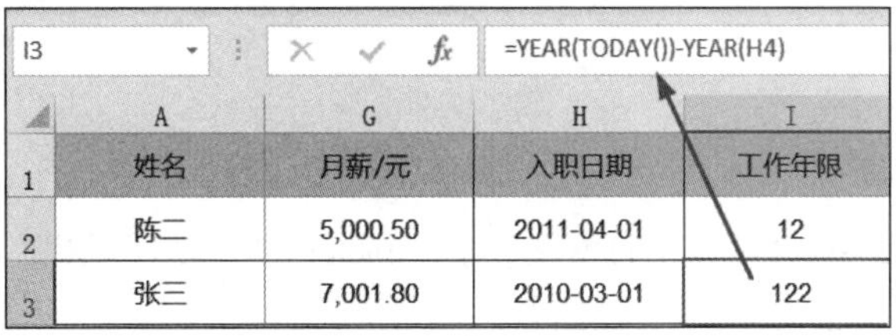
I3 =YEAR(TODAY())-YEAR(H4)

	A	G	H	I
1	姓名	月薪/元	入职日期	工作年限
2	陈二	5,000.50	2011-04-01	12
3	张三	7,001.80	2010-03-01	122

图 4-233 张三的工作年限变成了 122

为了解决这个问题，可以根据公式的所在行、所在列重新编写正确的公式，引用正确的单元格（入职日期），如图 4-234 所示。

```
613     for row in range(2,sheet_target.max_row + 1):
614         # 重置工作年限计算公式
615         sheet_target[title_source_col+str(row)] = '=YEAR(TODAY())-YEAR(H'+str(row)+')'
```

图 4-234 根据公式的所在行、所在列重新编写正确的公式，引用正确的单元格

或者在用 openpyxl.load_workbook()打开文件时，使用参数 data_only=True 将公式转换为值，这也可以避免在查询数据时错误引用 Excel 公式，如图 4-235 所示。

图 4-235 使用参数 data_only=True 将公式转换为值

代码调试

这里不设置断点，直接运行代码，看看美化与修饰表格前后的效果。美化与修饰表格前，公式没有使用$，如图 4-236 所示。

执行第 609~615 行代码后，重设了正确的公式，如图 4-237 所示。

图 4-236 美化与修饰表格前的效果

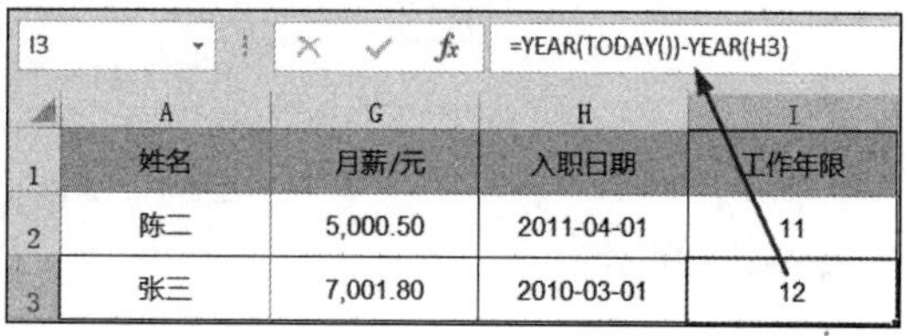

图 4-237 重设公式

10. 冻结窗格

代码清单 4.39 的作用如下。

用 openpyxl 命令冻结窗格。

代码清单 4.39 冻结窗格

```
617     # 冻结窗格
618     sheet_target.freeze_panes = 'B2'
619
620
```

代码清单 4.39 的解析

第 618 行设置对象 sheet_target 的属性 freeze_panes 的值为 B2，相当于在 Excel 文档的 B2 单元格中冻结窗格。

知识扩展

对于太大而不能一屏显示的电子表格，冻结顶部的几行或左边的几列，可以让某些行和列一直显示在屏幕上，从而帮助用户更好地查看这些行或列所对应的数据。

要解冻所有的单元格，就将属性 freeze_panes 的值设置为 None 或 A1。

代码调试

这里不设置断点，直接运行代码，看看美化与修饰表格前后的效果。美化与修饰表格前，没有冻结窗格，如图 4-238 所示。

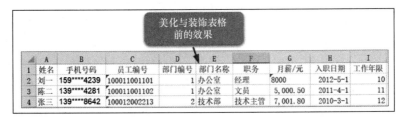

图 4-238　美化与修饰表格前的效果

执行第 618 行代码，在表格的 B2 单元格冻结窗格，可以固定显示 A1 单元格，如图 4-239 所示。

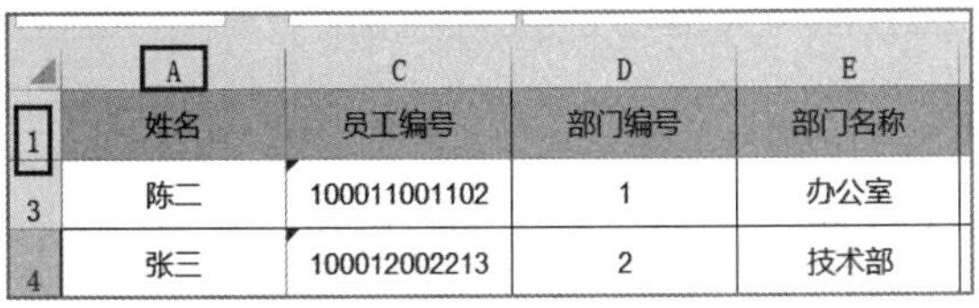

图 4-239　固定显示 A1 单元格

将属性 freeze_panes 的值设置为 None 或 A1，可以取消冻结窗格，拖动滚动条，A1 单元格会隐藏，如图 4-240 所示。

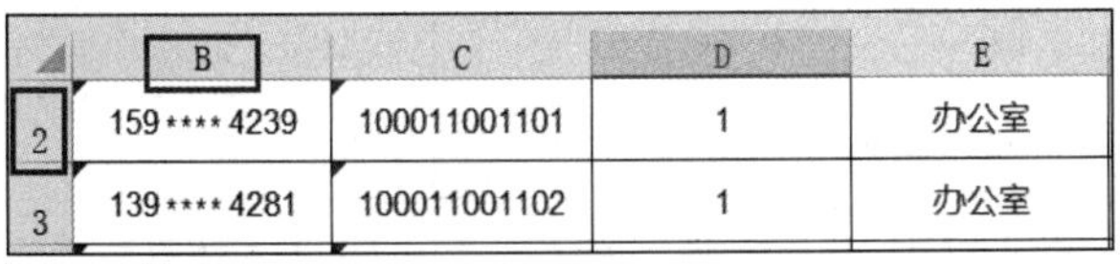

图 4-240　取消冻结窗格

4.4.5　查询子程序（生成查询部门名称的条件）

在讲解代码前，先介绍本节代码涉及的知识点和代码的设计思路。

1．本节代码涉及的知识点

本节代码涉及的知识点如表 4-8 所示。

表 4-8　本节代码涉及的知识点

知识点		作用
Python 知识点	def 函数名()	构建函数
	split()函数	通过指定分隔符对字符串进行拆分
	range()函数	创建一个整数列表，一般用在 for 循环中
	len()函数	返回对象的长度或项的个数
	index()函数	返回字符串中包含子字符串的索引值
	str()函数	返回字符串格式
	append()函数	添加列表项

续表

知识点		作用
Python 知识点	set()函数	创建一元素无序且不重复的集合
	list()函数	将元组转换为列表
	sort()函数	对列表的数值进行排序
	insert() 函数	在列表的指定位置插入对象
	print()函数	输出
	input()函数	输入数据
	list1 = []	创建列表
	if	条件语句
	for	循环语句
	while	循环语句
	break	退出循环
关于 openpyxl 模块的知识点	openpyxl.utils.get_column_letter(数字)	将数字转换为列字母
	sheet['A1']	读取指定范围单元格（A1 引用样式）
	变量 = cell.value	读取单元格的值
	cell.data_type == 'n'	设置单元格数据类型

2．本节代码的设计思路

本节代码的设计思路是构建一个部门名称列表供用户选择，将用户选择的部门名称返回给 data_find_main()函数并进行处理。具体操作如下。

（1）构建一个 department_get()函数，执行步骤（2）～（7）对应的代码。

（2）根据查询主程序传递的变量 col_name（部门编号和部门名称），获取部门编号和部门名称所在列的数据，然后将其组合成一个新的部门名称（例如，1 办公室），并将新的部门名称组合成列表（该列表用于供用户选择）。

（3）对部门名称列表进行去重处理，保留不重复的数据，并在列表的第一个位置加入 "0 全选"，再对列表的数据进行由小到大的排序。

（4）建立一个列表，用于保存部门编号，并判断用户输入的部门编号是否在该列表中。

（5）用户根据显示的部门编号和部门名称，输入需要查询的部门编号。如果用户输入的部门编号不在步骤（4）建立的部门编号列表中，则要求用户重新输入。

（6）如果输入的部门编号在步骤（4）建立的部门编号列表中，则根据其索引号在部门名称列表中获取对应的部门名称。

（7）显示用户选择的部门名称，并将部门名称返回查询主程序以进行处理。

3．构建 department_get()函数

代码清单 4.40 的作用如下。

构建一个 department_get()函数，由 data_find_main()函数对其进行调用（第 270 行代码）。主要根据 "数据来源" 文件中的部门名称提供一个列表让用户选择部门名称，并将用户的选择赋给变量 choice_department_txt，再返回 data_find_main()函数以进行处理。

代码清单 4.40　构建 department_get()函数

```
621   # 查询子程序（生成查询部门名称的条件）
622   # ===========================
623   # sheet_source："数据来源"文件的表格
624   # title_list_source: "数据来源"文件的标题行
625   # col_name:查询条件（手机号码/月薪/部门名称+入职日期）
626   # ===========================
627   def department_get(sheet_source,title_list_source,col_name):
628
```

代码清单 4.40 的解析

第 621～626 行是注释，标注了这部分代码的内容和具体接收的参数（变量）的值。
第 627 行用 def 命令构建 department_get()函数。

4．生成部门编号和部门名称列表

代码清单 4.41 的作用如下。

根据 data_find_main()函数传递的变量 col_name（部门编号和部门名称）获取部门编号和部门名称所在列的数据，然后将其组合成一个新的部门名称（例如，1 办公室），并根据新的部门名称形成列表（该列表用于展示给用户选择）。对部门名称列表进行去重处理，保留不重复的数据，并在列表的第一个位置加入 "0 全选"，再对列表的数据进行由小到大的排序。

代码清单 4.41　生成部门编号和部门名称列表

```
629      # 用split()函数拆分变量col_name的内容，即将部门编号和部门名称拆分并转换为列表
630      department_title_list = col_name.split('-')
631      # 定义一个空列表变量（保存部门编号和部门名称）
632      department_data_list = []
633      # 用for循环语句遍历读取表格（从第2行到最后一行），并赋给变量i
634      for i in range(2,sheet_source.max_row + 1):
635          # 初始化变量col_j（列数），因为在每一行需要重新计算部门编号和部门名称列表的列数，
             # 所以将变量col_j放在第一个循环语句中
636          col_j = 0
637          # 用for循环语句遍历读取对应列每一个单元格的值
638          for col_j in range(len(department_title_list)):
639              # 找出部门编号和部门名称在标题行中的位置，并转换为列字母
640              title_source_index = title_list_source.index(department_title_
                 list[col_j]) +1
641              title_source_col = openpyxl.utils.get_column_letter(title_
                 source_index)
642              # 用openpyxl的对象cell来代替sheet_source[title_source_col+
                 # str(i)]，以缩短代码
643              cell = sheet_source[title_source_col+str(i)]
644              # 用if条件语句判断对应列字段是部门编号还是部门名称
645              if department_title_list[col_j] == '部门编号': # 字段=部门编号
646                  # 用if条件语句判断，如果单元格的值是数值，则将其转换为字符串
647                  if cell.data_type == 'n' :
648                      cell.value = str(cell.value)
649                  # 将单元格的值（部门编号）赋给变量department_index
```

```
650                          department_index = cell.value
651                    elif department_title_list[col_j] == '部门名称':    # 字段=部门名称
652                        # 将单元格的值（部门名称）赋给变量 department_name
653                          department_name = cell.value
654                # 组合成新的部门名称（部门编号+部门名称）
655                department_newname = department_index + department_name
656                # 将新的部门名称追加到列表中
657                department_data_list.append(department_newname)
658
659        # 对新列表进行去重处理，保留不重复的数据
660        department_data_list = list(set(department_data_list))
661        # 在列表的第一个位置加入"0 全选"
662        department_data_list.insert(0,'0 全选')
663        # 对列表的数据进行排序
664        department_data_list.sort(reverse = False)
665
666
```

代码清单 4.41 的解析

第 630 行根据分隔符 "-" 用 split() 函数将变量 col_name 的值拆分转换为列表，并赋给列表变量 department_title_list。

第 632 行定义一个空的列表变量 department_data_list，用于保存新的部门名称（部门编号+部门名称）。

第 634 行用 for 循环语句读取表格（从第 2 行到最后一行）。

第 636 行将 0 赋给变量 col_j。

第 638 行用 for 循环语句读取列表变量 department_title_list 的值。

第 640 行用于找出部门编号和部门名称（列表变量 department_title_list 的值）在标题行（列表变量 title_list_source 的值）中的位置，并赋给变量 title_source_index。

第 641 行用 openpyxl.utils.get_column_letter() 将变量 title_source_index 的值从数值转换为字母，并赋给变量 title_source_col。

第 643 行用对象 cell 来代替 sheet_source[title_source_col+str(i)]（单元格），以缩短代码。

第 645 行用 if 条件语句判断列表变量 department_title_list 的值是 "部门编号" 还是 "部门名称"。

第 647 行用 if 条件语句判断对象 cell 的数据类型是否为数值。

如果对象 cell 的数据类型是数值，则在第 648 行中用 str() 函数将数据类型从数值转换为字符串，并重新写入对象 cell 中。

第 650 行将对象 cell 的值（部门编号）赋给变量 department_index。

第 651 行用 if 条件语句的分支 elif 判断列表变量 department_title_list 的值是否为 "部门名称"。

第 653 行将对象 cell 的值（部门名称）赋给变量 department_name。

第 655 行将变量 department_index 和变量 department_name 组合成新的变量 department_newname。

第 657 行将变量 department_newname 的值追加到 department_data_list 中。

第 660 行用 set() 函数将列表变量 department_data_list 的值转换为集合，去除重复数据后，再用 list() 函数将集合转换为列表。

第 662 行在列表变量 department_data_list 的第一个位置插入一个元素 "0 全选"。

第 664 行用 sort() 函数对列表变量 department_data_list 的值按照由小到大的顺序进行排序。

代码调试

在第 630 行中，设置一个断点，查看代码中各个变量的值，如图 4-241 所示。

图 4-241　设置断点

执行第 630 行代码，用 split() 函数将变量 col_name 的值 "'部门编号-部门名称'" 转换为列表 "['部门编号','部门名称']"，并赋给列表变量 department_title_list，如图 4-242 所示。

执行第 634～638 行代码，用 for 循环语句将表格的行数从 2 开始逐个赋给变量 i，将列表变量 department_title_list 的索引从 0 开始逐个赋给变量 col_j，如图 4-243 所示。

图 4-242　用 split() 函数将变量 col_name 的值转换为列表

图 4-243　用 for 循环语句给变量 i 和变量 col_j 赋值

执行第 640 行代码后，找出 "部门编号" 在列表变量 title_list_source 中的索引号——3，如图 4-244（a）所示。因为列表的索引号从 0 开始，表格的列号从 1 开始，所以要将索引加 1 才能匹配正确的表格列字母，加 1 后赋给变量 title_source_index，如图 4-244（b）所示。

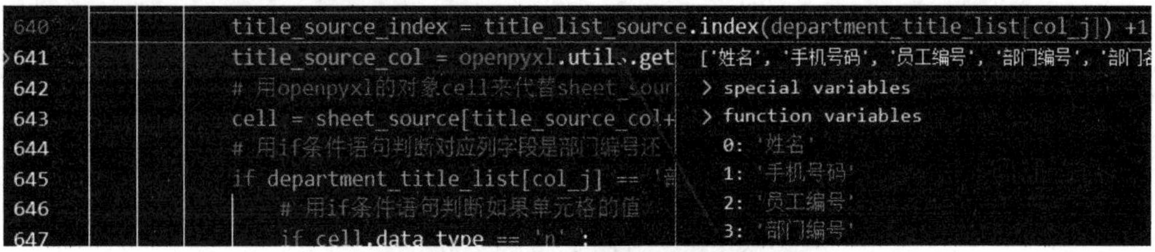

（a）找出 "部门编号" 在列表变量 title_list_source 中的索引

（b）将索引 3 加 1 赋给变量 title_source_index

图 4-244　找出 "部门编号" 的索引，加 1 后赋给变量 title_source_index

执行第 641 行代码，用 openpyxl.utils.get_column_letter() 将变量 title_source_index 的值 4 转换为字母 D，并赋给变量 title_source_col，如图 4-245 所示。

```
640                        title_source in ['D'|title_l
641                        title_source_col = openpyxl.(
```

图 4-245　将变量 title_source_index 的值 4 转换为字母 D 并赋给变量 title_source_col

执行第 643 行代码，将 D2（由变量 title_source_col 的值 D 和变量 i 的值 2 组成）单元格的内容和属性赋给对象 cell，如图 4-246 所示。

```
643          cell - sheet source[title_source_col+str(i)]
644          #    <Cell '员工信息表'.D2>
```

图 4-246　将 D2 单元格的内容和属性赋给对象 cell

执行第 647~650 行代码，用 if 条件语句判断出对象 cell 的数据类型（data_type）是数值 n，如图 4-247（a）所示。用 str() 函数将对象 cell 的值（1）从数值转换为字符串，如图 4-247（b）所示。然后，将对象 cell 的值赋给变量 department_index，如图 4-247（c）所示。

```
647              if cell.data_type == 'n' :
648          ce   <Cell '员工信息表'.D2>
649          # 将单   data_type: 'n'
```

（a）用 if 条件语句判断出对象 cell 的数据类型是数值 n

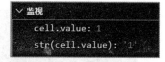

```
∨ 监视
    cell.value: 1
    str(cell.value): '1'
```

（b）用 str() 函数将对象 cell 的值从数值转换为字符串

```
648                    cell.value    (cell.value)
649          # 将单元格的值赋    '1'   量department_index
650                    department_index = cell.value
```

（c）将对象 cell 的值赋给变量 department_index

图 4-247　将对象 cell 的值转换为字符串并把它赋给变量 department_index

返回执行第 638 行代码（循环语句），找出"部门名称"在标题行中的索引——4，如图 4-248（a）所示。执行第 641 行代码，将变量 title_source_index 的值 5 转换为字母 E，如图 4-248（b）所示。

```
640    title_source_index = title_list_source.index(department_title_list[col_j]) +1
641    title_source_col = openpyxl.utils.get   ['姓名', '手机号码', '员工编号', '部门编号', '部门名
642    # 用openpyxl的对象cell来代替sheet_sour   > special variables
643    cell = sheet_source[title_source_col+   > function variables
644    # 用if条件语句判断对应列字段是部门编号     0: '姓名'
645    if department_title_list[col_j] == '部   1: '手机号码'
646        # 用if条件语句判断如果单元格的值是     2: '员工编号'
647        if cell.data_type == 'n' :         3: '部门编号'
648            cell.value = str(cell.value)    4: '部门名称'
```

（a）找出"部门名称"在标题行的索引

```
department_title_list[col_j]: '部门名称'
title_source_index: 5
title_source_col: 'E'
i: 2
```

（b）将变量 title_source_index 的值 5 转换为字母 E

图 4-248　找出"部门名称"的索引，对其处理后转换为列字母

执行第 643 行代码，将 E2（由变量 title_source_col 的值 E 和变量 i 的值 2 组成）单元格的内容和属性赋给对象 cell，如图 4-249 所示。

图 4-249　将 E2 单元格的内容和属性赋给对象 cell

跳转到第 651 行代码，列表变量 department_title_list 的值是 "部门名称"，如图 4-250 所示。

图 4-250　列表变量 department_title_list 的值是 "部门名称"

执行第 653 行代码，将对象 cell 的值 "办公室" 赋给变量 department_name，如图 4-251 所示。

```
652              # 将单元格的值 '办公室' epartment_name
653              department_name = cell.value
```

图 4-251　将对象 cell 的值 "办公室" 赋给变量 department_name

执行第 655 行代码，将变量 department_index 和变量 department_name 组合成新的变量 department_newname，变量值是 "1 办公室"，如图 4-252 所示。

```
654              # 组合成新的部门名 '1办公室' 码+部门名称)
655              department_newname = department_index + department_name
```

图 4-252　组合出新的变量 department_newname

执行第 657 行代码，将变量 department_newname 的值 "1 办公室" 追加到 department_data_list 中，如图 4-253 所示，继续执行第 634 行代码。

```
657              department_data_list.append(department_newname)
658                                           ['1办公室']
659      # 将新列表去重，保留不重  > special variables
660      department_data_list =   > function variables
661      # 在列表第一个位置加入0全  0: '1办公室'
```

图 4-253　将变量 department_newname 的值追加到 department_data_list 中

在执行第 634 行 for 循环语句代码后和执行第 660 行代码前，department_data_list 有 10 个元素，并且部分元素是相同的，如图 4-254 所示。

```
654      # 组合成新的部门名称 (部门编码+部门名称)        6: '4财务部'
655      department_newname = department_index + departm  7: '4财务部'
656      # 将新的部门名称追加到列表                      8: '2技术部'
657      department_data_list.append(department_newname)  9: '3销售部'
658                                                      len(): 10
659      # 将新列表去重，保留不重复数据                  按住 Alt 键可切换到
660      department_data_list = list(set(department_data_list))
```

图 4-254　department_data_list 有 10 个元素，并且部分元素是相同的

执行第 660 行代码，用 set() 函数将列表变量 department_data_list 的值转换为集合，如图 4-255

（a）所示。因为集合是一个元素无序的且不重复的序列，所以用 set()函数删除重复的数据。在删除重复数据后，再用 list()函数将集合转换为列表，如图 4-255（b）所示。

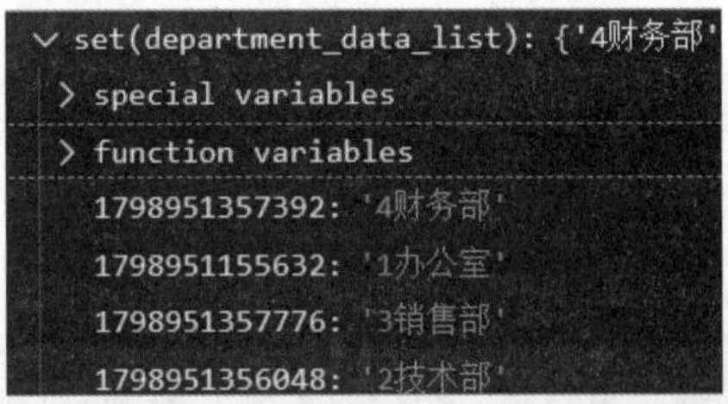

（a）用 set()函数将列表变量 department_data_list 的值转换为集合

（b）用 list()函数将集合转换为列表

图 4-255　删除重复数据

执行第 662 行代码，在列表变量 department_data_list 的开始位置插入元素"0 全选"，如图 4-256 所示。

图 4-256　在列表变量 department_data_list 的开始位置插入元素"0 全选"

执行第 664 行代码，用 sort()函数对列表变量 department_data_list 的值按照由小到大的顺序进行排序，如图 4-257 所示。

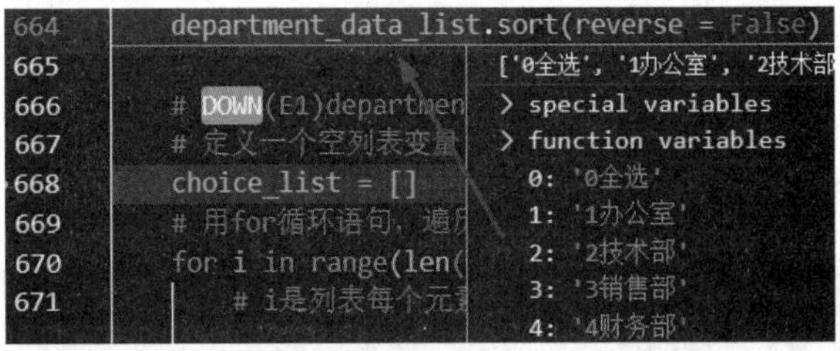

图 4-257　用 sort()函数对列表变量 department_data_list 的值按照由小到大的顺序进行排序

5．建立一个部门编号列表

代码清单 4.42 的作用如下。

建立一个列表，用于保存部门编号，并判断用户选择的部门编号是否在该列表中。

代码清单 4.42 建立一个部门编号列表

```
667    # 定义一个空列表变量（保存部门编号）
668    choice_list = []
669    # 用 for 循环语句遍历读取部门名称列表的值（部门编号+部门名称，如 1 办公室）
670    for i in range(len(department_data_list)):
671        # i 是部门名称列表的每个元素，0 是该元素的第一个位置，即数字（部门编号）
672        department_number = department_data_list[i][0]
673        # 将数字（部门编号）追加到 choice_list 中
674        choice_list.append(department_number)
675
```

代码清单 4.42 的解析

第 668 行定义一个空的列表变量 choice_list，用于保存部门编号。

第 670 行用 for 循环语句读取列表变量 department_data_list 的值，循环次数是列表变量 department_data_list 的长度。

第 672 行将列表变量 department_data_list 中每个元素的第一位字符（部门编号）赋给变量 department_number。

第 674 行将变量 department_number 的值追加到 choice_list 中。

代码调试

在第 668 行中，设置一个断点，查看代码中各个变量的值，如图 4-258 所示。

执行第 668 行代码，建立一个空的列表变量 choice_list，用于保存部门编号，如图 4-259 所示。

图 4-258　设置断点　　　　　　图 4-259　建立一个空的列表变量 choice_list

执行第 670 行代码，用 for 循环语句读取列表变量 department_data_list 的值，如图 4-260 所示。

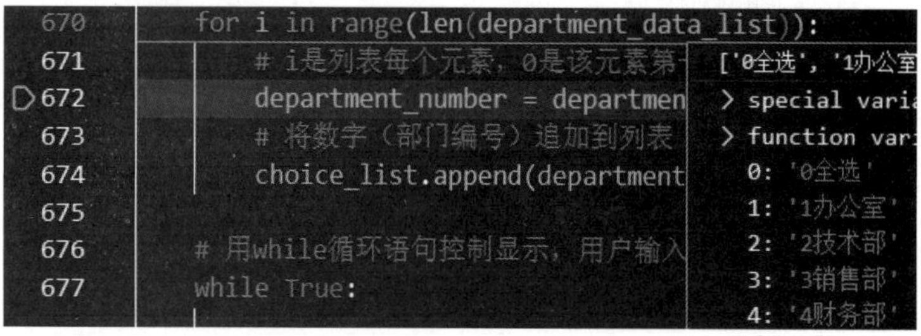

图 4-260　用 for 循环语句读取列表变量 department_data_list 的值

执行第 672 行代码，将列表变量 department_data_list 中第一个元素"0 全选"的第一个字符 0 提取出来，如图 4-261（a）所示，并赋给变量 department_number，如图 4-261（b）所示。

（a）提取列表变量 department_data_list 中第一个元素"0 全选"的第一个字符 0

```
670        for i in range(len(department_data_list)):
671            # i是列表每个元素 '0' 该元素第一个位置，即数字（部
672            department_number = department_data_list[i][0]
```

（b）将 0 赋值给变量 department_number

图 4-261　将列表变量 department_data_list 中第一个元素的第一个字符赋给变量

执行第 674 行代码，将变量 department_number 的值 0 追加到 choice_list 中，如图 4-262 所示。

```
674            choice_list.append(department_number)
675                              ['0']
676        # 用while循环语      > special variables
677        while True:           > function variables
678            # 显示部门名        0: '0'
```

图 4-262　将变量 department_number 的值 0 追加到列表变量 choice_list 中

---

6. 用户选择需要查询的部门名称

代码清单 4.43 的作用如下。

用户根据显示的部门编号和部门名称输入需要查询的部门编号。如果用户输入的部门编号不在建立的部门编号列表中，则要求用户重新输入；如果用户输入的部门编号在建立的部门编号列表中，则根据其索引在部门名称列表中获取对应的部门名称。

代码清单 4.43　用户选择需要查询的部门名称

```
676    # 用 while 循环语句控制显示，如果用户输入错误，则提示其重新输入
677    while True:
678        # 显示部门名称供用户选择
679        print(department_data_list)
680        # 弹出询问对话
681        choice_txt = input('请输入数字选择[所属部门]，输入 0 表示全选：')
682        # 用 if 条件语句判断用户输入的部门编号
683        if choice_txt == '0':       # 用户全选
684            # 所有部门编号
685            inputchoice_department = choice_list[1:]
686        else:                        # 用户选择部分
687            # 用户输入的部门编号
688            inputchoice_department = choice_txt
689
690        # 定义一个空字符串变量（保存用户选择的部门名称）
691        choice_department_txt = ''
692        # 用 for 循环语句根据用户输入的内容判断循环次数
693        for i in range(len(inputchoice_department)):
694            # 用 if 条件语句判断用户输入的部门编号是否在选择列表中
695            if inputchoice_department[i] in choice_list:
696                # 获取用户输入的部门编号在选择列表（部门编号）中的位置
697                index_list = choice_list.index(inputchoice_department[i])
```

```
698                          # 根据索引获取数据列表（部门编号和部门名称）的元素（[1:]表示去掉序
                             # 号），并组合为字符串
699                          choice_department_txt = choice_department_txt + ','
                             +department_ data_list[index_list][1:]
700                  # 组合后字符串前面有个逗号，需要将其删除
701                  choice_department_txt = choice_department_txt[1:]
702
```

代码清单 4.43 的解析

第 677 行的 while 循环语句结合第 704～711 行代码判断用户选择是否正确。如果用户选择不正确，则继续留在当前界面，让用户重新选择；如果用户选择正确，则用 break 语句跳出 while 循环。

第 679 行用 print()函数输出列表变量 department_data_list 的值。

第 681 行用 input()函数接收用户输入的部门编号，并赋给变量 choice_txt。

第 683 行用 if 条件语句判断变量 choice_txt 的值是否等于 0（全选）。

在第 685 行中，如果变量 choice_txt 的值等于 0，则将列表变量 choice_list 的值从第二个字符（第一个字符是 0，代表全选，第二个字符开始才是真正的部门编号）开始赋给变量 inputchoice_department。

第 686 行用 if 条件语句的分支 else 处理变量 choice_txt 不等于 0 的情况。

第 688 行将变量 choice_txt 的值（用户输入的部门编号）赋给变量 inputchoice_department。

第 691 行定义一个空的变量 choice_department_txt，用于保存用户选择的部门名称。

第 693 行根据用户输入的内容（变量 inputchoice_department 的长度）用 for 循环语句判断循环次数。

第 695 行用 if 条件语句判断变量 inputchoice_department 的值（用户输入的部门编号）是否在 choice_list（全部部门编号）中。

如果变量 inputchoice_department 的值在 choice_list 中，则在第 697 行中用 index()函数将其在 choice_list 中的位置（索引）赋给变量 index_list。

第 699 行将变量 choice_department_txt 的值、逗号和列表变量 department_data_list 的值（根据索引找出的值）组合起来并赋给变量 choice_department_txt。

第 701 行将变量 choice_department_txt 的值从第二个字符（第一个字符是逗号）开始重新赋给变量 choice_department_txt。

知识扩展

在第 699 行代码中，department_data_list[index_list][1:]的含义要分 3 个层次来理解。

第一，department_data_list 是一个由部门编号和部门名称组成的列表，如图 4-263 所示。

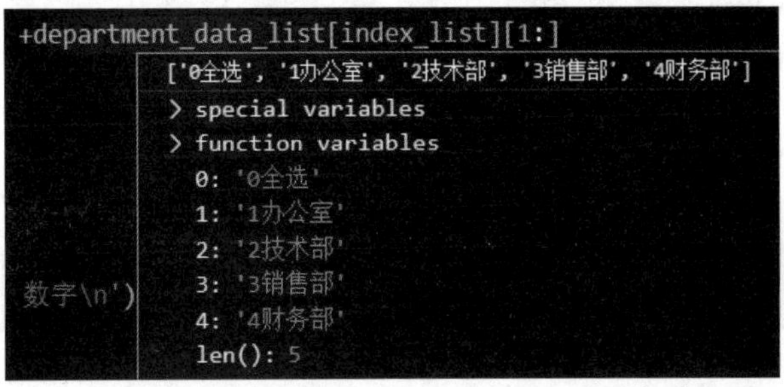

图 4-263　department_data_list 是一个由部门编号和部门名称组成的列表

第二，department_data_list[index_list]根据变量 index_list 的值获取对应列表的值。例如，index_list 的值是 1，对应列表的值——"1 办公室"，如图 4-264 所示。

第三，department_data_list[index_list][1:]从列表的值 "1 办公室" 的第二个字符开始获取，获取的字符串是 "办公室"，如图 4-265 所示。

图 4-264　index_list 的值是 1，对应　　　　　图 4-265　从第二个字符开始获取的
　　　　　列表的值——"1 办公室"　　　　　　　　　　　　　字符串是 "办公室"

代码调试

在第 679 行中，设置一个断点，查看代码中各个变量的值，如图 4-266 所示。

图 4-266　设置断点

执行第 679 行代码，用 print()函数输出部门名称，如图 4-267 所示。

['0全选', '1办公室', '2技术部', '3销售部', '4财务部']

图 4-267　用 print()函数输出部门名称

当执行第 681 行代码时，用 input()函数显示一条提示信息，让用户输入部门编号并进行选择，如图 4-268 所示。

图 4-268　用 input()函数显示一个提示信息，让用户输入部门编号并进行选择

执行第 681 行代码后，将用户输入的数字 0 赋给变量 choice_txt，如图 4-269 所示。

执行第 683 行代码，用 if 条件语句判断出用户输入的部门编号——0（变量 choice_txt 的值等于 0），如图 4-270 所示。

图 4-269　将用户输入的数字 0 赋给变量 choice_txt　　　图 4-270　用 if 条件语句判断用户输入的部门编号

执行第 685 行代码，将列表变量 choice_list 的第二个元素到最后一个元素（['1', '2', '3', '4']）[见图 4-271（a）]赋给变量 inputchoice_department，如图 4-271（b）所示。

（a）列表变量 choice_list 的第二个元素到最后一个元素

图 4-271　将 choice_list 的元素赋给变量 inputchoice_department

（b）给变量 inputchoice_department 赋值

图 4-271 将 choice_list 的元素赋给变量 inputchoice_department（续）

如果执行第 681 行代码后，用户输入的部门编号是 13（变量 choice_txt 的值），如图 4-272（a）所示，那么执行第 686~688 行代码，用 if 条件语句的分支 else 将用户输入的 13 赋给变量 inputchoice_department，如图 4-272（b）所示。

680	# 弹出询何 '13' departme
681	choice_txt = input('请转

（a）用户输入的部门编号是 13

687	# 用户选择的部门编号 '13'
688	inputchoice_department = choice_txt

（b）将用户输入的 13 赋给变量 inputchoice_department

图 4-272 将 13 赋给变量 inputchoice_department

执行第 693 行代码，用 for 循环语句读取用户输入的部门编号（例如，13），如图 4-273 所示。

692	# 用for循环语句，根据用户输入的内容inputch '13' depa
693	for i in range(len(inputchoice_department)):

图 4-273 用 for 循环语句读取用户输入的部门编号

在第 695 行代码中，用 if 条件语句判断出变量 inputchoice_department 的值 1 在列表变量 choice_list 中，如图 4-274 所示。

图 4-274 变量 inputchoice_department 的值 1 在列表变量 choice_list 中

执行第 697 行代码，将列表变量 choice_list（部门编号）的值对应的索引 1 赋给变量 index_list，如图 4-275 所示。

696	# 获取在 1 列表（部门编号）中的索引位置
697	index_list = choice_list.index(inputchoice_department[i])

图 4-275 将列表变量 choice_list 的值对应的索引 1 赋给变量 index_list

执行第 699 行代码，将获取的值"办公室"加上逗号并把该值赋给变量 choice_department_txt，如图 4-276 所示，然后循环执行第 693~699 行代码。

```
∨ 监视                              + ⊡ ⊟
   index_list: 1
   department_data_list[index_list]: '1办公室'
   department_data_list[index_list][1:]: '办公室'
   choice_department_txt: ',办公室'
```

图 4-276 为获取的值"办公室"加上逗号并把该值赋给变量 choice_department_txt

执行第 701 行代码，将字符串前面的逗号去掉，形成真正需要返回的数据（用户选择的部门名称），并重新赋给变量 choice_department_txt，如图 4-277 所示。

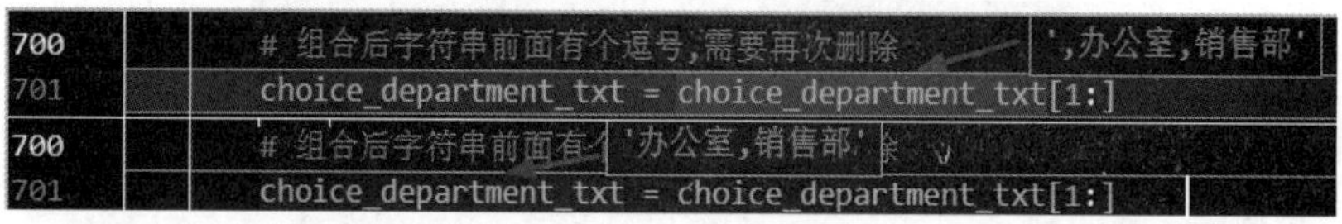

图 4-277 将字符串前面的逗号去掉，并重新赋给变量 choice_department_txt

7. 显示并返回用户选择的结果

代码清单 4.44 的作用如下。

显示用户选择的部门名称，并返回部门名称。

代码清单 4.44 显示并返回用户选择的结果

```
703        # 用 if 条件语句判断是否为空值（是否正确选择部门）
704        if len(choice_department_txt) == 0:
705            # 信息提示
706            print('×××部门数字选择错误提示×××：请正确输入部门前面的数字\n')
707        else:
708            # 信息提示
709            print('你选择了这些部门：'+choice_department_txt+'\n')
710            # 跳出 while 循环
711            break
712
713    # 返回部门名称
714    return choice_department_txt
715
716
```

代码清单 4.44 的解析

第 704 行用 if 条件语句判断变量 choice_department_txt 的长度是否等于 0。

如果变量 choice_department_txt 的长度等于 0（用户没有正确选择部门），则在第 706 行中用 print() 函数输出一条提示信息。

第 707 行用 if 条件语句的分支 else 处理变量 choice_department_txt 的长度不等于 0 的情况。

第 709 行用 print() 函数输出一条提示信息。

第 711 行用 break 语句退出 while 循环。

第 714 行用 return 语句返回变量 choice_department_txt 的值。

代码调试

这里不需要设置断点，直接运行代码，查看输出的结果。

在执行第 681 行代码时，输入 5（不是提示信息内的数字），跳转到第 706 行代码，用 print() 函数输出一个错误提示，如图 4-278 所示。

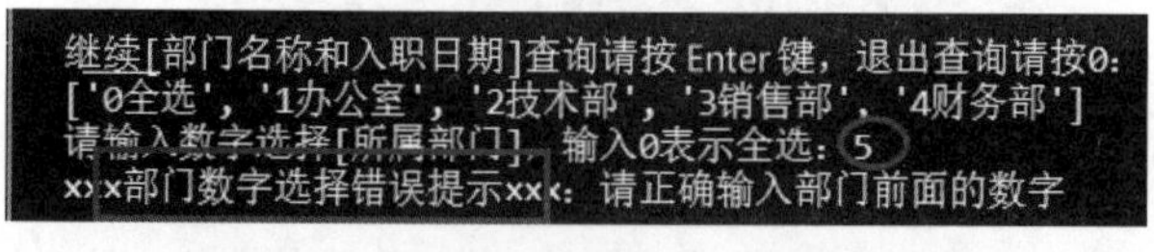

图 4-278 用 print() 函数输出一个错误提示

在执行第 681 行代码时，输入 13，选择"办公室，销售部"，执行第 709 行代码，用 print() 函数输出用户选择的部门名称，如图 4-279 所示。

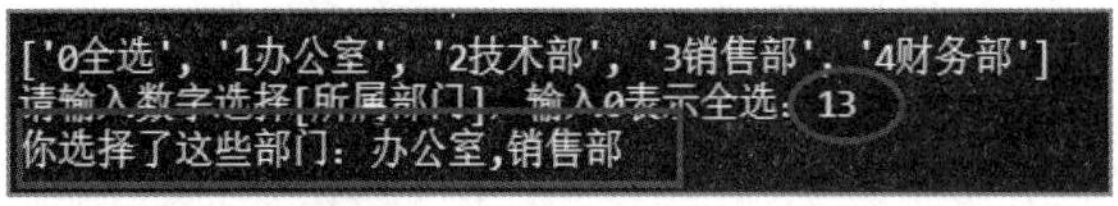

['0全选', '1办公室', '2技术部', '3销售部', '4财务部']
请输入数字选择[所属部门]，输入0表示全选：13
你选择了这些部门：办公室,销售部

图 4-279　用 print()函数输出用户选择的部门名称

执行第 714 行代码，返回变量 choice_department_txt 的值，如图 4-280 所示。

```
713         # 将部门名称返回查询主程序     '办公室,销售部'
714         return choice_department_txt
```

图 4-280　返回变量 choice_department_txt 的值

4.4.6　查询子程序（生成查询入职日期的条件）

在讲解代码前，先介绍本节代码涉及的知识点和代码的设计思路。

1. 本节代码涉及的知识点

本节代码涉及的知识点如表 4-9 所示。

表 4-9　本节代码涉及的知识点

知识点		作用
Python 知识点	def 函数名()	构建函数
	index()函数	返回字符串中包含子字符串的索引值
	append()函数	添加列表项
	len()函数	返回对象的长度或项目的个数
	range()函数	创建一个整数列表，一般用在 for 循环中
	type()函数	返回对象的类型
	str()函数	返回字符串格式
	set()函数	创建一个元素无序且不重复的集合
	list()函数	将元组转换为列表
	sort()函数	对列表的数据进行排序
	print()函数	输出
	input()函数	输入数据
	list1 = []	创建列表
	if	条件语句
	for	循环语句

续表

知识点		作用
Python 知识点	while	循环语句
	break	退出循环
关于 openpyxl 模块的知识点	openpyxl.utils.get_column_letter(数字)	将数字转换为列字母
	sheet['A1']	读取指定范围单元格（A1 引用样式）

2．本节代码的设计思路

本节代码的设计思路是构建一个入职年份范围，将用户输入的入职年份返回给 data_find_main()函数。具体操作如下。

（1）构建一个 workyear_get()函数，执行步骤（2）～（5）对应的代码。

（2）根据变量 col_name 的值（入职日期），获取入职日期所在列的数据，并将其组合成一个列表（该列表可展示给用户）。

（3）将入职日期列表中的 10 位日期转换为 4 位年份，并去重，保留不重复的数据，然后对列表的数据进行由小到大的排序，再获取列表中的最小年份和最大年份（避免用户输入的年份小于最小年份或大于最大年份）。

（4）用户输入查询的入职年份，代码对用户输入的入职年份进行检验。如果用户输入错误，则要求用户重新输入。

（5）如果用户输入正确，则显示用户输入的入职年份，并返回入职年份。

3．构建 workyear_get()函数

代码清单 4.45 的作用如下。

构建一个 workyear_get()函数，由 data_find_main()函数对其进行调用（第 274 行代码）。主要根据"数据来源"文件中的入职日期提供一个入职年份范围，将用户输入的入职年份赋给变量 choice_workyear_txt，并返回 data_find_main()函数。

代码清单 4.45　构建 workyear_get()函数

```
717  # 查询子程序（生成查询入职日期的条件）
718  # ===========================
719  # sheet_source: "数据来源"文件的表格
720  # title_list_source: "数据来源"文件的标题行
721  # col_name:查询条件（手机号码/月薪/部门名称+入职日期）
722  # ===========================
723  def workyear_get(sheet_source,title_list_source,col_name):
724
```

代码清单 4.45 的解析

第 717～722 行是注释，标注了这部分代码的内容和具体接收的参数（变量）的值。

第 723 行用 def 命令构建 workyear_get()函数。

4．生成入职年份列表

代码清单 4.46 的作用如下。

根据变量 col_name 的值（入职日期），获取入职日期所在列的数据，并将其组合成一个列表（该列表用于供用户查看）。将入职日期列表中的 10 位日期转换为 4 位年份，并去重，保留不重复的数据，然后对列表的数据进行由小到大的排序，再获取列表中的最小年份和最大年份（避免用户输入的年份小于最小年份或大于最大年份）。

代码清单 4.46　生成入职年份列表

```
725         # 找出变量 col_title 的值（用户选择的字段）在标题行中的位置（位于列表的第几列），并
            # 将数字转换为列字母
726         title_source_index = title_list_source.index(col_name) +1
727         title_source_col = openpyxl.utils.get_column_letter(title_source_index)
728         # 定义一个空列表变量（保存查询字段所在列的全部数据）
729         col_data_list = []
730
731         # 用 for 循环语句读取该列每一个单元格的值
732         for cell in sheet_source[title_source_col]:
733             # 将单元格的值追加到列表中
734             col_data_list.append(cell.value)
735         # 用 for 循环语句将列表的 10 位日期转换为 4 位年份
736         for i in range(1,len(col_data_list)):    # 第 0 个元素是标题行，不需要转换
737             # 用 if 条件语句判断列表的值是否为字符串，如果不是，则进行转换
738             if type(col_data_list[i]) != 'str':
739                 # 将列表的 10 位日期转换为 4 位年份
740                 col_data_list[i] = str(col_data_list[i])[0:4]
741
742         # 对新列表进行去重，保留不重复的数据（将列表转换为集合，因为集合的元素具有唯一性，然
            # 后再转换回列表）
743         workyear_data_list = list(set(col_data_list))
744         # 排序
745         workyear_data_list.sort(reverse = False)
746         # 获取列表中的最小年份和最大年份
747         # 列表下标从 0 开始，列表长度减 1 表示最后一个元素标题行，列表长度减 2 才表示最大年份，
            # 若直接取长度显示 list index out of range
748         year_min = workyear_data_list[0]
749         year_max = workyear_data_list[len(workyear_data_list)-2]
750
```

代码清单 4.46 的解析

第 726 行用于找出变量 col_name 的值（入职日期）在标题行中的位置，并赋给变量 title_source_index。

第 727 行用 openpyxl.utils.get_column_letter()将变量 title_source_index 的值从数字转换为字母，并赋给变量 title_source_col。

第 729 行定义一个空的列表变量 col_data_list，用于保存入职日期所在列的数据。

第 732 行用 for 循环语句读取入职日期所在列的数据。

第 734 行将对象 cell 的值（该列每个单元格的值）追加到列表变量 col_data_list 中。

第 736 行用 for 循环语句读取列表变量 col_data_list 的长度。

第 738 行用 if 条件语句和 type()函数判断列表变量 col_data_list 的值的数据类型是否不为字符串。

如果列表变量 col_data_list 的值的数据类型不是字符串，则在第 740 行中用 str()函数将列表变量 col_data_list 的值转换为字符串，并把字符串的前 4 位重新赋给列表变量 col_data_list。

第 743 行用 set()函数将列表转换为集合，去除重复数据后，再用 list()函数将集合转换回

列表，并赋给列表变量 workyear_data_list。

　　第 745 行用 sort()函数对列表变量 workyear_data_list 的值进行由小到大的排序。

　　第 748 行用于获取列表变量 workyear_data_list 的第一个元素，并赋给变量 year_min。

　　第 749 行用于获取列表变量 workyear_data_list 的倒数第二个元素，并赋给变量 year_max。

知识扩展

　　第 740 行代码中列表变量 col_data_list 的值的数据类型是日期，用 str()函数将其转换为字符串后，字符串形式的日期也包含了年月日和时分秒。所以要想提取年份，就需要获取字符串的前 4 位，如图 4-281 所示。

图 4-281　获取字符串的前 4 位

　　第 749 行代码用列表的长度减 2，得到最大年份。因为列表变量 workyear_data_list 有 7 个元素，排序后第一个元素的索引是 0，最后一个元素的索引是 6。用列表长度 7 减 1 得出索引——6，表示获取最后一个元素对应的标题行；用列表长度 7 减 2 得出索引——5，表示获取最大年份，如图 4-282 所示。

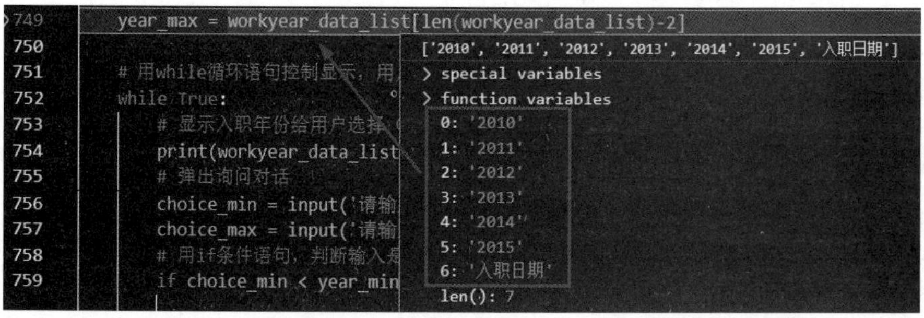

图 4-282　用列表长度 7 减 2 得出索引号为 5，表示获取最大年份

代码调试

　　在第 726 行中，设置一个断点，查看代码中各个变量的值，如图 4-283 所示。

图 4-283　设置断点

　　执行第 726 行代码前，列表变量 title_list_source（标题行）有 9 个元素，如图 4-284 所示。

　　执行第 726 行代码，变量 col_name 的值（入职日期）在列表变量 title_list_source（标题行）中的位置是 7，因为列表的索引从 0 开始，表格从 1 开始，所以要将索引加 1 才能匹配正确的表格字母，加 1 后赋给变量 title_source_index，如图 4-285 所示。

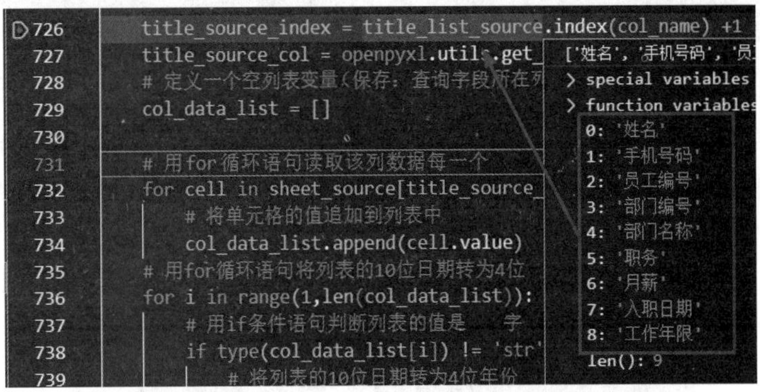

图 4-284　列表变量 title_list_source（标题行）有 9 个元素

图 4-285　将"入职日期"索引号加 1 并赋给变量 title_source_index

执行第 727 行代码，用 openpyxl.utils.get_column_letter()将变量 title_source_index 的值（8）转换为字母 H，并赋给变量 title_source_col，如图 4-286 所示。

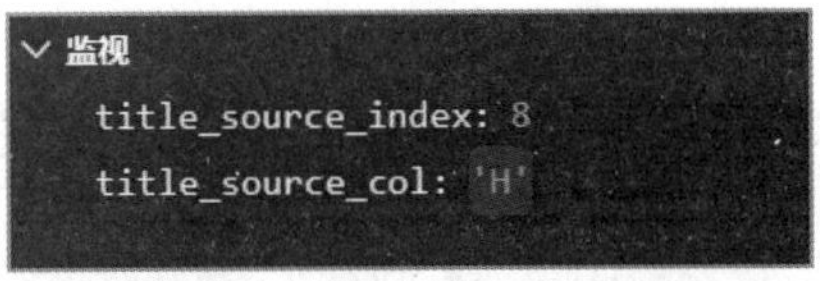

图 4-286　将变量 title_source_index 的值转换为字母 H

执行第 732 行代码，用 for 循环语句将"入职日期"列（H 列）中单元格的内容和属性赋给对象 cell，如图 4-287 所示。

图 4-287　将"入职日期"列（H 列）中单元格的内容和属性赋给对象 cell

执行第 734 行代码，将对象 cell 的值（value）追加到 col_data_list 中，如图 4-288 所示。

图 4-288　将对象 cell 的值（value）追加到 col_data_list 中

执行第 736 行代码，用 for 循环语句读取列表变量 col_data_list 的值（"入职日期"列的数据）。然后，执行第 738 行代码，用 if 条件语句结合 type()函数判断列表变量 col_data_list 的值的数据类型是否不为字符串，如图 4-289 所示。

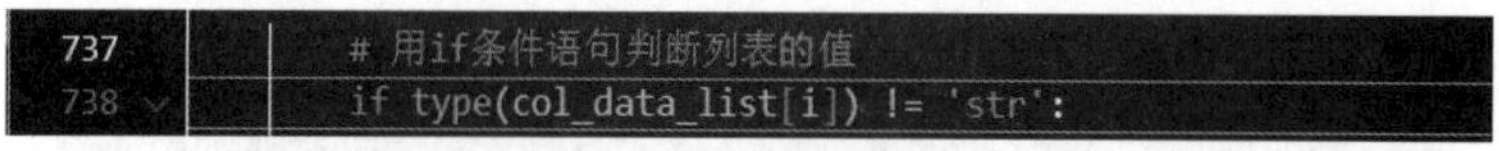

```
737              # 用if条件语句判断列表的值
738 ∨            if type(col_data_list[i]) != 'str':
```

图 4-289　用 if 条件语句结合 type() 函数判断列表变量 col_data_list 的数据类型

判断出列表变量 col_data_list 的值的数据类型不是字符串，如图 4-290（a）所示，执行第 740 行代码，将列表变量 col_data_list 的值从日期转换为字符串，提取字符串的前 4 个字符并把这 4 个字符重新赋给列表变量 col_data_list，如图 4-290（b）所示。

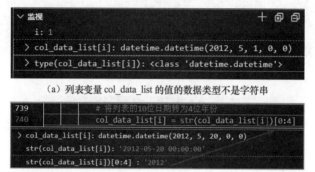

（a）列表变量 col_data_list 的值的数据类型不是字符串

（b）将列表变量 col_data_list 的值转换为字符串，并提取字符串的前 4 个字符

图 4-290　将列表的 10 位日期转换为 4 位年份

执行第 743 行代码前，列表变量 col_data_list 有 11 个元素，并且部分元素是相同的，如图 4-291 所示。

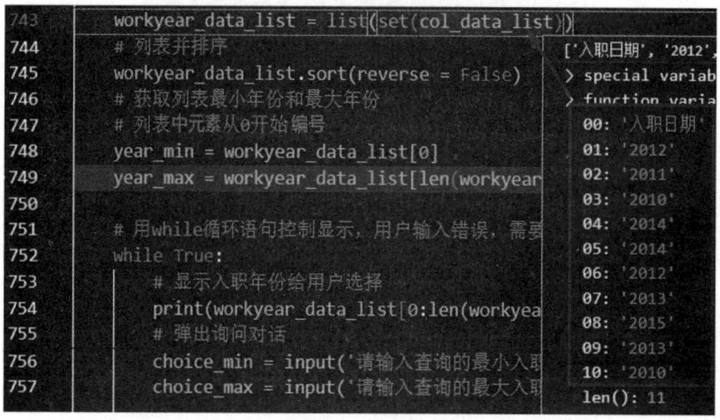

```
743     workyear_data_list = list(set(col_data_list))        ['入职日期', '2012',
744     # 列表并排序                                         > special variab
745     workyear_data_list.sort(reverse = False)            > function varia
746     # 获取列表最小年份和最大年份                         00: '入职日期'
747     # 列表中元素从0开始编号                              01: '2012'
748     year_min = workyear_data_list[0]                    02: '2011'
749     year_max = workyear_data_list[len(workyear          03: '2010'
750                                                         04: '2014'
751     # 用while循环语句控制显示，用户输入错误，需要         05: '2014'
752     while True:                                         06: '2012'
753         # 显示入职年份给用户选择                         07: '2013'
754         print(workyear_data_list[0:len(workyea          08: '2015'
755         # 弹出询问对话                                   09: '2013'
756         choice_min = input('请输入查询的最小入职          10: '2010'
757         choice_max = input('请输入查询的最大入职          len(): 11
```

图 4-291　列表变量 col_data_list 有 11 个元素，并且部分元素是相同的

执行第 743 行代码，用 set() 函数将列表转换为集合，如图 4-292（a）所示。因为集合是一个无序的、元素不重复的序列，所以它有自动删除重复数据的功能。在删除重复数据后，再用 list() 函数将集合转换为列表，并赋给列表变量 workyear_data_list，如图 4-292（b）所示。

（a）用 set() 函数将列表转为集合

图 4-292　删除重复数据

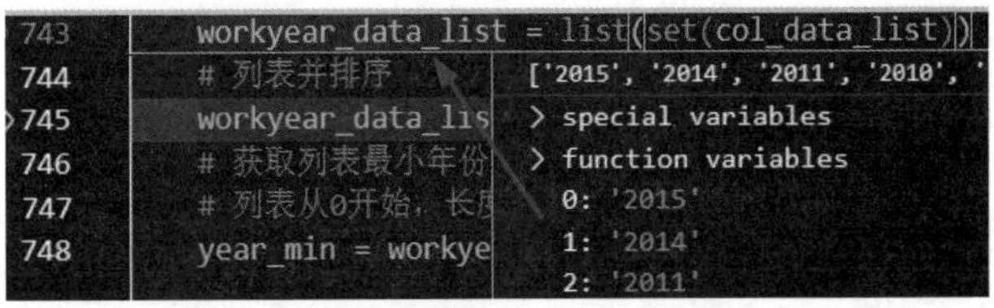

（b）再用 list()函数将集合转换为列表，并赋给列表变量 workyear_data_list

图 4-292 删除重复数据（续）

执行第 745 行代码，用 sort()函数对列表变量 workyear_data_list 的值按照由小到大的顺序排序，如图 4-293 所示。

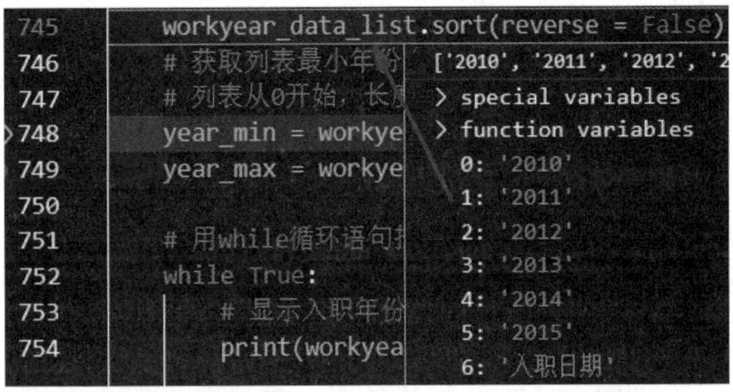

图 4-293 用 sort()函数对列表变量 workyear_data_list 的值按照由小到大的顺序排序

执行第 748 行代码，将列表变量 workyear_data_list 中的第一个元素 2010 赋给变量 year_min，如图 4-294 所示。

图 4-294 将列表变量 workyear_data_list 中的第一个元素 2010 赋给变量 year_min

执行第 749 行代码，将列表变量 workyear_data_list 中的第 6 个元素（2015）赋给变量 year_max，如图 4-295 所示。

图 4-295 将列表变量 workyear_data_list 中的第 6 个元素赋给变量 year_max

5．用户输入查询的入职年份

代码清单 4.47 的作用如下。

在用户输入查询的入职年份后，对用户输入的入职年份进行检验。如果用户输入错误，则要求用户重新输入；如果用户输入正确，则输出用户输入的入职年份，并返回入职年份。

代码清单 4.47 用户输入查询的入职年份

```
751    # 用 while 循环语句控制显示，如果用户输入错误，则要求用户重新输入
752    while True:
753        # 显示入职年份供用户选择（列表长度减 1 表示不显示最后一个元素对应的标题行）
754        print(workyear_data_list[0:len(workyear_data_list)-1])
755        # 弹出询问对话
756        choice_min = input('请输入查询的最小入职年份({}—{})：'.format(year_min,
       year_max))
757        choice_max = input('请输入查询的最大入职年份({}—{})：'.format(year_min,
       year_max))
758        # 用 if 条件语句判断输入是否正确
759        if choice_min < year_min or choice_max > year_max:
760            # 信息提示
761            print('×××入职日期输入错误提示×××：入职年份不在{}—{}\n'.format
           (year_min,year_max))
762        elif choice_min > choice_max:
763            # 信息提示
764            print('×××入职日期输入错误提示×××：最小入职年份{}大于最大入职年份{}\n'.
           format(choice_min,choice_max))
765        else:
766            # 用户选择的入职年份（字符串）
767            choice_workyear_txt = choice_min+'—'+choice_max
768            # 信息提示
769            print('你选择入职年份：'+choice_workyear_txt+'\n')
770            # 跳出 while 循环
771            break
772
773    # 将入职年份返回给查询主程序
774    return choice_workyear_txt
775
776
```

代码清单 4.47 的解析

第 752 行用 while 循环语句判断用户输入的入职年份是否正确。如果用户输入不正确，则继续留在当前界面让用户重新输入；如果用户输入正确，则执行第 771 行代码，跳出 while 循环。

第 754 行用 print()函数输出列表变量 workyear_data_list 的值（入职年份列表）。

第 756 行和第 757 行用 input()函数接收用户输入的入职年份，并赋给变量 choice_min（用户输入的最小入职年份）和变量 choice_max（用户输入的最大入职年份）。

第 759 行用 if 条件语句判断变量 choice_min 的值是否小于变量 year_min 的值或变量 choice_max 的值是否大于变量 year_max 的值（用户输入的入职年份是否超出范围）。

第 761 行用 print()函数输出一条提示信息。

第 762 行用 if 条件语句的分支语句 elif 判断变量 choice_min 的值是否大于变量 choice_max 的值（用户输入的最小入职年份是否大于最大入职年份）。

第 764 行用 print()函数输出一条提示信息。

第 765 行用 if 条件语句的分支语句 else 处理用户输入正确的情况，然后执行第 767~771 行代码。

第 767 行将变量 choice_min 的值、字符"—"和变量 choice_max 的值组合起来并赋给变

量 choice_workyear_txt。

第 769 行用 print() 函数输出一条提示信息。

第 771 行用 break 语句退出 while 循环。

第 774 行用 return 语句返回变量 choice_workyear_txt 的值。

知识扩展

为什么第 754 行代码用 print() 函数输出信息时用列表长度减 1，而不是减 2？

因为这里要获取列表变量 workyear_data_list 的数据，其中是不包括最后那个数字的，所以列表长度减 1 得出 6，表示数据范围从索引 0 开始到索引 5 结束（不包含索引 6），如图 4-296 所示。

图 4-296　获取的数据是不包括最后的数字 6 的

代码调试

在第 754 行中，设置一个断点，查看代码中各个变量的值，如图 4-297 所示。

图 4-297　设置断点

执行第 754 行代码，用 print() 函数输出表格中已经存在的入职年份，如图 4-298 所示。

['2010', '2011', '2012', '2013', '2014', '2015']

图 4-298　用 print() 函数输出表格中已经存在的入职年份

当执行第 756 行和第 757 行代码时，用 input() 函数显示提示信息，让用户输入最小入职年份和最大入职年份，如图 4-299 所示。

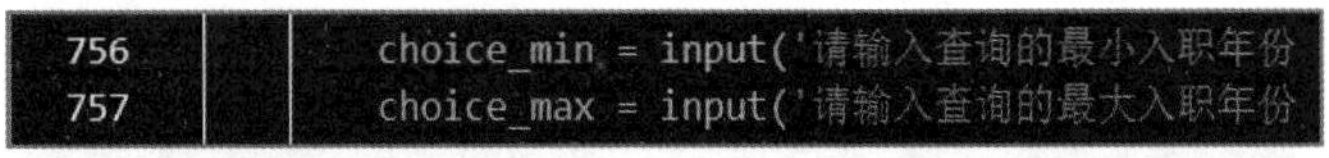

图 4-299　用 input() 函数显示提示信息，让用户输入最小入职年份和最大入职年份

执行第 756 行和第 757 行代码，将用户输入的最小入职年份赋给变量 choice_min，将最大入职年份赋给变量 choice_max，如图 4-300 所示。

图 4-300 将最小入职年份和最大入职年份赋给变量

执行第 759 行代码，用 if 条件语句判断出用户输入正确后，跳转到第 767 行代码，将变量 choice_min 的值 2010、字符 "—" 和变量 choice_max 的值 2015 组合起来，并赋给变量 choice_workyear_txt（变量的值是 2010—2015），如图 4-301 所示。

```
766    # 用户选择的年份（= '2010-2015'
767    choice_workyear_txt = choice_min+'-'+choice_max
```

图 4-301 给变量 choice_workyear_txt 赋值

执行第 769 行代码，用 print() 函数输出用户输入的入职年份，如图 4-302 所示。然后，执行第 771 行代码，用 break 语句退出 while 循环。

```
['2010', '2011', '2012', '2013', '2014', '2015']
请输入查询的最小入职年份（2010-2015）: 2010
请输入查询的最大入职年份（2010-2015）: 2015
你选择入职年份: 2010-2015
```

图 4-302 用 print() 函数输出用户输入的入职年份

执行第 774 行代码，返回变量 choice_workyear_txt 的值，如图 4-303 所示。

```
772
773    # 将入职年份返回查询主程序    '2010-2015'
774    return choice_workyear_txt
```

图 4-303 返回变量 choice_workyear_txt 的值

回看第 759~764 行代码，输出用户输入错误的提示信息，如图 4-304 所示。

```
759    if choice_min < year_min or choice_max > year_max:
760        # 信息提示
761        print('xxx入职日期输入错误提示xxx: 入职年份不在 {}-{} \n'.format(year_min,year_max))
762    elif choice_min > choice_max:
763        # 信息提示
764        print('xxx入职日期输入错误提示xxx: 最小入职年份{}大于最大入职年份{}\n'.format(choice_min,choice_max))
```

图 4-304 用户输入错误的提示信息

若用户输入最小年份 2001 和最大年份 2019，则会执行第 761 行代码，即用 print() 函数输出错误提示，如图 4-305 所示。

```
['2010', '2011', '2012', '2013', '2014', '2015']
请输入查询的最小入职年份（2010-2015）: 2001
请输入查询的最大入职年份（2010-2015）: 2019
xxx入职日期输入错误提示xxx: 入职年份不在 2010-2015
```

图 4-305 提示输入超出范围

若用户输入最小年份 2015 和最大年份 2010，则会执行第 764 行代码，即用 print() 函数输出错误提示，如图 4-306 所示。

图 4-306　提示最小入职年份大于最大年份

4.5　启动程序

前面介绍了根据各种情况如何编写代码，本节将介绍如何启动程序，运行前面编写的代码，如代码清单 4.48 所示。

代码清单 4.48　启动程序

```
777   #==================
778   # 启动程序
779   #==================
780   openfiles()
```

代码清单 4.48 的解析

第 777～779 行是注释，标注了这部分代码的作用。

第 780 行是函数调用语句，指明调用哪个函数来启动程序。这里指明调用 openfiles()函数来启动整个程序。

知识扩展

一般情况下，Python 代码先用 import 命令导入各种模块，然后构造各种类和函数（本书代码中仅有函数，没有类）；最后调用函数，即指明哪个函数先运行。

整个 Python 代码执行的一般顺序如下。

（1）普通语句。例如，第 13～20 行代码的 import 命令。

（2）函数的调用语句。例如，第 780 行代码的函数调用语句。

（3）控制语句。函数中的 if、for 等控制语句，按照相应控制流程执行。

（4）函数。遇到调用的函数，转而执行函数，执行完毕后继续执行原有代码。例如，第 327 行代码调用 data_beautify()函数对表格进行修饰与美化后，继续执行第 330 行代码，对表格数据进行保存，如图 4-307 所示。

图 4-307　遇到调用的函数，转而执行函数，执行完毕后继续执行原有代码

代码调试

这里不需要设置断点，直接运行代码，查看运行的效果。

启动主菜单，如图 4-308 所示。

在菜单界面中，输入 1，选择"根据手机号码查询"模块，如图 4-309 所示。

图 4-308　启动主菜单

图 4-309　输入 1，选择"根据手机号码查询"模块

输入手机号码关键字 139，有两条查询记录，如图 4-310（a）所示；输入 0，返回菜单界面，如图 4-310（b）所示。

（a）输入手机号码关键字 139，有两条查询记录

（b）输入 0 返回菜单界面

图 4-310　根据关键字查询后返回菜单界面

输入 2，选择"根据月薪查询"模块，然后按 Enter 键进行查询，如图 4-311 所示。

图 4-311　选择"根据月薪查询"模块，然后按 Enter 键进行查询

输入月薪最小值 0 和月薪最大值 10000，有 10 条查询记录，如图 4-312（a）所示；输入 0，返回菜单界面，如图 4-312（b）所示。

（a）输入月薪最小值 0 和月薪最大值 10000，有 10 条查询记录

（b）输入 0，返回菜单界面

图 4-312　根据月薪查询后返回菜单界面

输入 3，选择"根据部门名称和入职日期查询"模块，然后按 Enter 键进行查询，如图 4-313
所示。

图 4-313　选择"根据部门名称和入职日期查询"模块，然后按 Enter 键进行查询

若输入 13，表示选择"办公室和销售部"，再输入最小入职年份 2010 和最大入职年份 2015，
有 5 条查询记录，如图 4-314（a）所示。若输入 0，返回菜单界面，如图 4-314（b）所示。

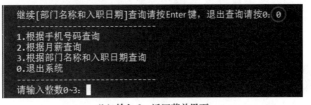

（a）输入 13 表示选择"办公室和销售部"，再输入最小入职年份 2010 和最大入职年份 2015，有 5 条查询记录

图 4-314　根据部门和入职年份查询后返回菜单界面

（b）输入 0，返回菜单界面

4.6　openpyxl 模块小结

我们用 780 行代码（去除注释和空行，实际代码有 300 多行）成功编写了一个查询案例，
其中运用了关于 openpyxl 模块的不少知识点。下面回顾一下代码中使用过的 openpyxl 模块。

一般来说，openpyxl 模块有对象、属性和命令。

对象可以随意命名，一般用 wb 表示 workbook，用 sheet 表示表，用 row 表示行，用 col
表示列，用 cell 表示单元格。一个对象包括很多内容。

属性是对象的一部分，属性名称是固定的，用于表示特定的内容。例如，title 表示标题。

命令名称也是固定的，用于表示执行一系列动作。例如，用于保存文档的 wb_target.save()
就是一条命令。

4.6.1　导入模块操作

openpyxl 模块的导入操作有以下两种情况。

1．导入模块标准语句

导入 openpyxl 模块的标准语句为 import openpyxl，如图 4-315 所示。

```
13   # 导入openpyxl
14 ∨ import openpyxl
```

图 4-315　导入 openpyxl 模块的标准语句

2．导入模块中的部分样式库

如果只从模块中导入一个指定的部分，则可以使用 from…import 语句。例如，只导入 openpyxl 模块中的样式库，如图 4-316 所示。

```
15   # 导入openpyxl的样式模块(PatternFill填充/Font字体/Aignment对齐/Border边框/Side边线)
16   from openpyxl.styles import PatternFill, Font, Alignment, Border, Side
```

图 4-316　从 openpyxl 模块中导入样式库

用 from…import 语句导入 openpyxl 模块中的样式库，可以在后续编写代码时让代码更加简洁。例如，用 Font 即可表示字体属性，如图 4-317 所示。

```
530   # 字体字号：字体=Arial、字号=10、粗体=否、颜色=黑色
531   cell_font = Font(name='Arial', size=10, bold=False, color='000000')
```

图 4-317　用 Font 表示字体属性

如果没有用 from…import 语句导入样式库，则代码中要包含 openpyxl 模块样式库的名称，如图 4-318 所示。

```
530   # 字体字号：字体=Arial、字号=10、粗体=否、颜色=黑色
531   cell_font = openpyxl.styles.Font(name='Arial', size=10, bold=False, color='000000')
```

图 4-318　代码中包含 openpyxl 模块样式库的名称

4.6.2　文件操作

关于 openpyxl 模块的文件操作有以下 3 种情况。

1．创建一个新 Excel 文档

用 openpyxl.Workbook()命令创建一个空白工作簿对象 wb_target，如图 4-319 所示（工作簿对象 wb_target 的名称可以随意设置，图中的名称 wb_target 只是一个例子）。

```
47   # 用openpyxl方式创建空白工作簿，默认生成一个sheet
48   wb_target = openpyxl.Workbook()
```

图 4-319　用 Workbook()命令创建一个空白工作簿对象 wb_target

2．打开一个已经存在的 Excel 文档（打开工作簿）

用 openpyxl.load_workbook()命令打开一个已经存在的 Excel 文档，如图 4-320 所示。需要留意的是，openpyxl.load_workbook()命令中括号内的是文件名，文件名可以用变量代替，也可以直接注明。

```
69   # 用openpyxl命令打开"查询结果"文件
70   wb_target = openpyxl.load_workbook(file_name_target)
69   # 用openpyxl命令打开"查询结果"文件
70   wb_target = openpyxl.load_workbook('查询结果.xlsx')
```

图 4-320　用 openpyxl.load_workbook()命令打开一个已经存在的 Excel 文档（打开工作簿）

3. 保存 Excel 文档

用 wb_target. save()命令保存 Excel 文档，如图 4-321 所示。需要留意的是，小括号中的是文件名，文件名可以用变量代替，也可以直接注明。

```
# 保存文件
wb_target.save(file_name_target)
```

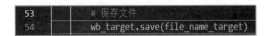

图 4-321　用 wb_target.save()命令保存文档

4.6.3　表格操作

对于 openpyxl 模块，表格操作有以下 5 种情况。

1. 选择当前活动表格

用工作簿对象 wb_target 的 active 命令选择当前活动表格，如图 4-322 所示。

```
# 激活第一个sheet
sheet = wb_target.active
```

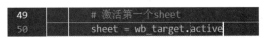

图 4-322　用对象 wb_target 的 active 命令选择当前活动表格

2. 根据表名称选择表格

直接在工作簿对象 wb_target 后用方括号注明表名，工作簿对象 wb_target 和方括号之间没有“.”，如图 4-323 所示。

```
# 激活sheet(Worksheet对象)
sheet_target = wb_target['查询结果']
```

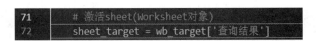

图 4-323　直接在工作簿对象 wb_target 后用方括号注明表名称

3. 根据索引号选择表格

在工作簿对象 wb_source 的 worksheets 属性后用方括号注明索引号，表示读取第几个表，worksheets 属性和方括号之间没有“.”，而且表格的读取是从 1 开始的，但是索引是从 0 开始的，所以读取第一个表格时，worksheets 属性后的索引要写 0，如图 4-324 所示。

```
# 获取来源表格默认sheet
sheet_source = wb_source.worksheets[0]
```

图 4-324　在工作簿对象 wb_source 的 worksheets 属性后用方括号注明索引

4. 重命名表格

直接通过修改对象 sheet 的 title 属性的值重命名表格，如图 4-325 所示。

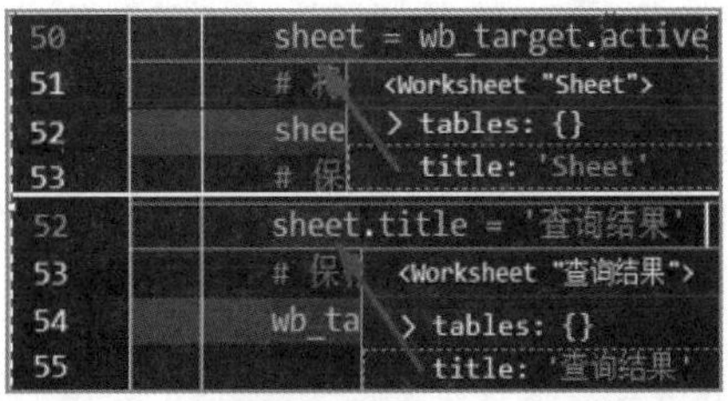

图 4-325　直接修改对象 sheet 的 title 属性的值

5. 读取所有表格

用 for 循环遍历工作簿对象 wb_target 来读取所有表格，如图 4-326 所示。

```
316        # 用for循环语句，删除所有表格数据
317        for sheet in  wb_target:
```

图 4-326　用 for 循环遍历工作簿对象 wb_target

为了让读者更好地查看这个循环，可以将目标文档（对象 wb_target 表示的 Excel 文档）修改为两个表格，即"查询结果"表格和"测试表格"表格。"查询结果"表格中有姓名和手机号码，"测试表格"表格中只有姓名，如图 4-327 所示。

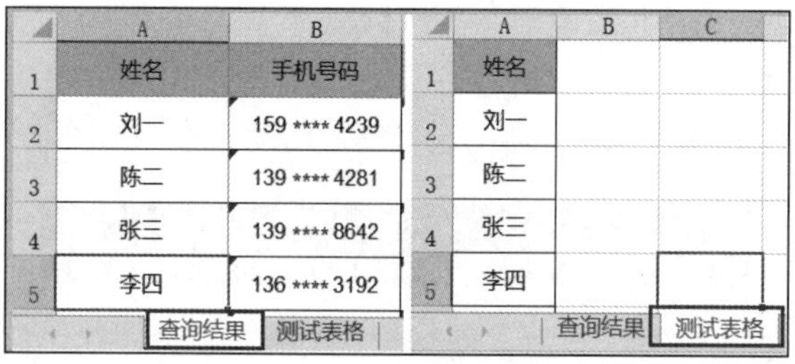

图 4-327　Excel 文档有两个表

可以看到，在读取对象 wb_target 前，对象 wb_target 已经包含两个表格，如图 4-328 所示。第一次循环读取"查询结果"表格，第二次循环读取"测试表格"表格。

```
>317        for sheet in  wb_target:
 318        # 将sheet表从第1行到    <openpyxl.workbook.workbook.Workbook object at 0x
 319        sheet.delete_rows(1  ∨ sheetnames: ['查询结果', '测试表格']
```

图 4-328　在读取对象 wb_target 前，对象 wb_target 已经包含两个表格

4.6.4　单元格操作

对于 openpyxl 模块，单元格操作有以下 9 种情况。

1. 将数字转换为字母

用 openpyxl.utils.get_column_letter()命令将数字转换为字母，如图 4-329 所示。需要留意的是，小括号中的数字可以用变量代替，而且在转换过程中，数字 1 对应字母 A，数字 2 对应字母 B，以此类推。

```
359        # 将数字转为列字母                                    2
>360        title_source_col = openpyxl.utils.get column letter(title_source_index)
359        # 将数字转为列字    'B'
360        title_source_col = openpyxl.utils.get_column_letter(title_source_index)
```

图 4-329　用 openpyxl.utils.get_column_letter()命令将数字转换为字母

如果想将字母 B 转换为数字 2，则使用 openpyxl.utils.column_index_from_string()命令，如图 4-330 所示。

图 4-330　使用 openpyxl.utils.column_index_from_string()命令将字母转换为数字

2. 读取数据区域

读取对象 sheet_source 的 dimensions 属性的值，dimensions 属性的值已经包含数据区域的起止单元格，可以用 print()函数输出，如图 4-331 所示。

图 4-331　读取对象 sheet_source 的 dimensions 属性的值来获取数据区域

3. 指定表格范围

用 iter_rows()命令通过 4 个参数 min_col（编号最小的列）、max_col（编号最大的列）、min_row（编号最小的行）、max_row（编号最大的行）指定表格范围，如图 4-332 所示。

```
.iter_rows(min_row=1, max_row=1, min_col=1, max_col=sheet_source.max_column):
```

图 4-332　用 iter_rows()命令指定表格范围

4. 指定表格范围（A1 引用样式）

用 A1 引用样式指定表格范围，如图 4-333（a）和图 4-333（b）所示。

```
503        for row in sheet_target['A1:'+max_col+str(max_row)]:
```

（a）用 A1 引用样式指定表格范围（用变量表示）

（b）用 A1 引用样式指定表格范围（直接用字母和数字）

图 4-333　用 A1 引用样式指定表格范围

5. 读取所有行的数据

用 for 循环语句遍历对象 sheet_target 的 rows 属性，可以从第一行开始读取，直到最后一行，如图 4-334 所示。

```
535        # 用for循环语句遍历每一行（sheet_target.rows表示所有行）
536        for row in sheet_target.rows:
```

图 4-334　用 for 循环语句遍历对象 sheet_target 的 rows 属性，读取所有行的数据

6. 读取某行中单元格的数据

用 for 循环语句遍历对象 row，读取相应行中每个单元格的数据，如图 4-335 所示。

```
147        #用for循环语句，读取第一行的每一个单元格
148        for cell in row:
```

图 4-335　用 for 循环语句遍历对象 row，读取对应行中每个单元格的数据

7. 删除行数据

用 delete_rows()命令删除行数据，如图 4-336 所示，delete_rows()命令中小括号内的参数是指删除的行数据从第几行开始到第几行结束。删除行数据不需要使用 for 循环语句。

```
318          # 将sheet表从第一行到最后一行（sheet.max_row）的数据删除
319          sheet.delete_rows(1,sheet.max_row)
```

图 4-336　用 delete_rows()命令删除行数据

8．判断单元格的数据类型

用对象 cell 的 data_type 属性判断单元格的数据类型是哪一种，data_type 属性的值 n 代表数值，s 代表字符串，d 代表日期时间，如图 4-337 所示。

```
370          # 如果是数值，转为字符
371 ∨        if cell.data_type == 'n':
```

图 4-337　用对象 cell 的 data_type 属性判断单元格的数据类型

9．读取或者写入单元格的数据

读取对象 cell 的 value 属性的值来获取单元格的数据，如图 4-338（a）所示。修改对象 cell 的 value 属性的值来将数据写入单元格，如图 4-338（b）所示。

```
482          for cell in row:
483              data_row.append(cell.value)
```

（a）读取对象 cell 的 value 属性的值来获取单元格的数据

```
508          # data_result.values是一个嵌套列表，所以要用[0][i]获取真正的数据
509          cell.value = data_result[row_i][col_j]
```

（b）修改对象 cell 的 value 属性的值来将数据写入单元格

图 4-338　读取单元格的数据或者将数据写入单元格

4.6.5　样式设置

对于 openpyxl 模块，样式设置有以下 5 种情况。

1．设置对齐方式、字体、字号、边框样式、前景色

分别用对象 cell 的属性 alignment、font、border 和 fill 来设置单元格的对齐方式、字体、边框样式和前景色，如图 4-339（a）和图 4-339（b）所示。

```
536 ∨    for row in sheet_target.rows:
537          # 遍历每一行的每个单元格
538          for cell in row:
539              # 设置对齐方式
540              cell.alignment = cell_alignment
541              # 设置字体
542              cell.font = cell_font
543              # 设置边框
544              cell.border = cell_border
```

（a）设置单元格的对齐方式、字体、边框样式

```
566 ∨    for row in sheet_target['A1:'+max_col+'1']:
567          # 获取每个单元格
568 ∨        for cell in row:
569              # 设置前景色
570              cell.fill = fgColor
```

（b）用对象 cell 的 fill 属性来设置单元格的前景色

图 4-339　设置单元格样式

在对单元格进行设置前，需要事先使用 openpyxl 模块的样式库定义对齐方式、字体/字号

和边框样式,如图 4-340(a)所示。如果想同时设置多个单元格,则需要使用 for 循环语句,如图 4-340(b)所示。

```
529    cell_alignment = Alignment(horizontal='center', vertical='center', shrink_to_fit=True)
530    # 设置字体/字号
531    cell_font = Font(name='Arial', size=10, bold=False, color='000000')
532    # 边框样式,边框线为细线,边框颜色为黑色
533    border = Side(border_style='thin', color='000000')
534    cell_border = Border(left=border, right=border, top=border, bottom=border)
```
(a)需要事先使用 openpyxl 的样式库定义对齐方式、字体/字号和边框样式

```
535    # 用for循环语句,遍历每一行(sheet_target.rows表示所有行)
536    for row in sheet_target.rows:
537        # 遍历每一行的每个单元格
538        for cell in row:
539            # 设置对齐方式
540            cell.alignment = cell_alignment
541            # 设置字体
542            cell.font = cell_font
543            # 设置边框
544            cell.border = cell_border
```
(b)使用 for 循环语句同时设置多个单元格

图 4-340 定义样式后同时设置多个单元格

2. 设置列宽和行高

用对象 sheet_target 的 column_dimensions 和 row_dimensions 属性来设置单元格的列宽与行高,如图 4-341 所示。如果想同时设置多列或者多行,则需要使用 for 循环语句。

```
549    for num in range(1,sheet_target.max_column+1):  # 从第1列到编号最大的列
550        # 将数字转换为列字母
551        col = openpyxl.utils.get_column_letter(num)
552        # 设置列宽
553        sheet_target.column_dimensions[col].width = 15
554    # 设置行高
555    # 用for循环语句从第一行开始设置行高
556    for num in range(1,sheet_target.max_row+1):
557        # 设置行高
558        sheet_target.row_dimensions[num].height = 24
```

图 4-341 用对象 sheet_target 的 column_dimensions 和 row_dimensions 属性来设置列宽与行高

3. 设置单元格的格式

用对象 cell 的 number_format 属性来设置单元格的格式,如图 4-342(a)所示,number_format 属性的具体格式可以参考 Excel 的格式。

数据类型和单元格格式是两个不同的概念。例如,数据类型是数值,但是单元格格式可以设置为不带任何格式的 General,也可以设置为带两位小数和千位分隔符的数字,如图 4-342(b)所示。

```
599    # 设置单元格式为2位小数
600    cell.number_format = '#,##0.00'
```
(a)用对象 cell 的 number_format 属性来设置单元格的格式

```
cell.data_type == 'n'
cell.number_format = 'General'
cell.number_format = '#,##0.00'
```
(b)数据类型和单元格格式的区别

图 4-342 设置单元格的格式

4. 设置公式

选择单个单元格,可以将编写的公式赋给该单元格,如图 4-343 所示。

用 openpyxl 模块设置的公式要遵循 Excel 规则,先输入等号(=),然后写入相关函数,

引用相关的单元格。如果想同时设置多个单元格，则需要使用 for 循环语句。

图 4-343 将编写的公式赋值给单元格

5. 冻结窗格

用对象 sheet_target 的 freeze_panes 属性来冻结窗格，如图 4-344 所示。

图 4-344 用对象 sheet_target 的属性 freeze_panes 来冻结窗口

4.6.6 小结

openpyxl 模块的命令并不复杂，具有简单易用的特点。在编写代码时，更多地结合 Python 的基本语句来实现对 Excel 文档的读写，所以要想学习 Python 的 Excel 模块，可以先从 openpyxl 模块开始。

第 5 章

使用 pandas 模块编写员工信息表查询案例

在开始编写代码之前，先简单介绍一下 pandas 模块。

pandas 模块主要应用于数据分析，并以其独特的数据框（也可以理解为二维表）DataFrame（以下称 DataFrame）著称，可用于高效访问 Excel 数据。

pandas 模块支持任何格式的 Excel 文档，同时能够对 Excel 文档进行打开、新建、修改、保存等操作，如表 5-1 所示。

表 5-1　pandas 模块支持的 Excel 文档格式和支持的文档操作

支持的文档	支持的文档操作
.XLS 文档	打开文档
.XLSX 文档	新建文档
—	修改文档
—	保存文档

实际上，pandas 模块将 Excel 文档读取为 DataFrame 后再进行操作，并不直接对 Excel 文档的单元格进行写入和修改。因为读取的数据形成了 DataFrame，所以 pandas 模块并不需要像 openpyxl 模块那样先创建一个空白 Excel 文档，而使用 to_excel()命令将 DataFrame 转换成 Excel 文档。

读者可以访问 pandas 模块的官方网站，查看完整的官方文档（英文版），深入了解 pandas 模块的用法，如图 5-1 所示。

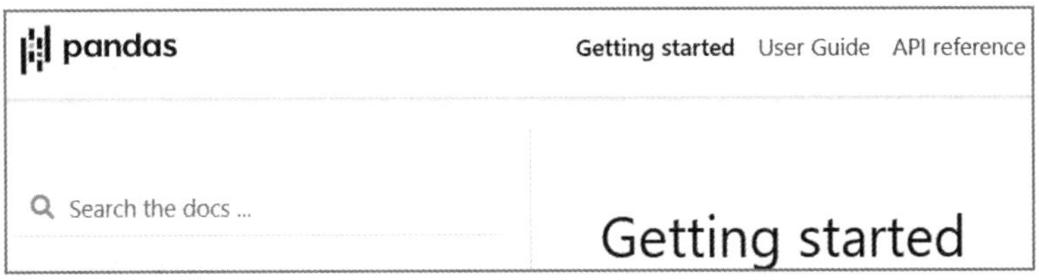

图 5-1　pandas 模块的官方网站

读者还可以阅读费利克斯·朱姆斯坦著的《Excel+Python：飞速搞定数据分析与处理》（人民邮电出版社）一书的第 5～8 章，了解 pandas 模块的知识。

由于第 4 章和本章的案例是同一个，因此基于 openpyxl 模块和 pandas 模块的整个程序架构和代码基本相同，只在读取、编辑和保存 Excel 数据时，openpyxl 模块和 pandas 模块使用的命令有所不同。

　　由于用 pandas 模块读取和编辑数据相比用 openpyxl 模块更加高效，因此在代码上不需要使用 data_row_find()函数和 data_get()函数。

　　另外，pandas 模块侧重于数据分析，数据的修饰与美化不是 pandas 模块的强项。所以数据修饰与美化部分的代码沿用 openpyxl 模块的代码。

5.1　导入模块

代码清单 5.1 的作用如下。

在 Python 代码中，如果需要引用相关模块，则需要在最开始用 import 命令导入该模块。

代码清单 5.1　导入模块

```
1    # ===================
2    # 运用 pandas 模块查询 Excel 数据
3    # ===================
4
5    # ================================
6    # 前期准备：导入模块
7    # 导入 pandas 模块
8    # ================================
9
10   # 信息提示
11   print('程序正在启动，请稍候')
12
13   # 导入 openpyxl 模块(Excel 模块)
14   import openpyxl
15   # 导入 openpyxl 模块的样式库
16   from openpyxl.styles import PatternFill, Font, Alignment, Border, Side
17   # 导入 datetime 模块
18   import datetime
19   # 导入 pandas 模块(Excel 模块)
20   import pandas as pd
21
22
```

代码清单 5.1 的解析

第 1～10 行是注释。其中，第 4、9 行是空行，作用是避免代码过于密集而难以查看（后续的空行有同样的作用）。

第 11 行用 print()函数输出一条信息，提示用户程序正在启动，如图 5-2 所示。

第 13～20 行用 import 和 from...import 命令导入各 Python

图 5-2　用 print( )函数输出信息

模块。其中，openpyxl 和 pandas 是 Excel 模块，用于处理 Excel 文档；openpyxl.styles 是 openpyxl 模块的样式库，用于修饰与美化 Excel 文档；datetime 是时间模块，用于获取当前日期。

知识扩展

第14、18、20行代码中的import命令是Python用于导入模块的基本命令。其中，第20行用as pd，意思是后续编写代码时用pd代替pandas。

第16行代码的from...import命令是Python中用于导入模块的另外一种命令，作用是从模块中导入一个指定的部分。用 from...import 命令导入模块的指定部分，可以提高代码的简洁性。例如，在设置表格的对齐方式时，直接写 Alignment 即可，如图5-3（a）所示；如果没有使用from...import命令，则需要在Alignment之前加上"openpyxl.styles."，如图5-3（b）所示。

```
cell_alignment = Alignment(horizontal='center')
```

```
cell_alignment = openpyxl.styles.Alignment(horizontal='center')
```

（a）若用from...import命令，可以直接写Alignment　　（b）若没有用from...import命令，需要写出完整的模块名称

图5-3　设置表格对齐方式的对比

5.2　获取文件的状态和访问权限

在讲解代码前，先介绍本节代码涉及的知识点和代码的设计思路。

1．本节代码涉及的知识点

本节代码涉及的知识点如表5-2所示。

表5-2　本节代码涉及的知识点

知识点		作用
Python 知识点	def 函数名()	构建函数
	datetime.date.today()函数	获取当前日期
	try…except	处理程序正常执行过程中出现的异常情况
	open()函数	打开文件
	close()函数	关闭文件
	print()函数	输出
	read()函数	从一个打开的文件中读取一个字符串
	if	条件语句
关于 pandas 模块的知识点	pd.DataFrame()	创建文件
	pd.ExcelFile('文件名')	打开文件
	pd.read_excel('文件名',sheet_name='表格名称')	打开文件
	df.to_excel('文件名',sheet_name='表格名称')	保存文件（同时为表命名）
	sheets = df.sheet_names	获取所有表格的名称

续表

知识点		作用
关于 pandas 模块的知识点	sheet = sheets[0]	根据索引号获取表格名称
	df.shape[0]/df.shape[1]	获取数据区域（行、列）
	pd.read_excel('文件名',sheet_name='表名',dtype={'字段 1': 'string','字段 2': 'string'})	读取 Excel 文档时用 dtype 参数转换数据类型
	pd.to_datetime(df['日期']).dt.date	转换日期
	df.columns.values	获取标题行

2．本节代码的设计思路

本节代码的设计思路是检验文件的状态和访问权限，如果文件不存在或者不能访问，则退出程序；如果文件可以读写，则执行后续的代码。对于这部分内容，pandas 模块和 openpyxl 模块的大部分代码相同，只对 Excel 文档进行操作的命令有所不同。具体操作如下。

（1）构建一个 openfiles()函数，执行步骤（2）～（9）对应的代码。

（2）命名"查询结果"文件：将"查询结果"4 个字和获取的当前日期连接起来，再加上.xlsx 扩展名，组合成"查询结果"文件的名称。

（3）获取"查询结果"文件的状态和访问权限：如果文件不存在，则创建一个工作簿对象并激活第一个表格，将激活的表格重命名为"查询结果"；如果文件已经被第三方程序打开，则输出提示信息并结束程序的运行。

（4）打开"查询结果"文件：打开已经创建好的"查询结果"文件。

（5）获取"数据来源"文件名：从"数据来源文件名"文本文件中读取"数据来源"的文件名（例如，员工信息表.xlsx）。

（6）获取"数据来源"文件的状态和访问权限：尝试打开"数据来源"文件，如果文件不存在或者已经被第三方程序打开，则输出提示信息并结束程序的运行。

（7）打开"数据来源"文件：如果能够正常读写"数据来源"文件（例如，员工信息表.xlsx），则将文件数据读入缓存，并显示读取的数据范围。

（8）获取"数据来源"文件的标题行：读取"数据来源"文件后，将表格中第 1 行的标题写入一个列表变量中，方便后续根据标题中的相应字段进行查询。

（9）启动菜单：调用 menu()函数启动菜单。

5.2.1　构建 openfiles()函数

代码清单 5.2 的作用如下。

构建一个 openfiles()函数，用于判断"查询结果"与"数据来源"文件的状态和访问权限，并打开相应的 Excel 文档，启动菜单。

代码清单 5.2　构建 openfiles()函数

```
23    # =================================
24    # 第一步：打开文件
25    # 获取文件的状态和访问权限
26    # =================================
27
```

```
28   def openfiles():
29
```

代码清单 5.2 的解析

第 23～26 行是注释，标注这个函数的用途。

第 28 行用 def 命令构建 openfiles()函数。

5.2.2　命名"查询结果"文件

代码清单 5.3 的作用如下。

将"查询结果"4 个字和获取的当前日期连接起来，再加上.xlsx 扩展名，组合成"查询结果"文件的名称。

代码清单 5.3　命名"查询结果"文件

```
30      # 命名"查询结果"文件
31      # 获取当前日期，将日期变成字符串
32      date_today = datetime.date.today().strftime("%Y%m%d")
33      # 命名"查询结果"文件（加上当天日期）
34      file_name_target = '查询结果'+date_today+'.xlsx'
35
```

代码清单 5.3 的解析

第 32 行通过 datetime 模块获取当前日期，并运用 strftime()函数将获取的日期转换为字符串形式的文本，然后赋给变量 date_today。

第 34 行将"查询结果"4 个字和变量 date_today 的值（字符串文本日期）连接起来，加上.xlsx 扩展名，组合成"查询结果"文件的名称，并赋给变量 file_name_target。例如，当前日期是 2022-03-30，那么将"查询结果"文件命名为"查询结果 20220330.xlsx"。

知识扩展

第 32 行代码中的 datetime 模块中有一个 date 类，利用 datetime.date.today()可以返回一个表示当前日期的对象 date。

5.2.3　获取"查询结果"文件的状态和访问权限

代码清单 5.4 的作用如下。

检验"查询结果"文件是否存在并且是否允许读写。如果文件不存在，则创建一个工作簿对象并激活第一个表格，将激活的表格重命名为"查询结果"；如果文件已经被第三方程序打开且不允许读写，则输出提示信息并结束程序的运行。

代码清单 5.4　获取"查询结果"文件的状态和访问权限

```
36      # 获取"查询结果"文件的状态和访问权限
37      # 用 try…except 语句处理异常情况，避免程序中断
38      try:    # 文件存在
39          # 用 Python 的 open()函数打开文件
```

```
40              myfile = open(file_name_target,"r+")
41              # 关闭文件
42              myfile.close()
43      except FileNotFoundError:   # 文件不存在
44              # 以下用于新建空白文档的代码可以去掉,pandas 模块用 to_excel()命令可以将数据直
                # 接写入 Excel 文档
45              # 提示信息
46              print('"'+file_name_target+'"不存在,正在用 pandas 方式创建, ',end='')
47              # 用 pandas 模块的 DataFrame 命令创建一个空白 Excel 文档。DataFrame 类似于
                # Excel, 它是一种二维表
48              df=pd.DataFrame()
49              # 生成 Excel 文档,并重命名第一个表格
50              df.to_excel(file_name_target,sheet_name='查询结果')
51
52              # 提示信息
53              print('"'+file_name_target+'"文件创建成功!\n')
54      except PermissionError:        # 文件已经打开
55              # 提示信息
56              print('×××错误提示×××: "'+file_name_target+'"已经被其他程序打开,不能访问。
                请先关闭该文件再运行本程序! \n')
57              # 退出程序
58              return
59
```

代码清单 5.4 的解析

第 38 行的 try 语句表示能够正常打开和访问文件。

第 40 行用 open()函数打开文件。第一个参数是变量 file_name_target 的值(例如,查询结果 20220330.xlsx),第二个参数用 "r+" 表示 "读写"。

第 42 行用 close()函数关闭 open()函数打开的文件,关闭后不能再对文件进行读写操作。如果不用 close()函数关闭文件,则会导致写入的数据未保存,或者打开的文件一直被占用。

第 43 行的 except FileNotFoundError 语句用于处理 "文件不存在" 的异常情况。如果要用 open()函数打开的文件不存在,则会返回 FileNotFoundError。这时程序代码会跳转到 except FileNotFoundError 部分,执行第 43~53 行代码。

第 46 行用 print()函数输出一条提示信息。小括号中的 end=''的意思是不换行,下一条用 print()函数输出的提示信息会在同一行接着显示。

第 48 行用 pd.DataFrame()命令创建一个二维表,并赋给对象 df。

第 50 行用 to_excel()命令将 DataFrame 二维表另存为 Excel 文档,同时将第一个表格重命名为 "查询结果"。

第 53 行用 print()函数输出一条提示信息。

第 54 行的 except PermissionError 语句用于处理 "没有权限进行读写访问" 的异常情况。如果要用 open()函数打开的文件已经被第三方程序打开,则会返回 PermissionError。这时程序代码会跳转到 except PermissionError 部分,执行第 54~58 行代码。

第 56 行用 print()函数输出一条提示信息。

第 58 行用 return 语句结束程序的运行。

知识扩展

第 46~50 行代码不是必需的，用 pandas 模块的 to_excel()命令可以将数据直接写入新建的 Excel 文档。这里的代码主要展示如何用 pandas 模块建立一个空白的 Excel 文档。

可以看到，执行 pd.DataFrame()命令后，资源管理器中新建了一个 Excel 文档，打开这个文档后，可以看见一个空白的"查询结果"表格，如图 5-4 所示。

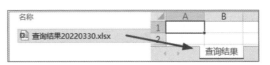

图 5-4　用 pandas 模块的命令新建一个空白 Excel 文档

代码调试

在第 48 行中，设置一个断点，查看代码中各对象的值，如图 5-5 所示。

图 5-5　设置断点

执行第 48 行代码后，建立了一个 Empty DataFrame，shape 属性的值为（0，0），这表示建立的表格没有数据，如图 5-6 所示。

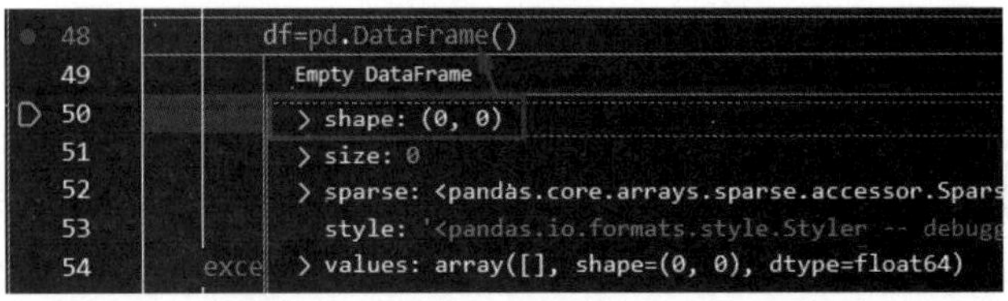

```
48        df=pd.DataFrame()
49           Empty DataFrame
50        > shape: (0, 0)
51        > size: 0
52        > sparse: <pandas.core.arrays.sparse.accessor.Spars
53          style: '<pandas.io.formats.style.Styler -- debugg
54    exce > values: array([], shape=(0, 0), dtype=float64)
```

图 5-6　建立了一个 Empty DataFrame

5.2.4　打开"查询结果"文件

代码清单 5.5 的作用如下。

打开已经创建的"查询结果"文件。

代码清单 5.5　打开"查询结果"文件

```
60    # 打开"查询结果"文件
61    # 提示信息
62    print('正在用 pandas 方式读入<<'+file_name_target+'>>,',end='')
63
64    # 获取 Excel 文档的工作簿
65    df = pd.ExcelFile(file_name_target)
66    # 获取所有表格的名称（列表类型）
67    sheet_list_target = df.sheet_names
68    # 获取第一个表格的名称
69    sheet_name_target = sheet_list_target[0]
```

```
70          # 信息提示
71          print('<<'+file_name_target+'>>读入成功!当前选择的表是'+sheet_name_target+'\n')
72
```

代码清单 5.5 的解析

第 62 行用 print()函数输出一条提示信息。

第 65 行用 pd.ExcelFile()命令读取变量 file_name_target 的值,打开"查询结果 20220330. xlsx"文件,并赋给对象 df。

第 67 行读取对象 df 的 sheet_names 属性的值,获取所有表格的名称,并赋给列表变量 sheet_list_target。

第 69 行用读取索引的方式读取列表变量 sheet_list_target 的第一个值(第一个表格的名称),并赋给变量 sheet_name_target。

第 71 行用 print()函数输出一条提示信息。

代码调试

在第 65 行中,设置一个断点,查看代码中各对象的值,如图 5-7 所示。

图 5-7 设置断点

执行第 65 行代码,用 pd.ExcelFile()命令读取已经存在的 Excel 文档,并赋给对象 wb_target, 如图 5-8 所示。

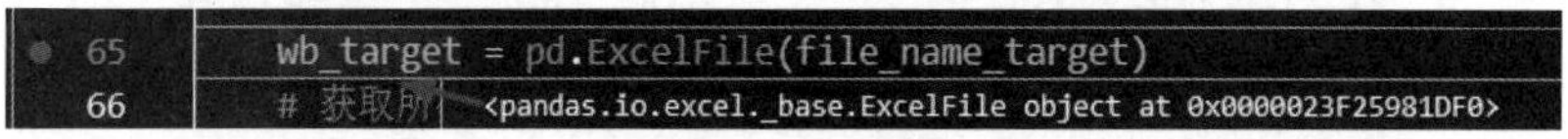

```
  65          wb_target = pd.ExcelFile(file_name_target)
  66          # 获取所   <pandas.io.excel._base.ExcelFile object at 0x0000023F25981DF0>
```

图 5-8 用 pd.ExcelFile()命令读取已经存在的 Excel 文档并赋给对象 wb_target

执行第 67 行代码,读取对象 wb_target 的 sheet_names 属性的值,获取所有表格的名称,并 赋给列表变量 sheet_list_target。其中第一个表格的名称为"查询结果",如图 5-9 所示。

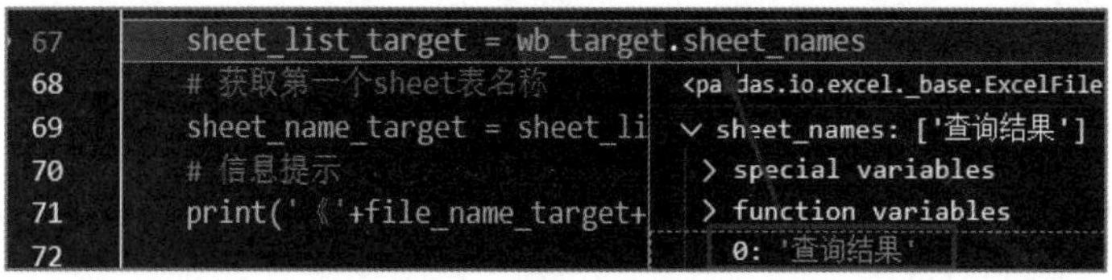

```
  67          sheet_list_target = wb_target.sheet_names
  68          # 获取第一个sheet表名称          <pandas.io.excel._base.ExcelFile
  69          sheet_name_target = sheet_li  ∨ sheet_names: ['查询结果']
  70          # 信息提示                        > special variables
  71          print('《'+file_name_target+    > function variables
  72                                            0: '查询结果'
```

图 5-9 读取对象 wb_target 的 sheet_names 属性的值,获取所有表格的名称

执行第 69 行代码,将列表变量 sheet_list_target 的第一个值(第一个表格的名称"查询结果") 赋给变量 sheet_name_target,如图 5-10 所示。

```
  68          # 获取第一个sheet    '查询结果'
  69          sheet_name_target = sheet_list_target[0]
```

图 5-10 将列表变量 sheet_list_target 的第一个值赋给变量 sheet_name_target

5.2.5　获取“数据来源”文件名

代码清单 5.6 的作用如下。

从一个“数据来源文件名”文本文件中读取“数据来源”文件名（例如，员工信息表.xlsx）。如果文件名有变化，则修改文本文件的内容即可，不需要修改程序代码。

代码清单 5.6　获取“数据来源”文件名

```
73    # 获取"数据来源"文件名，如果文件名有变化，则修改文本文件的内容即可
74    # 用 try...except 语句处理异常情况，避免程序中断
75    try:    # 文件存在
76
77        # 用 open()函数打开文件
78        txtfile = open('数据来源文件名.txt',"r+",encoding='utf-8')
79        # 获取文本文件中的内容（获取"数据来源"文件名）
80        file_name_source = txtfile.read()
81        # 关闭文件
82        txtfile.close()
83
84        # 用 if 条件语句判断是否已经输入文件名
85        if file_name_source == '':    # 没有文件名
86            # 信息提示
87            print('×××错误提示×××："数据来源的 Excel 文件名"不存在。',end='')
88            print('请先在<<数据来源文件名.txt>>文本文件中输入"数据来源的 Excel 文件名"
                  (不需要输入文件扩展名)\n')
89            # 退出程序
90            return
91    except FileNotFoundError:    # 文件不存在
92        # 提示信息
93        print('×××错误提示×××：《数据来源文件名.txt》不存在。请先建立该文件再运行本程序!\n')
94        # 退出程序
95        return
96
```

代码清单 5.6 的解析

第 75 行的 try 语句表示能够正常打开和访问文件。

第 78 行用 open()函数打开文件。第一个参数用于指定文件名“数据来源文件名.txt”，第二个参数用“r+”表示“读写”，第三个参数设置为“encoding='utf-8'”，用于使代码正常解析中文。

第 80 行用 read()函数读取整个文本文件的内容（例如，读取文本文件的内容“员工信息表”），并赋给变量 file_name_source，如图 5-11 所示。

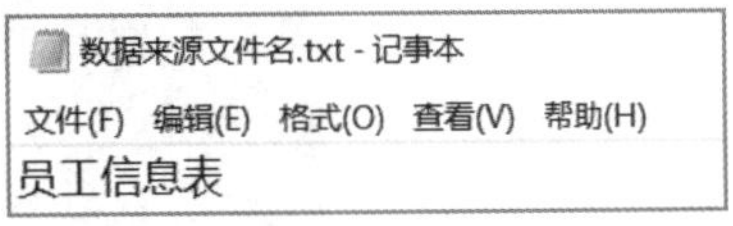

图 5-11　文本文件的内容

第 82 行用 close()函数关闭用 open()函数打开的文件，关闭后不能再对文件进行读写操作。如果不用 close()函数关闭文件，则会导致写入的数据未保存，或者打开的文件一直被占用。

第 85～90 行用 if 条件语句判断变量 file_name_source 的值是否为空值。如果不为空值，则跳过 if 条件语句的代码；如果为空值，则在第 87 行和第 88 行中用 print()函数输出提示信息，并在第 90 行用 return 语句结束程序的运行。

第 91 行的 except FileNotFoundError 语句用于处理"文件不存在"的异常情况。如果要用 open()函数打开的文件不存在，则会返回 FileNotFoundError，这时程序代码会跳转到 except FileNotFoundError 部分，执行第 91～95 行代码。

第 93 行用 print()函数输出一条提示信息。

第 95 行用 return 语句结束程序的运行。

知识扩展

第 78 行代码的 open()函数加入了编码参数 encoding='utf-8'，更详细的介绍可以参看 4.2.5 节中的"知识扩展"部分。

代码调试

在第 78 行中，设置一个断点，查看代码中各对象和变量的值，如图 5-12 所示。

```
77        # 用open函数()打开文件
 78       txtfile = open('数据来源文件名.txt',"r+",encoding='utf-8')
```

图 5-12　设置断点

执行第 78 行代码后，对象 txtfile 的 name 属性显示为"数据来源文件名.txt"，这表示已经把文本文件的内容赋给对象 txtfile，如图 5-13 所示。

```
78       txtfile = open('数据来源文件名.txt',"r+",encoding='utf-8-sig')
79       # 获取  <_io.TextIOWrapper name='数据来源文件名.txt' mode='r+' encoding='utf-8
80       file_n      name: '数据来源文件名.txt'
```

图 5-13　已经把文本文件的内容赋给对象 txtfile

执行第 80 行代码后，变量 file_name_source 的值为"员工信息表"，如图 5-14 所示。

```
79        # 获取文本文件中 '员工信息表' [数据来源]文件名)
80       file_name_source = txtfile.read()
```

图 5-14　变量 file_name_source 的值为"员工信息表"

如果"数据来源文件.txt"是一个空白文档，那么执行第 80 行代码后，变量 file_name_source 的值将为空值，如图 5-15 所示。在第 85 行代码中，变量 file_name_source 的值为空值，因此继续执行第 87～90 行代码，用 print()函数输出提示信息，并退出程序。

```
84        # 用if条件语句判断      是否已经输入数据文件名
85       if file_name_source == '':          # 没有文件名
86        # 信息提示
87       print('×××错误提示×××："数据来源的Excel文件名"
88       print('请先在<<数据来源文件名.txt>>文件中输入"数
89        # 退出程序
90       return
```

图 5-15　变量 file_name_source 的值为空值

5.2.6　获取"数据来源"文件的状态和访问权限

代码清单 5.7 的作用如下。

尝试打开"数据来源"文件，如果该文件不存在或者已经被第三方程序打开，则输出提示信息并结束程序的运行。

代码清单 5.7 获取"数据来源"文件的状态和访问权限

```
97      # 获取"数据来源"文件的状态和访问权限
98      file_name_source = file_name_source+'.xlsx'
99      # 用try…except 语句处理异常情况，避免程序中断
100     try:    # 文件存在
101         # 用 Python 的 open()函数打开文件
102         myfile = open(file_name_source,"r+")
103         # 关闭文件
104         myfile.close()
105     except FileNotFoundError:    # 文件不存在
106         # 提示信息
107         print('×××错误提示×××: "'+file_name_source+'"不存在。请先建立该文件再运
            行本程序! \n')
108         # 退出程序
109         return
110     except PermissionError:    # 文件已经打开
111         # 提示信息
112         print('×××错误提示×××: "'+file_name_source+'"已经被其他程序打开, 不能访
            问。请先关闭该文件再运行本程序! \n')
113         # 退出程序
114         return
115
```

代码清单 5.7 的解析

第 98 行将变量 file_name_source 的值（员工信息表）加上扩展名.xlsx，以构成一个完整的 Excel 文档名称（员工信息表.xlsx），并重新赋给变量 file_name_source。

第 100 行的 try 语句表示能够正常打开和访问文件。

第 102 行用 open()函数打开文件。第一个参数是变量 file_name_source 的值（员工信息表.xlsx），第二个参数用"r+"表示"读写"。

第 104 行用 close()函数关闭用 open()函数打开的文件，关闭后不能再对文件进行读写操作。如果不用 close()函数关闭文件，则会导致写入的数据未保存，或者打开的文件一直被占用。

第 105 行的 except FileNotFoundError 语句用于处理"文件不存在"的异常情况。如果要用 open()函数打开的文件不存在，则会返回 FileNotFoundError。这时程序代码会跳转到 except FileNotFoundError 部分，执行第 105～109 行代码。

第 107 行用 print()函数输出一条提示信息。

第 109 行用 return 语句结束程序的运行。

第 110 行的 except PermissionError 语句用于处理"没有权限进行读写访问"的异常情况。如果要用 open()函数打开的文件已经被第三方程序打开，则会返回 PermissionError，这时程序代码会跳转到 except PermissionError 部分，执行第 110～114 行代码。

第 112 行用 print()函数输出一条提示信息。

第 114 行用 return 语句结束程序的运行。

5.2.7 打开"数据来源"文件

代码清单 5.8 的作用如下。

如果能够正常读写"数据来源"文件（例如，员工信息表.xlsx），则将文件数据读入缓存，并显示读取的数据区域。

代码清单 5.8　打开"数据来源"文件

```
116        # 打开"数据来源"文件
117        # 信息提示
118        print('正在用 pandas 方式读入<<'+file_name_source+'>>, ',end='')
119
120        # 获取 Excel 文件的工作簿
121        df = pd.ExcelFile(file_name_source)
122        # 获取所有表格的名称（列表类型）
123        sheet_list_source = df.sheet_names
124        # 获取第一个表格的名称
125        sheet_name_source = sheet_list_source[0]
126
127        # 打开文件，指定部分字段的格式，如果不指定转换为字符串，则数字会用科学记数法表示或者
           # 变成浮点型数据
128        df_source = pd.read_excel(file_name_source, sheet_name=sheet_name_source,
129        dtype={'手机号码': 'string','员工编号': 'string','部门编号': 'string'})
130        # 将入职日期的格式 datetime 转为 date
131        df_source['入职日期'] = pd.to_datetime(df_source['入职日期']).dt.date
132
133        # 信息提示
134        print('<<'+file_name_source+'>>读入成功!当前选择的表是: '+sheet_name_
           source, end='')
135        # 获取来源表格的数据区域(pandas 模块不像 openpyxl 模块那样，能够直接显示列字母，它
           # 只能用数字表示多少列)
136        # shape 返回的是数值，输出显示时需要用 str() 函数将其转换为字符串
137        print(', 当前选择的数据区域是'+str(df_source.shape[0])+'行'+str(df_source.
           shape[1])+'列\n')
138
139        # ===输出数据（测试用）===
140        #print('\n=====转换后的日期=====\n')
141        #print(df_source['入职日期'])
142
143        # print('\n=====转换后的手机号码=====\n')
144        # print(df_source['手机号码'])
145
```

代码清单 5.8 的解析

第 118 行用 print() 函数输出一条提示信息。

第 121 行用 pd.ExcelFile() 命令读取变量 file_name_source 的值，打开"员工信息表.xlsx"，并赋给对象 df。

第 123 行读取对象 df 的 sheet_names 属性的值，获取所有表格的名称，并赋给列表变量 sheet_list_source。

第 125 行读取列表变量 sheet_list_source 的第一个值（第一个表格的名称），并赋给变量 sheet_name_source。

第 128 行和第 129 行用 pd.read_excel() 命令读取变量 file_name_source 的值，打开"员工信息表.xlsx"，并赋给对象 df_source。在读取数据的时候，用参数 sheet_name 读取变量

sheet_name_source 的值，打开指定的表格，用参数 dtype 将"手机号码""员工编号""部门编号"3 列数据转换为文本形式。

第 131 行用 pd.to_datetime()命令将"入职日期"列的数据转换为日期型。

第 134 行用 print()函数输出一条提示信息，显示读入的表格名称。

第 137 行用 print()函数输出一条提示信息，通过读取对象 df_source 的 shape 属性的值显示读取的数据区域。

第 139～145 行中注释的代码用于调试代码，去掉"#"可以查看相关数据。

知识扩展

第 121 行代码中的 pd.ExcelFile()命令和第 128 行代码中的 pd.read_excel()命令的相同之处是都可以用来对 Excel 文档进行读取操作。两者的不同之处如下：使用 pd.ExcelFile()命令读取的是整个工作簿的基本信息（包括表名），如图 5-16（a）所示，但是不读取表格中的数据；而使用 pd.read_excel()命令读取的是表格中的数据，而不是工作簿的基本信息，并且默认读取第一个表格的数据，如图 5-16（b）所示。如果要读取其他表格的数据，则 pd.read_excel()命令中需要加入参数 sheet_name 来指明要读取的表格（设置 sheet_name=None 则可以读取所有表格）。

```
121  wb_source = pd.ExcelFile(file_name_source)
122  # 获取所  <pandas.io.excel._base.ExcelFile object at 0x0000029
123  sheet_l   io: '员工信息表.xlsx'
124  # 获取第  ∨ sheet_names: ['员工信息表']
```
（a）使用 pd.ExcelFile()命令读取整个工作簿的基本信息

```
128   df_source = pd.read_excel(file_name_source, shee
129   |          姓名        手机号码        员工编号 部门编号
130   # 将入职  > shape: (10, 9)
131   df_sourc  > size: 90
132              style: '<pandas.io.formats.style.Sty...er
133   # 信息提  > values: array([['刘一', '159****4239',
```
（b）使用 pd.read_excel()命令读取表格的数据

图 5-16 pd.ExcelFile()命令和 pd.read_excel()命令的不同

第 128 行代码中的 pd.read_excel()命令用参数 dtype 将"手机号码""员工编号""部门编号"3 列数据转换为文本。为什么这里要用参数 dtype 呢？下面去掉这个参数看看读取数据的效果。

源数据的手机号码、部门编号的数据类型是"常规"，员工编号的数据类型是"文本"，如图 5-17 所示。

如果 pandas 模块在读取数据时不使用参数 dtype，则会将员工编号和部门编号识别为 int64 数值型数据。因为本书案例中对手机号码采用了隐私设置，增加了*，所以会将手机号码识别为 0 字符串。在实际应用中，11 位手机号码会被识别为 int64 型数据，如图 5-18 所示。

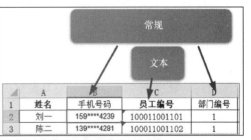

图 5-17 源数据的手机号码、部门编号和员工编号的数据类型

因为在实际应用中需要用到文本类型的手机号码和部门编号（文本类型可以实现模糊查询），所以上述数值型的员工编号和部门编号不适合使用。同时，在最终生成的查询数据中，员工编号会用科学记数法表示，如图 5-19 所示。

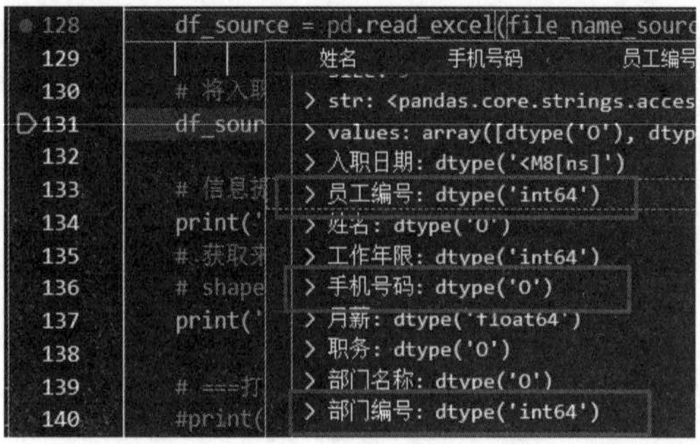

图 5-18　员工编号和部门编号被识别为 int64　　　　图 5-19　员工编号用科学记数法表示
型数据，手机号码被识别为字符串

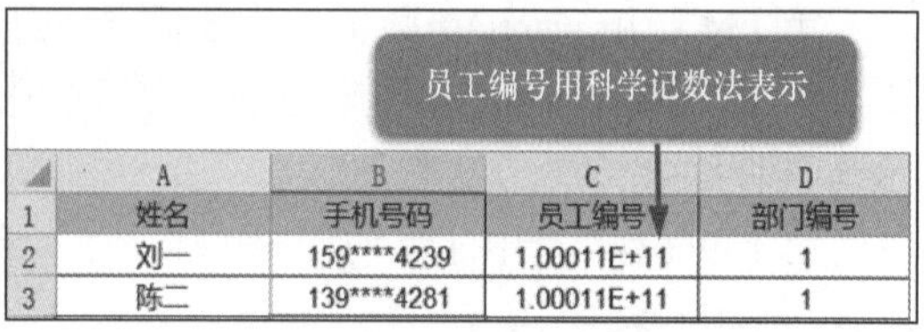

因此需要在 pd.read_excel()命令中用参数 dtype 将"手机号码""员工编号""部门编号"3
列数据转换为文本，如图 5-20（a）所示。转换后，在调试模式下可以看到 3 列数据都转换为文
本，如图 5-20（b）所示。打开 Excel 文档后能正确显示员工编号，如图 5-20（c）所示。

（a）用参数 dtype 将"手机号码""员工编号""部门编号"3 列数据转换为文本

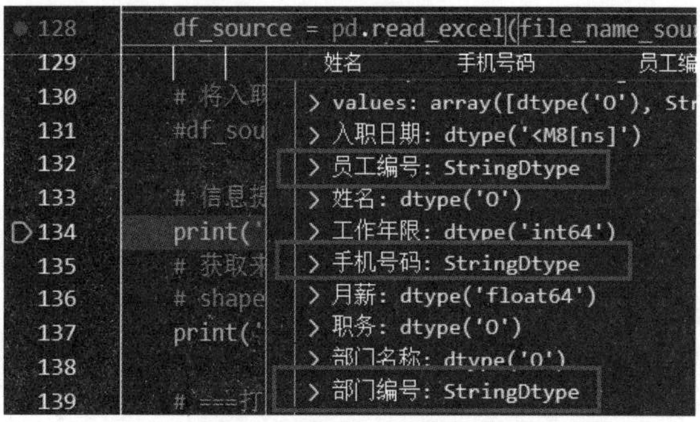

（b）在调试模式下看到 3 列数据都转换为文本

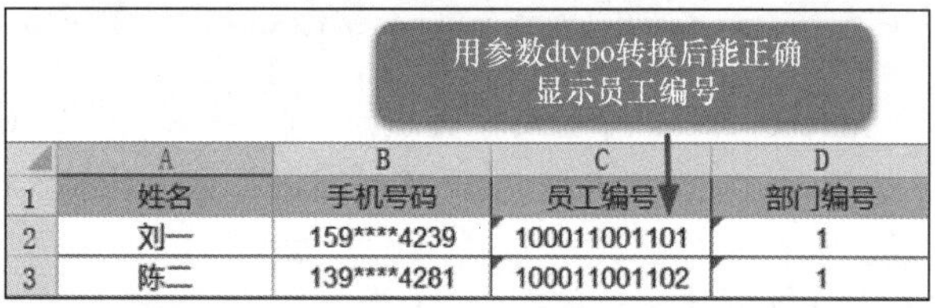

（c）用参数 dtype 转换后 Excel 文档能正确显示员工编号

图 5-20　pd.read_excel()命令中添加参数 dtype

回顾一下，当用 openpyxl 模块读取数据时，能够保留原本的数据类型，不需要专门添加参
数以进行数据类型的转换，如图 5-21 所示。

图 5-21　当用 openpyxl 读取数据时不需要专门添加参数以进行数据类型的转换

第 131 行代码将"入职日期"列的数据类型转换为日期型。如果不执行这行代码，查询结
果的"入职日期"列会显示带时间的日期，如图 5-22 所示。

G	H	I
月薪/元	入职日期	工作年限
8,000.00	2012-05-01 00:00:00	10
5,000.50	2011-04-01 00:00:00	11

不转换"入职日期"列的数据类型，查询结果会显示带时间的日期

图 5-22　不转换"入职日期"列的数据类型，查询结果会显示带时间的日期

执行第 131 行代码，用 pd.to_datetime()命令将"入职日期"列的数据类型设置为不带时间的日期，如图 5-23（a）所示。转换后，打开 Excel 文档，结果如图 5-23（b）所示。

```
130    # 将入职日期的datetime格式转为date格式
131    df_source['入职日期'] = pd.to_datetime(df_source['入职日期']).dt.date
```

（a）用 pd.to_datetime()命令将"入职日期"列的数据类型设置为不带时间的日期型

月薪/元	入职日期	工作年限
8,000.00	2012-05-01	10
5,000.50	2011-04-01	11

用pd.to_datetime()命令将"入职日期"列的数据转换为不包含时间的日期

（b）将"入职日期"列的数据转换为不包含时间的日期

图 5-23　用 pd.to_datetime()命令将入职日期转换为不带时间的日期

代码调试

在第 121 行中，设置一个断点，查看代码中各对象的值，如图 5-24 所示。

```
120    # 获取Excel文件的工作簿
121    wb_source = pd.ExcelFile(file_name_source)
```

图 5-24　设置断点

执行第 121 行代码，用 pd.ExcelFile()命令读取变量 file_name_source 的值，打开"员工信息表.xlsx"，并赋给对象 wb_source，如图 5-25 所示。

图 5-25　用 pd.ExcelFile()命令读取员工信息表

执行第 123 行代码，通过读取对象 wb_source 的 sheet_names 属性的值获取所有表格的名称，并赋给列表变量 sheet_list_source，如图 5-26 所示。

```
123      sheet_list_source = wb_source.sheet_names
124      # 获取第一个表名  ['员工信息表']
▷ 125    sheet_name_sour  › special variables
126                       › function variables
127      # pandas打开文件   0: '员工信息表'
128      df_source = pd.   len(): 1
```

图 5-26　通过读取对象 wb_source 的属性 sheet_names 的值获取所有表名

执行第 125 行代码，读取列表变量 sheet_list_source 的第一个值（第一个表格的名称），并赋给变量 sheet_name_source，如图 5-27 所示。

```
124      # 获取第一个表名  '员工信息表'
125      sheet_name_source = sheet_list_source[0]
```

图 5-27　读取列表变量 sheet_list_source 的第一个值并赋给变量 sheet_name_source

执行第 128 行代码，用 pd.read_excel() 命令读取变量 file_name_source 的值，打开"员工信息表.xlsx"，并赋给对象 df_source。在读取数据时，用参数 dtype 将"手机号码""员工编号""部门编号"3 列数据转换为文本，如图 5-28 所示。

执行第 131 行代码，用 pd.to_datetime() 命令将"入职日期"列的数据转换为不带时间的日期，如图 5-29 所示。

```
● 128    df_source = pd.read_excel(file_name_sour
  129          姓名        手机号码        员工编
  130    # 将入  › values: array([dtype('O'), Str
  131    #df_sou › 入职日期: dtype('<M8[ns]')
  132             › 员工编号: StringDtype
  133    # 信息  › 姓名: dtype('O')
▷ 134    print('  › 工作年限: dtype('int64')
  135    # 获取  › 手机号码: StringDtype
  136    # shape  › 月薪: dtype('float64')
  137    print('  › 职务: dtype('O')
  138             › 部门名称: dtype('O')
  139    # ===打  › 部门编号: StringDtype
```

月薪	入职日期 ↙	工作年限
8,000.00	2012-05-01	10
5,000.50	2011-04-01	11

用 pd.to_datetime() 命令将"入职日期"列的数据转换为不包含时间的日期

图 5-28　用 pd.read_excel() 命令读取"员工信息表.xlsx"　　图 5-29　用 pd.to_datetime() 命令将"入职
并转换部分数据为文本　　　　　　　　　　日期"列的数据转换为不带时间的日期

执行第 134 行代码，用 print() 函数输出读取的表名，如图 5-30（a）所示。执行第 137 行代码，读取对象 df_source 的 shape 属性的值，用 print() 函数输出读取的数据区域，如图 5-30（b）所示。

当前选择的sheet表是：员工信息表　　　　当前选择的数据区域是：10行9列

（a）用 print() 函数输出读取的表名　　　（b）用 print() 函数输出读取的数据区域

图 5-30　输出读取的表名和数据区域

5.2.8　获取"数据来源"文件的标题行

代码清单 5.9 的作用如下。

读取"数据来源"文件后,将表格中的第 1 行标题写入一个列表变量中,方便后续根据标题中的字段进行查询。

代码清单 5.9 获取"数据来源"文件的标题行

```
146     # 获取"数据来源"文件的标题行
147     # 后续根据标题中的字段进行查询时,可以用变量代替常量,方便移植程序代码
148     title_list_source = df_source.columns.values
149
150     # ===输出数据(测试用)===
151     # print('====="数据来源"文件的标题行=====\n')
152     # print(title_list_source)
153
```

代码清单 5.9 的解析

第 148 行读取对象 df_source 的 columns 属性的值(标题行数据),并赋给对象 title_list_source。

第 150~152 行中注释的代码用于调试,把第 152 行的"#"去掉,可以查看读取的标题行数据。

知识扩展

在读取数据方面,pandas 模块确实比 openpyxl 模块高效又简单。

用 openpyxl 模块读取数据需要 5 行代码,运用循环语句逐个读取标题行数据,如图 5-31(a)所示。而 pandas 模块只需要一行代码,读取对象 df_source 的属性 columns 的值,即可获取标题行数据,如图 5-31(b)所示。

```
144     title_list_source = []
145     # 用for循环语句读取第一行数据
146 ∨   for row in sheet_source.iter_rows(min_row=1, max_row=1, min_col=1, max_col=sheet_source.max_column):
147         # 用for循环语句读取第一行的每一个单元格
148 ∨       for cell in row:
149             # 获取每个单元格的数据
150             title_txt = cell.value
151             # 将获取的单元格数据追加到列表中
152             title_list_source.append(title_txt)
```

(a)用 openpyxl 模块读取标题行需要 5 行代码

```
147         # 在后续按照标题中一个字段查询时,可以用变量代替常量
148         title_list_source = df_source.columns.values
```

(b)用 pandas 模块读取标题行数据只需要一行代码

图 5-31 读取标题行

代码调试

在第 148 行中,设置一个断点,查看代码中各个变量的值,如图 5-32 所示。

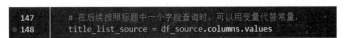

```
147         # 在后续按照标题中一个字段查询时,可以用变量代替常量,
148         title_list_source = df_source.columns.values
```

图 5-32 设置断点

执行第 148 行代码,将对象 df_source 的 columns 属性的值赋给对象 title_list_source,如图 5-33 所示。

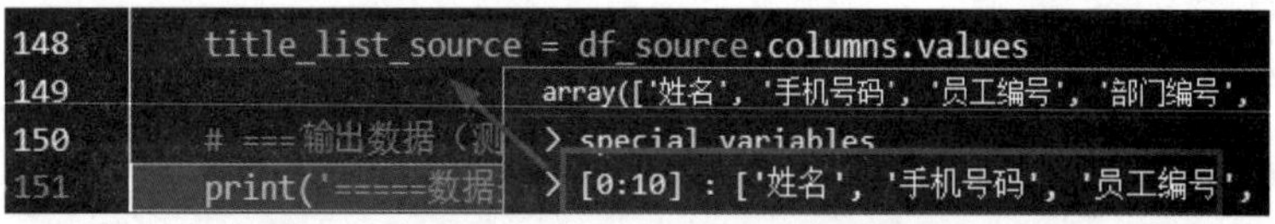

```
148    title_list_source = df_source.columns.values
149                        array(['姓名', '手机号码', '员工编号', '部门编号',
150    # ===输出数据（测    > special_variables
151    print('=====数据    > [0:10] : ['姓名', '手机号码', '员工编号',
```

图 5-33　将对象 df_source 的 columns 属性的值赋给对象 title_list_source

　　把第 151 行和第 152 行代码的"#"去掉，如图 5-34（a）所示。执行第 151 行和第 152 行代码，用 print()函数将列表变量 title_list_source 的值输出，可以看到完整地获取了表格第一行的数据（标题行），如图 5-34（b）所示。

```
151    print('====="数据来源"文件的标题行=====\n')
152    print(title_list_source)
```

（a）把第 151 行和第 152 行代码的"#"去掉

```
====="数据来源"文件的标题行=====
['姓名' '手机号码' '员工编号' '部门编号' '部门名称' '职务' '月薪' '入职日期' '工作年限']
```

（b）完整地获取了表格第一行的数据（标题行）

图 5-34　输出标题行

5.2.9　启动菜单

　　代码清单 5.10 的作用如下。

　　调用 menu()函数展示菜单，并将相关变量作为参数传递给 menu()函数。

代码清单 5.10　启动菜单

```
154    # 启动菜单
155    menu(file_name_target,sheet_name_target,title_list_source,df_source)
156    # ==================================
157    # file_name_target："目标数据"文件名 filename（用于保存数据）
158    # sheet_name_target："目标数据"文件的表名（用于保存数据）
159
160    # title_list_source："数据来源"文件的表格的标题行
161    # df_source："数据来源"文件的数据内容（读取的数据）
162    # ==================================
163
164
```

代码清单 5.10 的解析

　　第 155 行调用 menu()函数（启动菜单），并将相关变量作为函数的参数传递给 menu()函数。具体传递参数（变量）的值在第 157~161 行的注释中标明了。

5.3　建立程序菜单

　　在讲解代码前，先介绍本节代码涉及的知识点和代码的设计思路。

1. 本节代码涉及的知识点

本节代码涉及的 Python 知识点如表 5-3 所示。本节不涉及 pandas 模块知识点。

表 5-3　本节代码涉及的 Python 知识点

Python 知识点	函数或命令的作用
def 函数名()	构建函数
int()函数	将一个字符串或数字转换为整数
input()函数	输入数据
print()函数	输出
try…except	处理程序正常执行过程中出现的异常情况
if	条件语句
while	循环语句
break	退出循环

2. 本节代码的设计思路

本节代码的设计思路是建立一个菜单，根据用户的选择进行相应的处理。具体操作如下。

（1）构建一个 menu()函数，执行步骤（2）～（3）对应的代码。

（2）建立一个菜单，并将其显示在终端界面中供用户选择。

（3）根据用户的选择，进行相应的处理。若用户输入 0，则退出程序；若用户输入整数 1~3，则跳转到查询主程序；若用户输入其他的整数或非数字，则提示输入错误，并要求用户重新输入。

5.3.1　构建 menu()函数

代码清单 5.11 的作用如下。

构建一个 menu()函数，用于显示菜单供用户选择，并根据用户的选择进行相应的处理。

代码清单 5.11　构建 menu()函数

```
165  # ===================================
166  # 第二步：显示菜单
167  # 该步骤内容：建立菜单
168  # ===================================
169
170  def menu(file_name_target,sheet_name_target,title_list_source,df_source):
171
```

代码清单 5.11 的解析

第 165～168 行是注释，标注了这个函数的用途。

第 170 行用 def 命令构建 menu()函数，把变量名作为 menu()函数的参数，参数的值源自 openfiles()函数。

5.3.2　建立菜单

代码清单 5.12 的作用如下。

建立一个菜单，并将其显示在终端界面中供用户选择。

代码清单 5.12　建立菜单

```
172    # 用 while 循环语句控制菜单的显示，若输入 0 则退出程序
173    while True:
174        # 用 try…except 语句处理异常情况，避免程序中断
175        try:        # 输入正确
176            # 建立菜单
177            menu_option1 = '\n1.根据手机号码查询'
178            menu_option2 = '\n2.根据月薪查询'
179            menu_option3 = '\n3.根据部门名称和入职日期查询'
180            menu_option0 = '\n0.退出系统\n'
181            menu_option = '-'*30+menu_option1+menu_option2+menu_option3+
                   menu_ option0+'-'*30+'\n 请输入整数 0~3: '
182            # 弹出询问对话
183            choice_number = int(input(menu_option))
184
```

代码清单 5.12 的解析

第 173 行用 while 循环语句建立一个循环使菜单一直显示，用户输入 0 才结束循环。

第 175 行的 try 语句表示用户输入正确。

第 177~180 行将文字菜单分别赋值给变量 menu_option1、menu_option2、menu_option3、menu_option0。

第 181 行首先用 "-" 乘以 30 拼接出一条横线，然后连接 4 个变量 menu_option1、menu_option2、menu_option3、menu_option0 的值，再连接提示文字 "请输入整数 0~3"，最后将连接后的值赋给变量 menu_option。

第 183 行用 input()函数显示菜单，接收用户输入的信息，将用户输入的数字用 int()函数转换为整数并赋给变量 choice_number。

代码调试

由于使用了 while 循环语句，因此在没有遇到 break 语句之前，代码会一直循环运行。这里不需要设置断点，直接运行代码，展示的菜单如图 5-35 所示。

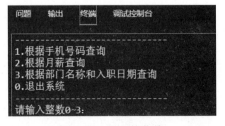

图 5-35　展示的菜单

5.3.3　根据用户的选择进行处理

代码清单 5.13 的作用如下。

根据用户的选择进行相应的处理。若用户输入 0，则退出程序；若用户输入整数 1～3，则跳转到 data_find_main() 函数；用户输入 0～3 以外的数字或非数字，则提示输入错误，并要求用户重新输入。

代码清单 5.13　根据用户的选择进行处理

```
185                # 用 if 条件语句根据用户的选择进行不同的处理
186                if choice_number == 0:        # 退出本程序
187                    # 提示信息
188                    print('-'*30+'\n 感谢使用！再见')
189                    # 跳出 while 循环
190                    break
191                elif choice_number <= 3:  # 主体查询代码
192                    # 调用函数
193                    data_find_main(file_name_target,sheet_name_target,title_
                         list_ source,df_source,choice_number)
194                elif choice_number > 3:       # 输入的数据超出范围
195                    # 提示信息
196                    print('xxx 错误提示 xxx：输入错误，请输入整数 0～3\n')
197            except ValueError as error:      # 输入错误
198                # 提示信息
199                print( 'xxx 输入错误 xxx：无效输入，请输入数字\n',error)
200
201
```

代码清单 5.13 的解析

第 186 行用 if 条件语句判断用户输入的数字是否为 0（若是 0，则结束程序）。

第 188 行用 print() 函数输出一条提示信息。

第 190 行用 break 语句退出 while 循环。

第 191 行用 if 条件语句的分支 elif 判断用户输入的整数是否为 1、2 和 3（若是，则进行查询）。

第 193 行调用 data_find_main() 函数，并将相关变量作为参数传递给 data_find_main() 函数。

第 194 行用 if 条件语句的分支 elif，判断用户输入的整数是否大于 3。

第 196 行用 print() 函数输出一条提示信息。

第 197 行的 except ValueError as error 语句用于处理用户输入的非数字字符。

第 199 行用 print() 函数输出一条提示信息。

知识扩展

第 197 行代码调用系统的错误消息 ValueError，用 as error 的写法将错误消息 ValueError 赋给变量 error，并在第 199 行用 print() 函数输出该错误消息，让用户知道错误原因。

代码调试

由于使用了 while 循环语句，因此在没有遇到 break 语句之前，代码会一直循环运行。这里不需要设置断点，直接运行代码，尝试输入 0、1～3、3 以上的整数和英文字母 a，看看输出的结果。

若用户输入数字 0，退出程序，如图 5-36 所示。

若用户输入数字 1，进入"根据手机号码查询"模块，如图 5-37 所示。若用户输入 2 和 3，操作类似。

图 5-36　用户输入整数 0　　　　　　　　图 5-37　用户输入整数 1

若用户输入大于 3 的整数，提示输入错误，如图 5-38 所示。

若用户输入英文字母 a，提示输入错误，英文的意思是"输入的字母 a 不是有效的整型数字"，如图 5-39 所示。

图 5-38　用户输入大于 3 的整数　　　　　　图 5-39　用户输入英文字母 a

5.4　实现查询功能

在本节中，我们将根据用户在菜单中的选择运用 data_find_main() 函数、department_get() 函数、workyear_get() 函数和 data_beautify() 函数进行数据查询，并将查询结果保存在"查询结果"文件中。

5.4.1　查询主程序

在讲解代码前，先介绍本节代码涉及的知识点和代码的设计思路。

1. 本节代码涉及的知识点

本节代码涉及的知识点如表 5-4 所示。

表 5-4　本节代码涉及的知识点

	知识点	作用
Python 知识点	def 函数名()	构建函数
	int() 函数	将一个字符串或数字转换为整数
	input() 函数	输入数据
	print() 函数	输出
	len() 函数	返回对象的长度或项目的个数
	str() 函数	返回字符串格式
	if	条件语句
	while	循环语句
	break	退出循环

续表

知识点		作用
关于 pandas 模块的知识点	df.to_excel('文件名',sheet_name='表名')	保存文件
	df[df[字段 1].str.contains(关键字)]	通过关键字查询
	df[(df_source[字段 2]>='最小值') & (df[字段 2]<='最大值')]	查询一定范围内的数据
	df[df['字段 3'].isin('列表') & ((df['字段 4']>='最小值') & (df['字段 4']<='最大值'))].copy()	查询满足多个条件的数据
	df.drop(['字段 5','字段 6'],axis=1,inplace=True)	删除列数据

2．本节代码的设计思路

本节代码的设计思路是构建一个查询主程序 data_find_main()函数，在其中调用其他函数，并对数据进行保存。具体操作如下。

（1）构建一个 data_find_main()函数，执行步骤（2）～（5）对应的代码。

（2）用 while 循环语句让用户在进行一个查询后继续停留在查询条件输入界面，方便进行下一个查询，直到用户输入 0 才退出程序。

（3）若用户输入数字 1，进入"根据手机号码查询"模块。用 input()函数接收用户输入的手机号码，如果用户输入 0，则退出"根据手机号码查询"模块。

（4）若用户输入数字 2，进入"根据月薪查询"模块。用 input()函数询问用户是否继续进行查询，如果用户输入 0，则退出"根据月薪查询"模块；如果用户按 Enter 键，则继续用 input()函数接收用户输入的月薪最小值和月薪最大值。

（5）若用户输入数字 3，进入"根据部门名称和入职日期查询"模块。用 input()函数询问用户是否继续进行查询，如果用户输入 0，则退出"根据部门名称和入职日期查询"模块；如果用户按 Enter 键，则调用 department_get()函数和 workyear_get()函数获取用户选择的查询条件。

（6）根据用户输入的数字或者选择的查询条件，用 pandas 命令对数据进行查询与保存，并调用 data_beautify()函数，用 openpyxl 命令对查询结果的表格数据进行修饰。

3．构建 data_find_main()函数

代码清单 5.14 的作用如下。

构建 data_find_main()函数，用于判断用户在菜单中的选择，根据用户的选择进行不同的查询，并对数据进行保存和修饰。

代码清单 5.14　构建 data_find_main()函数

```
202  # ================================
203  # 第三步：查询数据
204  # 实现查询功能
205  # ================================
206  # file_name_target："目标数据"文件名 filename（用于保存数据）
207  # sheet_name_target："目标数据"文件表名（用于保存数据）
208  # title_list_source："数据来源"文件的表格的标题行
209  # df_source："数据来源"文件的数据内容（读取的数据）
210  # choice_number：用数字标记用户选择的功能
211  # ================================
212
213  # 查询主程序
```

```
214   def data_find_main(file_name_target,sheet_name_target,title_list_source,df_
      source,choice_number):
215
```

代码清单 5.14 的解析

第 202～213 行是注释，标注了这部分代码的内容和具体接收的参数（变量）的值。

第 214 行用 def 命令构建 data_find_main()函数，把变量名作为 data_find_main ()函数的参数，参数的值源自 menu()函数。

4．建立循环

代码清单 5.15 的作用如下。

用 while 循环语句让用户在进行一个查询后继续停留在查询条件输入界面，以便进行下一个查询，直到用户输入 0 退出程序。

代码清单 5.15　建立循环

```
216    # 用 while 循环语句控制菜单的显示，如果用户不选择退出（不输入 0），则可以一直输入
217    while True:
```

代码清单 5.15 的解析

第 217 行用 while 循环语句让用户在进行一个查询后继续停留在查询条件输入界面，以便进行下一个查询。

while 循环语句不是代码必需的语句，如果不使用 while 循环语句，则用户进行一个查询后会返回菜单界面（执行第 170～199 行代码）。

5．用户在菜单界面中输入数字 1

代码清单 5.16 的作用如下。

用户在菜单界面中输入数字 1，进入"根据手机号码查询"模块。用 input()函数接收用户输入的手机号码。此时，如果用户输入 0，则退出"根据手机号码查询"模块。

代码清单 5.16　用户在菜单界面输入数字 1

```
218        # 用 if 条件语句根据用户的选择将标题赋给变量 col_name 和生成查询条件
219        if choice_number == 1:       # 根据手机号码查询
220            # 将需要查询的标题赋给变量 col_name
221            col_name = '手机号码'
222            # 弹出询问对话
223            input_txt = input('\n 请输入需要查询的'+col_name+'(可以输入部分数字
               实现模糊查询)，退出查询请按 0：')
224            # 显示用户输入的查询信息
225            message =   '你需要查询'+col_name+'包含的关键字：'+input_txt
226
```

代码清单 5.16 的解析

第 219 行用 if 条件语句判断变量 choice_number 的值。若用户在菜单界面中输入数字 1，则表示选择"根据手机号码查询"模块。

第 221 行将"手机号码"4 个字赋给变量 col_name。

第 223 行用 input()函数接收用户输入的手机号码（可以输入部分数字，以实现模糊查询），并赋给变量 input_txt。

第 225 行将一段提示文字赋给变量 message，并在第 267 行中用 print()函数输出。

代码调试

在第 219 行中，设置一个断点，查看代码中各个变量的值，如图 5-40 所示。

在菜单界面中，输入 1，选择"根据手机号码查询"模块，如图 5-41 所示。

图 5-40 设置断点

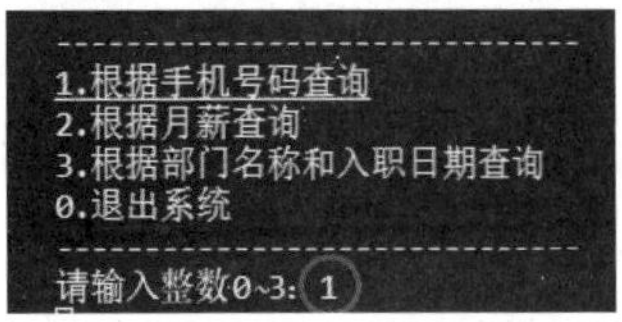

图 5-41 输入 1，选择"根据
手机号码查询"模块

执行第 219 行代码，判断变量 choice_number 的值是否等于 1，如图 5-42 所示。然后执行第 221～225 行代码。

执行第 221 行代码，将"手机号码"4 个字赋给变量 col_name，如图 5-43 所示。

图 5-42 判断变量 choice_number 的值是否等于 1    图 5-43 将"手机号码"4 个字赋给变量 col_name

执行第 223 行代码，用 input()函数给出提示信息，如图 5-44 所示。

图 5-44 用 input()函数给出提示信息

用户输入关键字 139 后按 Enter 键，如图 5-45（a）所示；执行第 223 行代码，将关键字 139 赋给变量 input_txt，如图 5-45（b）所示。

（a）用户输入关键字 139

（b）将 139 赋给变量 input...txt

图 5-45 关键字查询的实现流程

执行第 225 行代码，将一段由提示文字和变量 col_name 的值、变量 input_txt 的值组成的提示信息赋给变量 message，并在第 267 行用 print()函数输出。变量 message 的值是"你需要查询手机号码包含的关键字：139"，如图 5-46 所示。

图 5-46 变量 message 的值

---

6. 用户在菜单界面中输入数字 2

代码清单 5.17 的作用如下。

用户在菜单界面中输入数字 2，进入"根据月薪查询"模块。用 input()函数询问用户是否继续进行查询，如果用户输入 0，则退出"根据月薪查询"模块；如果用户按 Enter 键，则继续用 input()函数接收用户输入的月薪最小值和月薪最大值。

代码清单 5.17　用户在菜单界面中输入数字 2

```
227   elif choice_number == 2:     # 根据月薪查询
228                 # 将需要查询的标题赋给变量 col_name
229                 col_name = '月薪'
230                 # 弹出询问对话
231                 input_txt = input('\n继续['+col_name+']查询请按Enter键, 退出查询请按0: ')
232                 # 用 if 条件语句根据用户的选择判断是否继续执行以下代码
233                 if input_txt != '0':
234                     # 弹出询问对话
235                     input_min = int(input('\n请输入需要查询的'+col_name+'最小值
                        (整数): '))
236                     input_max = int(input('请输入需要查询的'+col_name+'最大值(整
                        数): '))
237
238                     # 将用户输入的月薪最大值和月薪最小值组合成字符串，并赋给变量 input_txt
239                     input_txt = str(input_min) + '-' + str(input_max)
240                     # 显示用户输入的查询信息
241                     message = '你需要查询'+col_name+'在('+input_txt+')之间的数据'
242
```

代码清单 5.17 的解析

第 227 行用 if 条件语句的分支 elif 判断变量 choice_number 的值。若用户在菜单界面中输入数字 2，则表示选择"根据月薪查询"模块。

第 229 行将"月薪"两个字赋值给变量 col_name。

第 231 行用 input()函数接收用户输入的月薪（用户按 Enter 键表示进行查询；用户输入 0 表示结束当前查询，退出"根据月薪查询"模块），并赋给变量 input_txt。

第 233 行用 if 条件语句判断变量 input_txt 的值。若用户输入的数字不等于 0，则表示继续进行查询。

第 235 行和第 236 行用 input()函数接收用户输入的月薪最小值和月薪最大值（文本型数字），用 int()函数将它们转换为整数后分别赋给变量 input_min 和变量 input_max。

第 239 行将用户输入的月薪最小值和月薪最大值用 str()函数转换为字符串，并组合起来赋给变量 input_txt。

第 241 行将一段提示文字赋给变量 message，并在第 267 行中用 print()函数输出。

知识扩展

第 235 行和第 236 行代码用 int()函数转换用户输入的数值，因为用户可能会输入不是整数的字符，如图 5-47（a）所示。如果不用 int()函数，如图 5-47（b）所示，则用户可以输入带小数点的数字，这和要求输入整数不相符，如图 5-47（c）所示。

（a）用 int()函数避免用户输入不是整数的字符

图 5-47　int()函数的作用

（b）不用 int() 函数

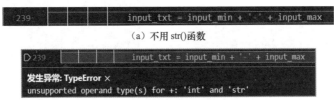

（c）用户可以输入带小数点的数字

图 5-47 int() 函数的作用（续）

第 235 行和第 236 行代码用 int() 函数转换变量的数据类型为数值，当在第 239 行代码中连接两个变量组合时，就需要先用 str() 函数再次将变量的数据类型转换为字符串。如果不用 str() 函数，如图 5-48（a）所示，则会提示数值型变量是不能连接的，如图 5-48（b）所示。

（a）不用 str() 函数

（b）数值型变量是不能连接的

图 5-48 str() 函数的作用

代码调试

在第 227 行代码中，设置一个断点，查看代码中各个变量的值，如图 5-49 所示。

在菜单界面中，输入数字 2，选择"根据月薪查询"模块，如图 5-50 所示。

图 5-49 设置断点

图 5-50 输入数字 2，选择"根据月薪查询"模块

执行第 227 行代码，判断变量 choice_number 的值是否等于 2，如图 5-51 所示。然后执行第 228~241 行代码。

图 5-51 变量 choice_number 的值是否等于 2

执行第 229 行代码，将"月薪"两个字赋给变量 col_name，如图 5-52 所示。

执行第 231 行代码，用 input() 函数给出提示信息，如图 5-53 所示。

图 5-52 将"月薪"两个字赋给变量 col_name

图 5-53 用 input() 函数给出提示信息

执行第 231 行代码后按 Enter 键，将一个空值赋给变量 input_txt。执行第 233 行代码，用 if 条件语句判断变量 input_txt 的值是否不等于 0，如图 5-54 所示，所以继续执行第 235 行和第 236 行代码，让用户输入月薪最小值和月薪最大值。

图 5-54　变量 input_txt 的值是否不等于 0

执行第 235~236 行代码，用 input() 函数给出提示信息，此时输入月薪最小值 0 和月薪最大值 10000，如图 5-55（a）所示。将输入的数据 0 和 10000 分别赋给变量 input_min 与变量 input_max，如图 5-55（b）所示。

（a）输入月薪最小值 0 和月薪最大值 10000　　　（b）将输入的数据 0 和 10000 分别赋给变量 input_min 和变量 input_max

图 5-55　输入月薪最小值和最大值并给变量赋值

执行第 239 行代码，用 str() 函数将用户输入的月薪最小值 0 和月薪最大值 10000 转换为字符串，并把组合后的字符串赋给变量 input_txt，如图 5-56 所示。

图 5-56　给变量 input_txt 赋值

执行第 241 行代码，将一段由提示文字和变量 col_name 的值、变量 input_txt 的值组成的提示信息赋给变量 message，并在第 267 行用 print() 函数输出，变量 message 的值是"你需要查询月薪在 0~10000 的数据"，如图 5-57 所示。

图 5-57　变量 message 的值

7. 用户在菜单界面中输入数字 3

代码清单 5.18 的作用如下。

用户在菜单界面中输入数字 3，进入"根据部门名称和入职日期查询"模块。用 input() 函数询问用户是否继续进行查询，如果用户输入 0，则退出"根据部门名称和入职日期查询"模块；如果用户按 Enter 键，则调用 department_get() 函数和 workyear_get() 函数获取用户选择的查询条件。

代码清单 5.18　用户在菜单界面中输入数字 3

```
243          elif choice_number == 3:    # 根据部门名称和入职日期查询
244              # 弹出询问对话
```

```
245              input_txt = input('\n 继续[部门名称和入职日期]查询请按 Enter 键,退出查
                 询请按 0: ')
246              # 用 if 条件语句根据用户的选择判断是否继续执行以下代码
247              if input_txt != '0':
248                  # 将需要查询的标题赋给变量 col_name
249                  col_name = '部门名称'
250                  # 获取部门名称查询条件
251                  choice_department_txt = department_get(df_source)
252                  # 将字符串转换为列表,用于后续查询的关键字(字符串不能作为关键字)
253                  choice_department_list = choice_department_txt.split(",")
254                  # 将需要查询的标题赋给变量 col_name
255                  col_name = '入职日期'
256                  # 获取入职年份查询条件
257                  choice_workyear_txt = workyear_get(df_source)
258                  # 显示用户选择的查询信息
259                  message='你要查询:部门名称:('+choice_department_txt+')/入职
                     日期:('+choice_workyear_txt+')'
260
```

代码清单 5.18 的解析

第 243 行用 if 条件语句的分支 elif 判断变量 choice_number 的值。若用户在菜单界面中输入数字 3,则表示选择"根据部门名称和入职日期查询"模块。

第 245 行用 input()函数接收用户的输入(若用户按 Enter 键,表示进行查询;若输入 0,表示结束当前查询,退出"根据部门名称和入职日期查询"模块),并赋给变量 input_txt。

第 247 行用 if 条件语句判断变量 input_txt 的值。若用户不输入 0,则继续进行查询。

第 249 行将"部门名称"4 个字赋给变量 col_name。

第 251 行调用 department_get()函数获取部门名称作为查询条件,将对象 df_source 作为参数传递给 department_get()函数,并将 department_get()函数的返回结果(部门名称)赋给变量 choice_department_txt。

第 253 行根据分隔符","用 split()函数将变量 choice_department_txt 的值拆分转换为列表,并赋给列表变量 choice_department_list。

第 255 行将"入职日期"4 个字赋给变量 col_name。

第 257 行调用 workyear_get()函数获取入职年份作为查询条件,将对象 df_source 作为参数传递给 workyear_get()函数,并将 workyear_get()函数的返回结果(入职日期)赋给变量 choice_workyear_txt。

第 259 行将一段提示文字赋给变量 message,并在第 267 行中用 print()函数输出。

知识扩展

关于 split()函数更详细的介绍,可以参见代码清单 4.26 下面的"知识扩展"部分。

代码调试

在第 243 行中设置一个断点,查看代码中各个变量的值,如图 5-58 所示。因为还没有讲解 department_get()函数和 workyear_get()函数,所以函数的具体代码暂时略过。

```
243 ∨        elif choice_number == 3:    # 根据部门名称和入职日期查询
```

图 5-58 设置断点

在菜单界面中，输入 3，选择"根据部门名称和入职日期查询"模块，如图 5-59 所示。

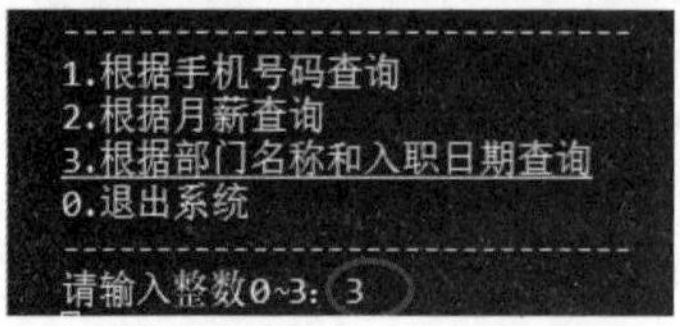

```
1.根据手机号码查询
2.根据月薪查询
3.根据部门名称和入职日期查询
0.退出系统
请输入整数0~3: 3
```

图 5-59 在菜单界面输入 3，选择"根据部门名称和入职日期查询"模块

执行第 243 行代码，判断变量 choice_number 的值是否等于 3，如图 5-60 所示。然后执行第 245～259 行代码。

```
242                          3
243      elif choice_number == 3:    # 根据部门名称和入职日期查询
```

图 5-60 变量 choice_number 的值是否等于 3

执行 245 行代码，用 input()函数给出提示信息，如图 5-61 所示。

```
继续[部门名称和入职日期]查询请按 Enter 键，退出查询请按0:
```

图 5-61 用 input()函数给出提示信息

执行第 245 行代码后按 Enter 键，将一个空值赋给变量 input_txt，如图 5-62 所示。执行第 247 行代码，用 if 条件语句判断出变量 input_txt 的值是否不等于 0，所以继续执行第 249～259 行代码，让用户可以继续选择部门名称和输入入职年份。

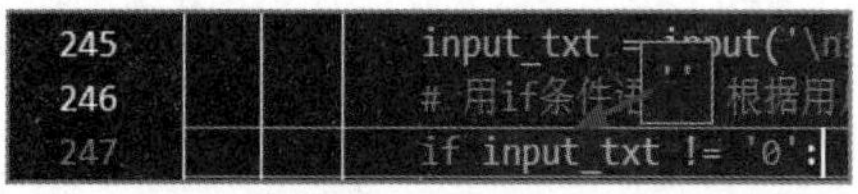

```
245      input_txt = input('\n
246      # 用if条件语   根据用
247      if input_txt != '0':
```

图 5-62 按 Enter 键将一个空值赋给变量 input_txt

执行第 249 行代码，将"部门名称"4 个字赋给变量 col_name，如图 5-63 所示。

```
248      # 将需要   '部门名称'  赋值给col_name
249      col_name = '部门名称'
```

图 5-63 将"部门名称"4 个字赋给变量 col_name

执行第 251 行，调用 department_get()函数，在菜单界面中输入 13，选择"办公室和销售部"，如图 5-64 所示。

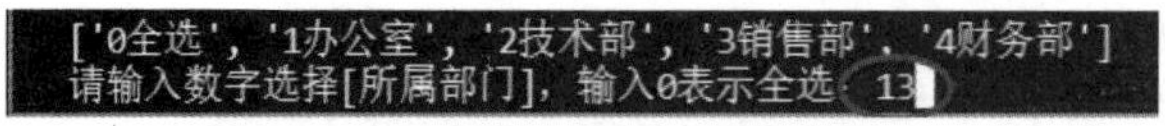

```
['0全选', '1办公室', '2技术部', '3销售部', '4财务部']
请输入数字选择[所属部门]，输入0表示全选 13
```

图 5-64 输入 13，选择"办公室和销售部"

执行第 251 行代码后，department_get()函数会返回字符串"办公室,销售部"，并赋给变量 choice_department_txt，如图 5-65 所示。

```
250                    # 获取部门名称查询条   '办公室,销售部'
251                    choice_department_txt = department_get(df_source)
```

图 5-65　将字符串"办公室，销售部"赋值给变量 choice_department_txt

执行第 253 行代码，根据分隔符 "," 用 split() 函数将变量 choice_department_txt 的值拆分为列表，并赋给列表变量 choice_department_list，如图 5-66 所示。

```
253                    choice_department_list = choice_department_txt.split(",")
254                    # 将需要查询的标题，赋   ['办公室', '销售部']
255                    col_name = '入职日期      > special variables
256                    # 获取入职年份查询条件   > function variables
257                    choice_workyear_txt           0: '办公室'
258                    # 显示用户选择的查询信          1: '销售部'
259                    message='你要查询：部         len(): 2
```

图 5-66　用 split() 函数将变量 choice_department_txt 的值拆分转换为列表

执行第 255 行代码，将"入职日期"4 个字赋给变量 col_name，如图 5-67 所示。

```
253                              choice_department_list =
254                              # 将需   '入职日期'   赋值给
255                              col_name = '入职日期'
```

图 5-67　将"入职日期"4 个字赋给变量 col_name

执行第 257 行代码，调用 workyear_get() 函数，在入职年份范围内输入入职年份的最小值 2010 和最大值 2015，如图 5-68 所示。

```
['2010', '2011', '2012', '2013', '2014', '2015']
请输入查询的最小入职年份（2010—2015）：2010
请输入查询的最大入职年份（2010—2015）：2015
你选择入职年份：2010-2015
```

图 5-68　输入入职年份的最小值 2010 和最大值 2015

执行第 257 行代码后，workyear_get() 函数会返回字符串"2010-2015"，并赋给变量 choice_workyear_txt，如图 5-69 所示。

```
256                    # 获取入职年份查询   '2010—2015'
257                    choice_workyear_txt = workyear_get(df_source)
```

图 5-69　将字符串"2010-2015"赋给变量 choice_workyear_txt

执行第 259 行代码，将一段由提示文字和变量 choice_department_txt 的值、变量 choice_workyear_txt 的值组成的提示信息赋给变量 message，并在第 267 行用 print() 函数输出，如图 5-70 所示。

```
258          # 显示   '你要查询：部门名称：(办公室,销售部)/入职日期：(2010—2015)'
259          message='你要查询：部门名称：('+choice_department_txt+')/入职日期：('+choice_workyear_txt+')
```

图 5-70　变量 message 的值

8. 用户在菜单界面输入数字 0
代码清单 5.19 的作用如下。

用户在菜单界面中输入数字 0，退出查询模块，返回菜单界面。

代码清单 5.19　用户在菜单界面中输入 0

```
261              # 使用 if 条件语句, 根据用户的输入判断是退出程序还是进行查询
262              if input_txt == '0':     # 退出查询
263                  # 跳出 while 循环后, 用 return 语句结束程序
264                  break
```

代码清单 5.19 的解析

这里输入的 0 不是菜单中的 0。输入数字 0 用于退出查询模块，返回菜单界面。

第 262 行用 if 条件语句判断变量 input_txt 的值。若用户输入 0，则结束查询，继续执行第 264 行代码。

第 264 行用 break 语句退出第 217 行建立的 while 循环，返回菜单界面（执行第 173～199 行代码）。

9. 根据手机号码查询数据

代码清单 5.20 的作用如下。

用户在菜单界面中输入数字 1，进入"根据手机号码查询"模块。以用户输入的关键字作为查询条件，获取相应的查询结果。

代码清单 5.20　根据手机号码查询数据

```
265          else:                        # 查询
266              # 信息提示
267              print('【信息提示】: 正在开始查询, '+message)
268              # 用 if 条件语句判断用户的选择
269              if choice_number == 1:            # 根据手机号码查询
270                  # 数据查询
271                  df_result = df_source[df_source[col_name].str.contains
                     (input_txt)]
272                  # 将数据写入 Excel 文档(pandas 模块不需要先删除"查询结果"文件的数据,
                     # 它会直接生成新的数据文件)
273                  df_result.to_excel(file_name_target,sheet_name=sheet_name_
                     target,index=False)
274
```

代码清单 5.20 的解析

第 265 行用 if 条件语句的分支 else 处理变量 input_txt 的值不等于 0 的情况，进入查询模块。

第 267 行用 print()函数输出一条提示信息，即输出在第 225 行、第 241 行、第 259 行赋给变量 message 的值。

第 269 行用 if 条件语句判断变量 choice_number 的值。若用户在菜单界面中输入数字 1，则表示选择"根据手机号码查询"模块。

第 271 行使用 str.contains()命令，通过关键字实现模糊查询，并将查询结果赋给对象 df_result。

第 273 行用 to_excel()命令将对象 df_result 保存为 Excel 文档，用变量 file_name_target 的值指定保存的文件名，用变量 sheet_name_target 的值指定保存的表名，参数 index=False 表示不添加索引。

知识扩展

第 271 行代码用不同的写法读取对象 df_source，有不同的结果。

如果只读取其中一列数据，则直接在对象 df_source 后面的中括号中写明列名即可，如图 5-71（a）所示，得到的查询结果如图 5-71（b）所示。

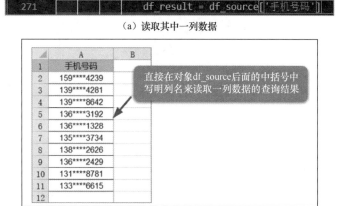

```
270    # 数据查询
271    df_result = df_source['手机号码']
```

（a）读取其中一列数据

	A	B
1	手机号码	
2	159****4239	
3	139****4281	
4	139****8642	
5	136****3192	
6	136****1328	
7	135****3734	
8	138****2626	
9	136****2429	
10	131****8781	
11	133****6615	
12		

（b）直接在对象 df_source 后面的中括号中写明列名的查询结果

图 5-71 读取指定列的数据

如果想通过关键字查询某一列中的部分数据，例如，查询“手机号码”列中包含关键字 139 的手机号码，则需要用 str.contains()命令（这个命令的作用类似于 SQL 语句中的 like）。str 的作用就是将一列数据转换为类似于 strings 的文本，contains 的意思是包含，即包含关键字 139，如图 5-72 所示。

```
df_result = df_source[df_source['手机号码'].str.contains('139')]
```

图 5-72 用 str.contains()命令查询“手机号码”列中包含关键字 139 的手机号码

这行代码首先筛选出对象 df_source 的“手机号码”列中的每一条记录，对每条记录是否包含关键字 139 进行判断。如果包含，则返回 True；如果不包含，则返回 False。其次，将这个结果传递给对象 df_source，用对象 df_source 将传进来的布尔值为 True（真）的行组成一个新的 DataFrame 并赋给对象 df_result，形成最终查询结果，如图 5-73 所示。

	A	B	C
1	姓名	手机号码	员工编号
2	陈二	139****4281	100011001102
3	张三	139****8642	100012002213
4			

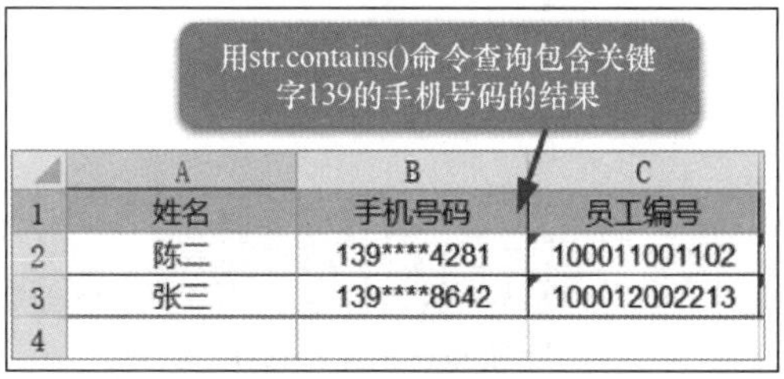

图 5-73 用 str.contains()命令查询包含关键字 139 的手机号码的结果

如果想查询某一列中匹配多个关键字的数据，例如，查询“手机号码”列中包含关键字 139 或者 135 的手机号码，则可以加入“|”（或）运算符，如图 5-74（a）所示，得到的查询结果如

图 5-74（b）所示。

(a) 加入 "|"（或）运算符实现多个关键字查询

(b) 加入 "|"（或）运算符查询匹配多个关键字的手机号码的结果

图 5-74 查询某一列中匹配多个关键字的数据

代码调试

在第 269 行中，设置一个断点，查看代码中各个变量的值，如图 5-75 所示。

图 5-75 设置断点

在菜单界面中，输入数字 1，选择 "根据手机号码查询" 模块，如图 5-76（a）所示，然后根据提示输入关键字 139，进行查询，如图 5-76（b）所示。

```
-------------------------
1.根据手机号码查询
2.根据月薪查询
3.根据部门名称和入职日期查询
0.退出系统
-------------------------
请输入整数0~3: 1
```

(a) 在菜单界面输入数字 1，选择 "根据手机号码查询" 模块

```
请输入需要查询的手机号码(可以输入部分数字实现模糊查询)，退出查询请按0: 139
```

(b) 根据提示输入关键字 139，进行查询

图 5-76 根据手机号码查询

执行第 269 行代码，判断变量 choice_number 的值是否等于 1，如图 5-77 所示，然后执行第 271~274 行代码。

```
268                # 用if条件语句  1  断用户的选择
269                if choice_number == 1:        # 根据手机号码
```

图 5-77 变量 choice_number 的值是否等于 1

执行第 271 行代码，用 str.contains() 命令判断列的数据是否包括关键字，如图 5-78（a）所示，将筛选后的 DataFrame（手机号码中包含关键字 139 的两条记录）赋给对象 df_result，如图 5-78（b）所示。

```
271                    df_result = df_source[df_source[col_name].str.contains(input_txt)]
```

（a）用 str.contains()命令判断列的数据是否包括关键字

```
271                                    df_result = df_source[df_source[col_name]
272              # 将数据          姓名        手机号码          员工编号
273              df_resul         [0:2] : [array(['陈二', '139***
```

（b）将筛选后的 DataFrame（手机号码中包含关键字 139 的记录）赋给对象 df_result

图 5-78   筛选数据并给对象 df_result 赋值

执行第 273 行代码，用 to_excel()命令将对象 df_result 保存为 Excel 文档，用变量 file_name_target 的值指定保存的文件名，用变量 sheet_name_target 的值指定保存的表名，如图 5-79（a）所示，保存的结果如图 5-79（b）所示。

```
df_result.to_excel(file_name_target,sheet_name=sheet_name_target,index=False)
```

（a）用 to_excel()命令将对象 df_result 保存为 Excel 文档

	A	B	C
	将对象df_result保存为Excel 文档的结果		
1	姓名	手机号码	员工编号
2	陈二	139****4281	100011001102
3	张三	139****8642	100012002213
4			

（b）将对象 df_result 保存为 Excel 文档的结果

图 5-79   将对象 df_result 保存为 Excel 文档

10．根据月薪查询数据

代码清单 5.21 的作用如下。

用户在菜单界面中输入数字 2，进入"根据月薪查询"模块。以用户输入的月薪最小值和月薪最大值作为查询条件，获取相应的查询结果。

代码清单 5.21   根据月薪查询数据

```
275              elif choice_number == 2:              # 根据月薪查询
276                  # 数据查询
277                  df_result = df_source[(df_source[col_name]>=input_min) &
                     (df_ source[col_name]<=input_max)]
278                  # 将数据写入Excel 文档(pandas 模块不需要先删除"查询结果"文件的数据，
                     # 它会直接生成新的数据文件)
279                  df_result.to_excel(file_name_target,sheet_name=sheet_name_
                     target,index=False)
280
```

代码清单 5.21 的解析

第 275 行用 if 条件语句的分支 elif 判断变量 choice_number 的值。若用户在菜单界面中输入数字 2，则表示选择"根据月薪查询"模块。

第 277 行用>=、<=和&（且）等运算符在一定数值范围内查询月薪，并将查询结果赋给对象 df_result。

第 279 行用 to_excel() 命令将对象 df_result 保存为 Excel 文档，用变量 file_name_target 的值指定保存的文件名，用变量 sheet_name_target 的值指定保存的表名，参数 index=False 表示不添加索引。

知识扩展

当在第 277 行代码中使用&运算符时，每个查询条件都要用小括号括起来。例如，代码中月薪大于或等于 0 元和月薪小于或等于 10000 元的两个条件需要分别用小括号括起来，再用&运算符进行连接，如图 5-80（a）所示。如果用变量代替常量 0 和 10000，则代码的写法如图 5-80（b）所示。

（a）使用&运算符的时候，每个查询条件都要用小括号括起来

```
df_source[(df_source[col_name]>=input_min) & (df_source[col_name]<=input_max)]
```

（b）用变量代替常量的写法

图 5-80　使用&运算符时查询条件的写法

代码调试

在第 275 行中设置一个断点，查看代码中各个变量的值，如图 5-81 所示。

```
● 275        elif choice_number == 2:        # 根据月薪查询
```

图 5-81　设置断点

在菜单界面中输入数字 2，选择"根据月薪查询"模块，如图 5-82（a）所示；然后输入月薪最小值 0（单位是元）和月薪最大值 10000（单位是元），如图 5-82（b）所示。

（a）在菜单界面中输入数字 2，选择"根据月薪查询"模块

```
请输入需要查询的月薪最小值(整数): 0
请输入需要查询的月薪最大值(整数): 10000
```

（b）输入月薪最小值 0 和月薪最大值 10000

图 5-82　根据月薪查询

执行第 275 行代码，用 if 条件语句的分支 elif 判断变量 choice_number 的值是否等于 2，如图 5-83 所示，继续执行第 277～279 行代码。

图 5-83　判断变量 choice_number 的值是否等于 2

执行第 277 行代码，用>=、<=和&等运算符查询一定数值范围内的月薪，如图 5-84（a）所示，将筛选后的 DataFrame（月薪在 0～10000 元的 10 条记录）赋给对象 df_result，如图 5-84（b）所示。

```
df_source[(df_source[col_name]>=input_min) & (df_source[col_name]<=input_max)]
```

(a) 用>=、<=和&（且）等运算符查询一定数值范围内的月薪

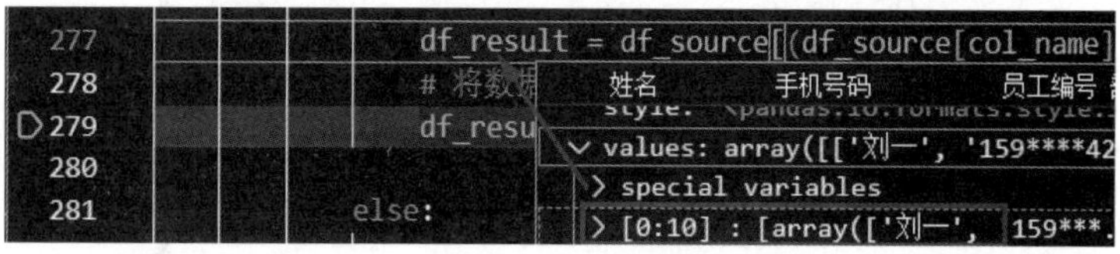

```
277        df_result = df_source[[(df_source[col_name]
278        # 将数据              姓名    手机号码    员工编号
279        df_resu         style.    <pandas.io.formats.style.
280                        v values: array([['刘一', '159****42
281        else:           > special variables
                          > [0:10] : [array(['刘一',  159***.
```

(b) 将筛选后的 DataFrame（月薪为 0～10000 元的 10 条记录）赋给对象 df_result

图 5-84 查询一定范围内的月薪并赋给对象 df_result

执行第 279 行代码，用 to_excel() 命令将对象 df_result 保存为 Excel 文档，用变量 file_name_target 的值指定保存的文件名，用变量 sheet_name_target 的值指定保存的表名，如图 5-85（a）所示，保存的结果如图 5-85（b）所示。

```
df_result.to_excel(file_name_target,sheet_name=sheet_name_target,index=False)
```

(a) 用 to_excel() 命令将对象 df_result 保存为 Excel 文档

将对象 df_result 保存为 Excel 文档的结果

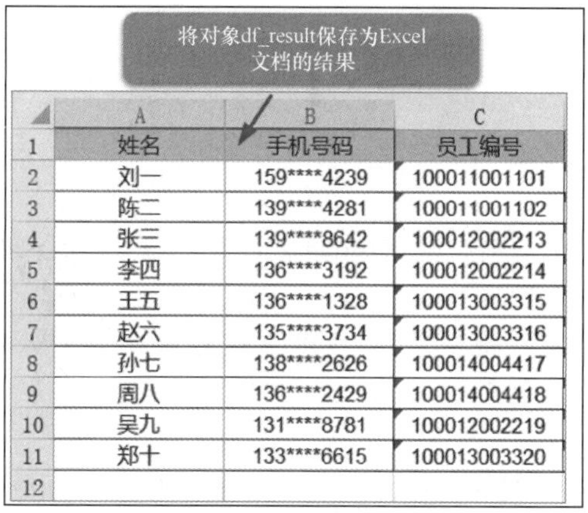

	A	B	C
1	姓名	手机号码	员工编号
2	刘一	159****4239	100011001101
3	陈二	139****4281	100011001102
4	张三	139****8642	100012002213
5	李四	136****3192	100012002214
6	王五	136****1328	100013003315
7	赵六	135****3734	100013003316
8	孙七	138****2626	100014004417
9	周八	136****2429	100014004418
10	吴九	131****8781	100012002219
11	郑十	133****6615	100013003320
12			

(b) 将对象 df_result 保存为 Excel 文档的结果

图 5-85 将对象 df_result 保存为 Excel 文档

11. 根据部门名称和入职日期查询数据

代码清单 5.22 的作用如下。

用户在菜单界面中输入数字 3，进入"根据部门名称和入职日期查询"模块。以用户选择的部门名称和输入的入职年份作为查询条件，获取相应的查询结果。

代码清单 5.22 根据部门名称和入职日期查询数据

```
281        elif choice_number == 3:          # 根据部门名称和入职日期查询
282            # 生成最小年份和最大年份
283            year_min = int(choice_workyear_txt[0:4])
284            year_max = int(choice_workyear_txt[5:9])
285            # 数据查询，isin()命令的参数要用列表，不能用字符串
286            df_result = df_source[df_source['部门名称'].isin(choice_
287            department_list) &((df_source['workyear']>=year_min) & (df_
               source ['workyear']<=year_max))].copy()
288
```

```
289                    # 删除查询结果的临时列(删除 DataFrame 的临时列)
290                    df_result.drop(['department','workyear'],axis=1,inplace=True)
291
292                    # 将数据写入 Excel 文档(pandas 模块不需要先删除"查询结果"文件的数据,
                       # 它会直接生成新的数据文件)
293                    df_result.to_excel(file_name_target,sheet_name=sheet_name_
                       target,index=False)
294
295               # 以下两种方式都可以实现返回查询记录数
296               find_result = df_result.shape[0]       # 返回查询记录数(不含标题行)
297               find_result = len(df_result.index)     # 返回查询记录数(不含标题行)
298
```

代码清单 5.22 的解析

第 281 行是 if 条件语句的分支 elif 判断变量 choice_number 的值是否等于 3,若等于 3,则表示选择"根据部门名称和入职日期查询"模块,执行第 283~297 行代码。

第 283 行用 int()函数将变量 choice_workyear_txt 的前 4 个数字转换为数值,并赋给变量 year_min。

第 284 行用 int()函数将变量 choice_workyear_txt 的值的第 5~8 个数字转换为数值,并赋给变量 year_max。

第 286 行和第 287 行通过组合条件"部门名称和入职日期"查询数据,并将查询结果赋给对象 df_result。

第 290 行用 drop()命令删除用 department_get()函数和 workyear_get()函数建立的临时列 department、workyear。

第 293 行用 to_excel()命令将对象 df_result 保存为 Excel 文档,用变量 file_name_target 的值指定保存的文件名,用变量 sheet_name_target 的值指定保存的表名,参数 index=False 表示不添加索引。

第 296 行和第 297 行将查询的记录数(不含标题)赋给变量 find_result。

知识扩展

第 271 行代码的 contains()函数用于检查列中的每个值是否包含关键字。例如,"手机号码"列中的每个值是否包含关键字 139。

但是列表变量 choice_department_list 的值是一个列表,如办公室、销售部等,所以第 286 行代码要用 isin()函数来读取列表变量 choice_department_list 的值。

isin()函数会检查列中的每个值是否在列表中。例如,'办公室' in ['办公室', '销售部']用于检查"办公室"是否在列表中。

isin()函数的作用类似于 SQL 语句中的 in,contains()函数的作用类似于 SQL 语句中的 like。换言之,isin()函数是按列工作的,可用于所有类型的数据;contains()函数在元素层面上起作用,只在处理字符串时有意义。

第 286 行代码中的对象 df_source 使用了一个临时列 workyear,这个临时列是 workyear_get()函数建立的,这会在讲解 workyear_get()函数时详细介绍。

在第 286 行和第 287 行代码的查询条件中,用 isin()函数判断列的数据是否在用户选择的部门列表中(例如,"办公室、销售部"),并且判断入职年份(workyear)是否大于或等于用户输入的最小值(例如,2010)、小于或等于用户输入的最大值(例如,2015)。

第 287 行代码的 copy()命令用于防止运行代码时产生 SettingWithCopyWarning 链式赋值警告。这个警告到底是怎么回事？删除 copy()命令看看，如图 5-86（a）所示。

在菜单界面中，输入数字 3，选择"根据部门名称和入职日期查询"模块，部门名称选择"办公室、销售部"，入职年份选择"2012—2015"，如图 5-86（b）所示。

运用调试功能，发现在执行第 290 行代码时，如图 5-86（c）所示，出现了 SettingWithCopyWarning 链式赋值警告，如图 5-86（d）所示，警告的大概意思是"试图在数据帧切片的副本上设置值"。

这就是很多人在学习 pandas 模块时会遇到的经典 SettingWithCopyWarning 链式赋值警告。

首先，要理解 SettingWithCopyWarning 是一个警告，而不是错误。警告的作用是提醒编程人员代码可能存在潜在的错误或问题，但是这些操作在该编程语言中依然合法，只不过操作可能没有按预期执行，需要检查结果以确保没有出错。

其次，要理解链式赋值。链式就是进行多次同类型的操作，对于一个 DataFrame 来说，链式赋值相当于使用条件检索后对 DataFrame 进行了一次检索，生成了一个查询结果，然后对这个查询结果再进行选取或者赋值。例如，a=b=5，a、b、5 在同一个链条上，通过将 5 赋给变量 b，再将变量 b 的值赋给变量 a，实现了一次链式赋值操作。

在本书的案例中，第 286 行代码对源对象 df_source 进行了一次查询操作并将查询结果赋给对象 df_result，这个查询结果对象 df_result 很可能是源对象 df_source 本身（也有可能是源对象 df_source 的副本，我们无法判断），所以在第 290 行代码中的删除操作就是一个典型的链式赋值操作。

在删除查询结果临时列时，这个链式赋值操作也有可能修改源对象 df_source 的数据。例如，第一次赋值时，a=b=5，变量 a 和变量 b 的值均为 5，但是修改变量 a 的值为 3 后，变量 b 的值也有可能修改为 3。所以当 pandas 模块检测到链式赋值时就会产生上述警告。

如果选择忽视这个警告，那么最好查看一下赋值操作有没有成功。虽然可能 99%的赋值操作是成功的，但是不代表每一次都能成功，所以不要忽视这个警告。

解决这个链式赋值问题最好的方案是在创建新 DataFrame 时明确告知 pandas 模块创建一个副本，对副本进行修改不会影响到原始对象，即在第 286 行和第 287 行代码中加入 copy()命令，这样修改查询结果对象 df_result 时就不会影响到源对象 df_source，如图 5-86（e）所示。

```
df_result = df_source[df_source['部门名称'].isin(choice_department_list) &
              ((df_source['workyear']>=year_min) & (df_source['workyear'[<=year_max))]]
```

（a）删除 copy()命令

```
3.根据部门名称和入职日期查询
0.退出系统
--------------------------------
请输入整数0~3: 3

继续[部门名称和入职日期]查询请按回车键，退出查询请按0:
['0全选', '1办公室', '2技术部', '3销售部', '4财务部']
请输入数字选择[所属部门]，输入0表示全选: 13
你选择了这些部门: 办公室,销售部

[2010, 2011, 2012, 2013, 2014, 2015]
请输入查询的最小入职年份（2010—2015）: 2010
请输入查询的最大入职年份（2010—2015）: 2015
你选择入职年份: 2010—2015
```

（b）部门名称选择"办公室、销售部"，入职日期选择"2012—2015"

```
289           # 删除查询结果临时列(删除DataFrame的临时列)
290           df_result.drop(['department','workyear'],axis=1,inplace=True)
```

（c）用 drop()命令删除临时列

图 5-86　链式赋值警告的产生和防止

```
: SettingWithCopyWarning:
A value is trying to be set on a copy of a slice from a DataFrame
```

（d）经典 SettingWithCopyWarning 链式赋值警告

```
df_result = df_source[df_source['部门名称'].isin(choice_department_list) &
            ((df_source['workyear']>=year_min) & (df_source['workyear']<=year_max))].copy()
```

（e）加入 copy()命令防止出现链式赋值问题

图 5-86　链式赋值警告的产生和防止（续）

第 290 行代码用 drop()命令删除用第 251 行的 department_get()函数和第 257 行的 workyear_get()函数建立的临时列 department、workyear。如果不用 drop()命令，则保存的 Excel 文档会包含临时创建的 department 和 workyear 两列数据，如图 5-87（a）所示。

使用 drop()命令默认删除行。如果删除列，则不仅需要加入参数 axis=1，还需要加入参数 inplace=True 以表示删除立即生效。如果不加入参数 inplace=True，如图 5-87（b）所示，则保存的 Excel 文档和没有使用 drop()命令保存的 Excel 文档是一样的，如图 5-87（c）所示。

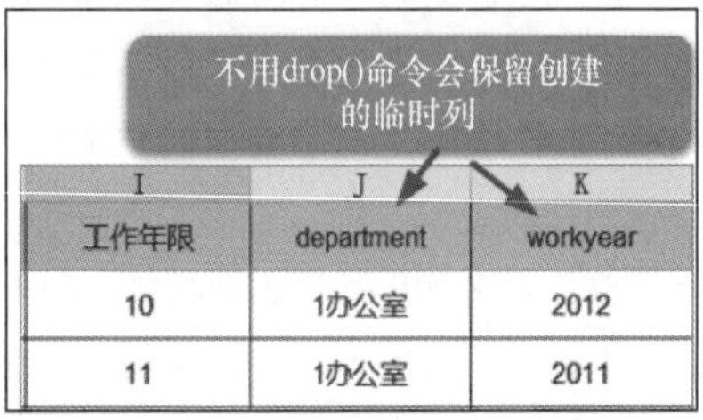

I	J	K
工作年限	department	workyear
10	1办公室	2012
11	1办公室	2011

不用drop()命令会保留创建的临时列

（a）不用 drop()命令会保留创建的临时列

```
df_result.drop(['department','workyear'],axis=1)
```

（b）drop()命令没有加入参数 inplace=True

I	J	K
工作年限	department	workyear
10	1办公室	2012
11	1办公室	2011

没有加入参数inplace=True和没有使用drop()命令是一样的

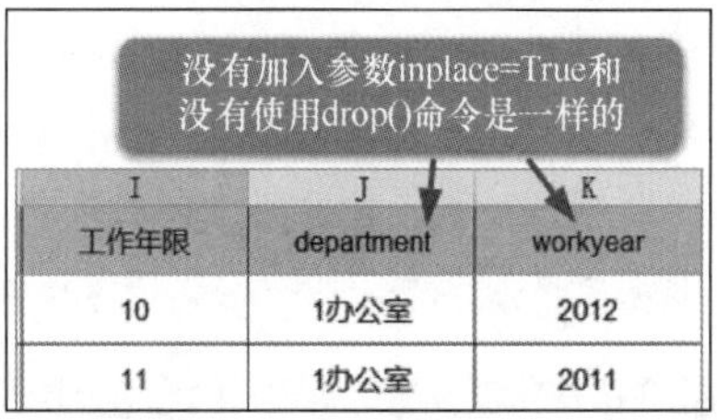

（c）没有加入参数 inplace=True 和没有使用 drop()命令是一样的

图 5-87　drop()命令的使用

第 296 行和第 297 行代码是返回查询记录数的两种不同写法，读者可以根据实际需求使用其中一种，如图 5-88 所示。

```
295          # 以下两种方式都可以用于返回查询记录数
296          find_result = df_result.shape[0]
297          find_result = len(df_result.index)
```

图 5-88　返回查询记录数的两种不同写法

代码调试
在第 281 行中，设置一个断点，查看代码中各个变量的值，如图 5-89 所示。

```
● 281 ∨        elif choice_number == 3:        # 根据部门名称和入职日期查询
```

图 5-89　设置断点

在菜单界面中，输入数字 3，选择"根据部门名称和入职日期查询"模块，如图 5-90（a）所示；然后，输入"13"选择"办公室、销售部"，如图 5-90（b）所示；分别输入"2010"和"2015"，选择入职年份，如图 5-90（c）所示。

（a）在菜单界面中输入数字 3，选择"根据部门名称和入职日期查询"模块

（b）部门选择"办公室、销售部"

（c）选择入职年份

图 5-90　根据部门名称和入职日期查询

执行第 281 行代码，判断变量 choice_number 的值是否等于 3，如图 5-91 所示，继续执行第 283～297 行代码。

图 5-91　判断变量 choice_number 的值是否等于 3

执行第 283 行代码，将变量 choice_workyear_txt 的前 4 位数字（2010）赋给变量 year_min，如图 5-92 所示。

执行 284 行代码，将变量 choice_workyear_txt 的第 5～8 位数字（2015）赋给变量 year_max，如图 5-93 所示。

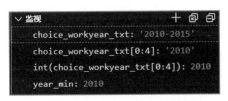

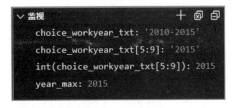

图 5-92　将变量 choice_workyear_txt 的值的　　　　图 5-93　将变量 choice_workyear_txt 的值的
前 4 位数字赋给变量 year_min　　　　　　　　　第 5～8 个数字赋给变量 year_max

当执行第 286 行和第 287 行代码时，查询条件的部门名称为"办公室、销售部"，入职日期为晚于或等于 2010 年且早于或等于 2015 年，如图 5-94 所示。

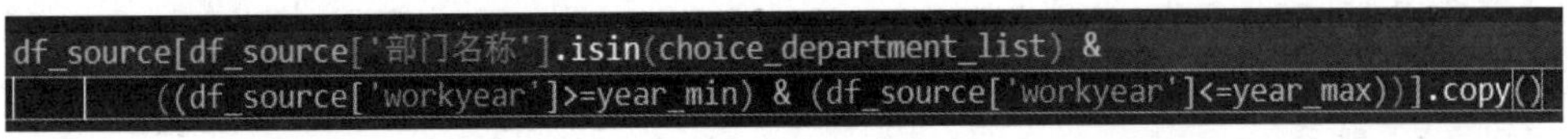

```
df_source[df_source['部门名称'].isin(choice_department_list) &
    ((df_source['workyear']>=year_min) & (df_source['workyear']<=year_max))].copy()
```

图 5-94　部门名称为"办公室、销售部"，入职时间为 2010 年至 2015 年

执行第 286 行和第 287 行代码，将筛选后的 DataFrame 赋给对象 df_result，如图 5-95 所示。

图 5-95 将筛选后的 DataFrame 赋给对象 df_result

执行第 290 行代码，在 drop()命令中加入参数 inplace=True，删除用 department_get()函数和
workyear_get()函数建立的临时列 department、workyear，如图 5-96（a）所示，保存的 Excel 文
档结果如图 5-96（b）所示。

```
# 删除查询结果临时列(删除DataFrame的临时列)
df_result.drop(['department','workyear'],axis=1,inplace=True)
```

（a）用 drop()命令删除临时列

H	I	J	K
入职日期	工作年限		
2012-05-01	10		
2011-04-01	11		

（b）删除后 Excel 文档的结果

图 5-96 删除临时表

执行第 293 行代码，用 to_excel()命令将对象 df_result 保存为 Excel 文档，用变量
file_name_target 的值指定保存的文件名，用变量 sheet_name_target 的值指定保存的表名，如
图 5-97（a）所示，保存的结果如图 5-97（b）所示。

```
# 将数据写入Excel文件(pandas不需要先删除查询结果文件数据，是直接生成新的数据文件)
df_result.to_excel(file_name_target,sheet_name=sheet_name_target,index=False)
```

（a）用 to_excel()命令将对象 df_result 保存为 Excel 文档

将对象df_result保存为Excel
文档的结果

	A	B	C	D	E	F	G	H	I
1	姓名	手机号码	员工编号	部门编号	部门名称	职务	月薪/元	入职日期	工作年限
2	刘一	159****4239	100011001101	1	办公室	经理	8,000.00	2012-05-01	10
3	陈二	139****4281	100011001102	1	办公室	文员	5,000.50	2011-04-01	11
4	王五	136****1328	100013003315	3	销售部	销售主管	7,500.30	2014-12-01	8
5	赵六	135****3734	100013003316	3	销售部	销售员	6,000.00	2012-11-01	10
6	郑十	133****6615	100013003320	3	销售部	销售员	5,600.00	2010-06-01	12

（b）将对象 df_result 保存为 Excel 文档的结果

图 5-97 将对象 df_result 保存为 Excel 文档

执行第 296 行代码，将对象 df_result 的属性 shape 的第一个值（5，表示 5 条记录，不含标
题行）赋给变量 find_result，如图 5-98（a）所示。执行第 297 行代码，用 len()函数计算出对象
df_result 的属性 index 的长度——5（表示 5 条记录，不含标题行）后，把它赋给变量 find_result，
如图 5-98（b）所示。

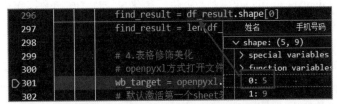

（a）将对象 df_result 的属性 shape 的第一个值赋给变量 find_result

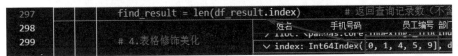

（b）用 len()函数计算对象 df_result 的属性 index 的长度并赋给变量 find_result

图 5-98　返回查询记录数

12. 数据的美化与修饰和信息提示

代码清单 5.23 的作用如下。

用 openpyxl 模块的命令打开已经保存的"查询结果"文件，调用 data_beautify()函数对表格数据进行美化与修饰；用 openpyxl 模块的命令保存美化与修饰后的数据，并用 print()函数输出提示信息。

代码清单 5.23　数据的美化与修饰和信息提示

```
299            # 数据的美化与修饰
300            # 用 openpyxl 模块的命令打开文件(对象 workbook)
301            wb_target = openpyxl.load_workbook(file_name_target)
302            # 默认激活第一个表格
303            sheet_target = wb_target['查询结果']
304            # 数据的美化与修饰
305            data_beautify(sheet_target,title_list_source)
306
307            #保存数据（openpyxl 模块语句）
308            wb_target.save(file_name_target)
309
310            # 显示查询结果信息
311            # 用 if 条件语句判断返回的结果，根据返回结果显示不同的提示信息
312            if find_result == 0:
313                # 信息提示
314                print('查询结束，查询结果为 0\n')
315            else:        # pandas 模块可以获取数据的行数，不包括标题行，所以不需要减 1
316                # 信息提示
317                print('查询结束,查询结果有'+str(find_result)+'条记录,',end='')
318                print('查询的数据保存在<<'+file_name_target+'>>文件中！\n')
319
320
```

代码清单 5.23 的解析

第 301 行用 openpyxl.load_workbook()命令读取变量 file_name_target 的值，打开用 pandas 模块的命令保存的"查询结果"文件，并赋给 wb_target 对象。

第 303 行将对象 wb_target 中名称为"查询结果"的表格赋给对象 sheet_target。

第 305 行调用 data_beautify()函数对数据进行美化与修饰（该函数不需要返回值）。

第 308 行用 wb_target.save()命令保存美化与修饰后的数据，以变量 file_name_target 的值为文件名进行保存。

第 312 行用 if 条件语句判断变量 find_result 的值是否等于 0。

第 314 行用 print()函数输出一条提示信息。

第 315 行用 if 条件语句的分支 else 处理变量 find_result 的值不等于 0 的情况。

第 317 行和第 318 行用 print()函数输出提示信息。

代码调试

对第 305 行代码进行注释，如图 5-99 所示，查看不运行 data_beautify()函数的结果。

```
304    # 表格修饰美化
305    #data_beautify(sheet_target,title_list_source)
```

图 5-99 对第 305 行代码进行注释，不运行 data_beautify()函数

执行第 308 行代码保存数据后，表格中仅有数据，且数据没有进行美化与修饰，如图 5-100 所示。

将第 305 行代码的#去掉，执行第 305 行代码（运行 data_beautify()函数）执行第 308 行代码保存数据，会对字体、单元格格式等进行美化与修饰，如图 5-101 所示。

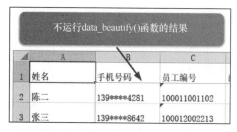

图 5-100 不运行 data_beautify()函数，数据没有进行美化与修饰

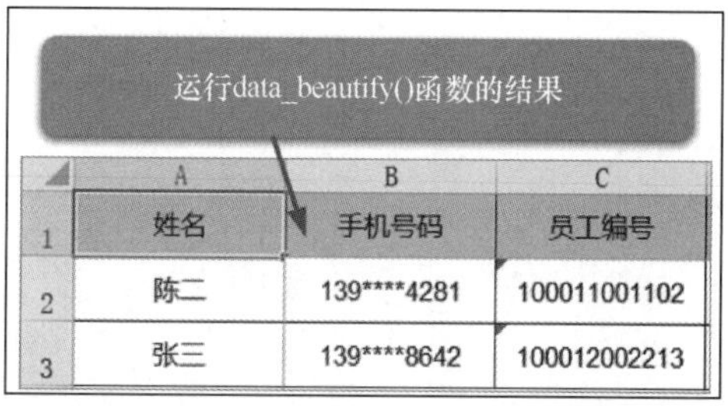

图 5-101 运行 data_beautify()函数对表格的字体、单元格格式等进行美化与修饰

执行第 312～318 行代码，用 print()函数输出提示信息，没有查询结果，如图 5-102（a）所示，查询结果中的记录如图 5-102（b）所示。

```
查询结束，查询结果为0
```

（a）查询没有结果

```
查询结束，查询结果有(10)条记录，
```

（b）查询结果有 *N* 条记录

图 5-102 信息提示

5.4.2 查询子程序（生成查询部门名称的条件）

在讲解代码前，先介绍本节代码涉及的知识点和代码的设计思路。

1. 本节代码涉及的知识点

本节代码涉及的知识点如表 5-5 所示。

表 5-5　本节代码涉及的知识点

知识点		作用
Python 知识点	def 函数名()	构建函数
	set()函数	创建一个元素无序且不重复的集合
	list()函数	将元组转换为列表
	sort()函数	对列表的数据进行排序
	insert()函数	在列表的指定位置插入对象
	print()函数	输出
	len()函数	返回对象的长度或项目的个数
	range()函数	创建一个整数列表，一般用在 for 循环中
	append()函数	添加列表项
	input()函数	输入数据
	join()函数	将序列中的元素以指定的字符连接起来，生成一个新的字符串
	index()函数	返回字符串中包含子字符串的索引值
	list1 = []	创建一个空列表
	if	条件语句
	for	循环语句
	while	循环语句
	break	退出循环
关于 pandas 模块的知识点	df['临时列']=df['字段 1']+df['字段 2']	创建临时列
	df['字段'].tolist()	将列数据转换为列表

2. 本节代码的设计思路

本节代码的设计思路是构建一个部门名称列表供用户选择，将用户选择的部门名称返回给 data_find_main()函数并进行处理。具体操作如下。

（1）构建一个 department_get()函数，执行步骤（2）～（7）的代码。

（2）根据查询主程序传递的对象 df_source 创建一个临时列 department，临时列的名称由部门编号和部门名称组成（例如，"1 办公室"）。

（3）读取临时列 department 的数据并生成列表（该列表用于展示给用户选择），去重，保留不重复的数据，并对列表的数据进行由小到大的排序，再在列表的第一个位置加入"0 全选"。

（4）读取临时列的数据，建立一个列表，用于保存部门编号，并判断用户选择的部门编号是否在该列表中。

（5）用户根据显示的部门编号和部门名称输入需要查询的部门编号。如果用户输入的部门编码不在步骤（4）建立的部门编号列表中，则要求用户重新输入。

（6）如果输入的部门编号在步骤（4）建立的部门编号列表中，则根据其索引号获取对应的部门名称。

（7）显示用户选择的部门名称，并将部门名称返回 data_find_main()。

3．构建 department_get()函数

代码清单 5.24 的作用如下。

构建一个 department_get()函数，由 data_find_main()函数对其进行调用（第 251 行代码）。主要根据"数据来源"文件中的部门名称给用户提供一个列表以选择部门名称，将用户选择的部门名称赋给变量 choice_department_txt，并返回 data_find_main()函数。

代码清单 5.24　构建 department_get()函数

```
321    # (2)查询子程序
322    # ===================================
323    # (2-1)生成查询部门名称的条件
324    # ===========================
325    # df_source："数据来源"文件的数据内容（读取的数据）
326    # ===========================
327    def department_get(df_source):
328
```

代码清单 5.24 的解析

第 321～326 行是注释，标注了这部分代码的内容和具体接收的参数（变量）的值。

第 327 行用 def 命令构建 department_get()函数。

4．生成部门编号和部门名称列表

代码清单 5.25 的作用如下。

首先，根据查询主程序 data_find_main()函数传递的对象 df_source 创建一个临时列 department，临时列的名称由部门编号和部门名称组成（如"1 办公室"）。然后，读取临时列 department 的数据并生成列表（该列表用于展示给用户选择），去重，保留不重复的数据，并对列表的数据进行由小到大的排序。再在列表的第一个位置加入"0 全选"，同时建立一个列表，用于保存部门编号，并判断用户选择的部门编号是否在该列表中。

代码清单 5.25　生成部门编号和部门名称列表

```
329        # 将两列数据合成一列数据并将数值转换为字符
330        df_source['department'] = df_source['部门编号']+df_source['部门名称']
331        # 读取临时列 department 的数据并生成列表
332        department_data_list = df_source['department'].tolist()
333
334        # 对获取的列表数据进行去重处理和升序排序
335        department_data_list = list(set(department_data_list))
336        department_data_list.sort(reverse = False)
337        # 在列表的开始位置添加"0 全选"
338        department_data_list.insert(0,'0 全选')
339        # 输出数据
340        print(department_data_list)
341
342        # 提取数据列表 department_list 的每个元素的第一个字符['1', '2','3','4']
343        # 构建新的选择列表 choice_list,用于保存用户选择的部门编号
344        choice_list = []
345        # 用 for 循环语句遍历读取部门名称列表的值
```

```
346        for i in range(len(department_data_list)):
347            # i是列表的每个元素，0是对应元素的第一个位置，即数字（部门编号）
348            department_number = department_data_list[i][0]
349            # 将数字（部门编号）追加到列表中
350            choice_list.append(department_number)
351
```

代码清单 5.25 的解析

第 330 行用于创建一个临时列 department，数据来源于"部门编号"列和"部门名称"列。

第 332 行读取临时列 department 的数据，并用 pandas 模块的 tolist()函数将读取的数据转换为列表，赋给列表变量 department_data_list。

第 335 行用 set()函数将列表变量 department_data_list 的值转换为集合，去除重复数据后，再用 list()函数转换回列表。

第 336 行用 sort()函数对列表变量 department_data_list 的值进行由小到大的排序。

第 338 行在列表变量 department_data_list 的开始位置插入"0 全选"。

第 340 行用 print()函数输出列表变量 department_data_list 的值。

第 344 行定义一个空的列表变量 choice_list，用于保存部门编号。

第 346 行用 for 循环语句读取列表变量 department_data_list 的值，循环次数是列表变量 department_data_list 的长度。

第 348 行将列表变量 department_data_list 的每个元素的第一个字符赋给变量 department_number。

第 350 行将变量 department_number 的值追加到 choice_list 中。

知识扩展

第 330 行代码用"部门编号"列和"部门名称"列的数据创建一个临时列 department，直接将两个字段名相加即可，pandas 模块会自动将两个字段的数据合并在一起。

在第 332 行代码中，pandas 模块直接用 tolist()函数即可将列的数据类型转换为列表，不需要像 openpyxl 模块那样用循环语句读取数据后再用 append()函数追加到列表中。

关于 set()函数和 list()函数的介绍，可以参见本书代码清单 4.20 后面的"知识扩展"部分。

第 336 行代码用 sort()函数对列表数据进行排序，以避免数据顺序混乱。

第 348 行代码中的 department_data_list[i][o]用于提取每个元素的第一个字符（索引为 0）。

代码调试

在第 330 行中，设置一个断点，查看代码中各个变量的值，如图 5-103 所示。

图 5-103　设置断点

执行第 330 行代码，创建一个临时列 department，数据来源于"部门编号"列和"部门名称"列。例如，临时列 department 的第一个值是"1 办公室"，如图 5-104 所示。

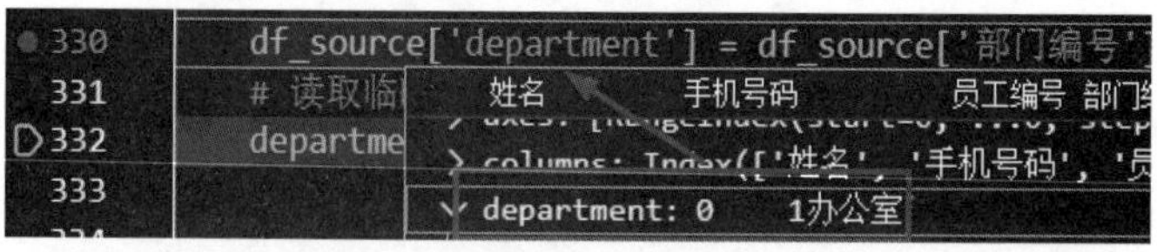

图 5-104　临时列 department 的第一个值

执行第 332 行代码，用 tolist()函数将临时列 department 的值转换为列表，并赋给变量 department_data_list，如图 5-105 所示。

图 5-105　将临时列 department 的值转换为列表

执行第 335 行代码前，department_data_list 有 10 个元素，并且部分元素是相同的，如图 5-106 所示。

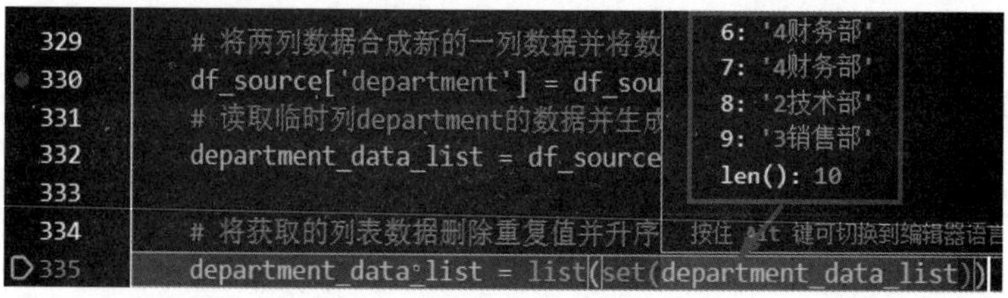

图 5-106　department_data_list 有 10 个元素，并且部分元素是相同的

执行第 335 行代码，用 set()函数将列表变量 department_data_list 的值转换为集合，如图 5-107（a）所示。因为集合是一个无序的、元素不重复的序列，所以具有自动删除重复数据的作用。在删除重复数据后，再用 list()函数将集合转换为列表，如图 5-107（b）所示。

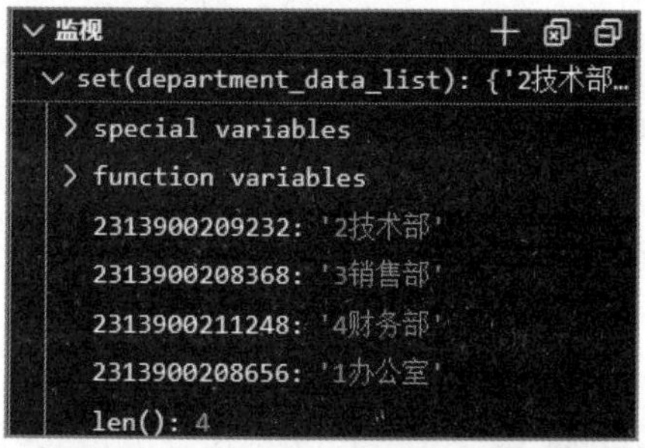

（a）用 set()函数将列表变量 department_data_list 的值转换为集合

（b）再用 list()函数将集合转换为列表

图 5-107　删除重复数据

执行第 336 行代码，用 sort() 函数将列表变量 department_data_list 的值按照由小到大的顺序排序，如图 5-108 所示。

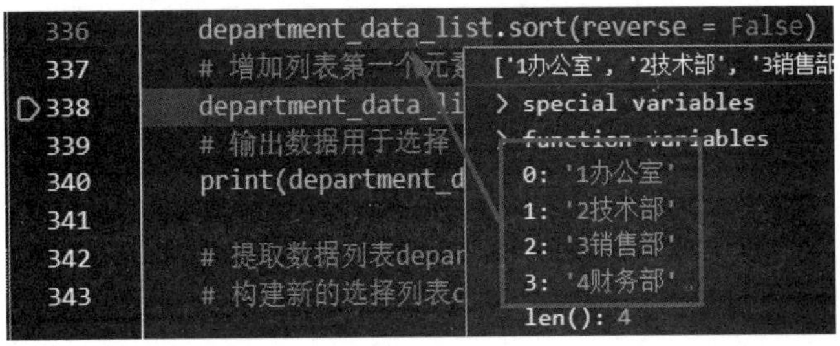

图 5-108 用 sort() 函数将列表变量 department_data_list 的值按照由小到大的顺序排序

执行第 338 行代码，在列表变量 department_data_list 的开始位置插入元素"0 全选"，如图 5-109 所示。

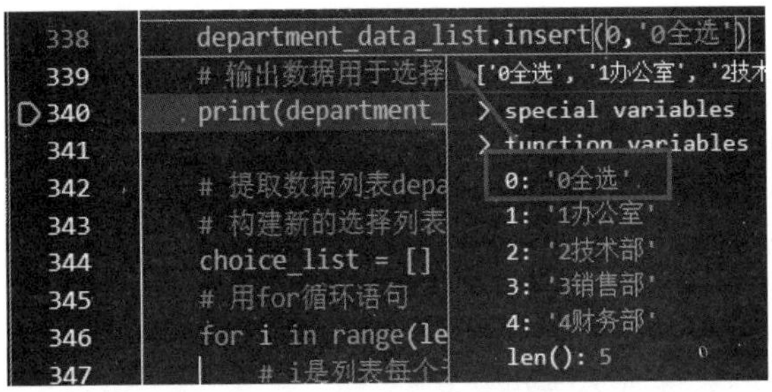

图 5-109 在列表变量 department_data_list 的开始位置插入元素"0 全选"

执行第 340 行代码，用 print() 函数输出列表变量 department_data_list 的值，如图 5-110 所示。

执行第 344 行代码，定义一个空的列表变量 choice_list，用于保存部门编号，如图 5-111 所示。

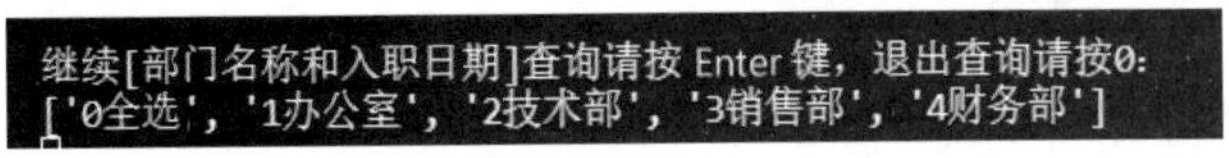

图 5-110 用 print() 函数输出列表变量 department_data_list 的值　图 5-111 定义一个空的列表变量 choice_list

执行第 346 行代码，用 for 循环语句逐个读取 department_data_list 的值，如图 5-112（a）所示。执行第 348 行代码，将 department_list 的第一个元素"0 全选"的第一个字符 0 提取出来，并赋给变量 department_number，如图 5-112（b）所示。

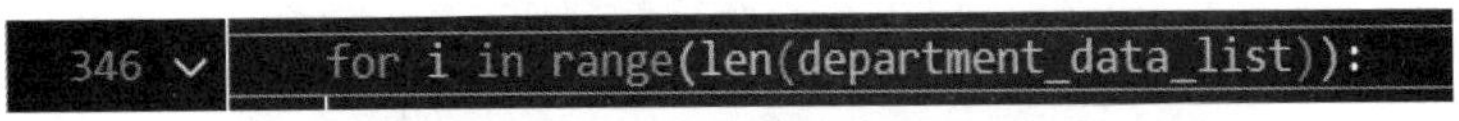

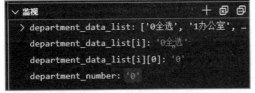

（a）用 for 循环语句逐个读取列表变量 department_data_list 的值

（b）提取列表变量 department_list 的第一个元素的第一个字符 0

图 5-112 提取部门编号

执行第 350 行代码，将变量 department_number 的值 0 追加到列表变量 choice_list 中，如图 5-113 所示。

图 5-113 将变量 department_number 的值 0 追加到列表变量 choice_list 中

5. 用户选择查询的部门名称

代码清单 5.26 的作用如下。

用户根据显示的部门编号和部门名称输入需要查询的部门编号。如果用户输入的部门编号不在建立的部门编号列表中，则要求用户重新输入；如果用户输入的部门编号在建立的部门编号列表中，则根据其索引号在部门名称列表中获取对应的部门名称，将部门名称返回给查询主程序并进行处理。

代码清单 5.26 用户选择查询的部门名称

```
352         # 判断用户的选择
353         while True:
354             inputchoice_department = input('请输入数字选择[所属部门]，输入 0 表示全选：')
355             # 用 if 条件语句判断用户是否全选
356             if inputchoice_department == '0':          # 选择 0，默认全选
357                 # 将数据列表（全部数据）转换为字符串
358                 inputchoice_department = ''.join(choice_list[1:])
359
360             # 定义一个空变量（保存用户选择的部门名称）
361             choice_department_txt = ''
362             # 根据用户输入/默认的内容判断循环次数
363             for i in range(len(inputchoice_department)):
364                 # 判断用户输入/默认的内容在选择列表中
365                 if inputchoice_department[i] in choice_list:
366                     # 获取内容在选择列表中的位置（索引）
367                     index_list = choice_list.index(inputchoice_department[i])
368                     # 根据索引获取数据列表的元素（[1:]表示去掉序号），并组合成字符串
369                     choice_department_txt = choice_department_txt + ',' +department_
                        data_list[index_list][1:]
370             # 组合后字符串前面有个逗号，需要将其删除
371             choice_department_txt = choice_department_txt[1:]
372
373             # 判断变量 choice_department_txt 的长度是否等于 0（是否正确选择了部门）
374             if len(choice_department_txt) == 0:
375                 print('×××错误提示×××：请正确输入部门前面的数字\n')
376             else:
377                 # 输出选择的部门名称
378                 print('你选择了这些部门：'+choice_department_txt+'\n')
379                 break
380
381         # 将部门名称返回给查询主程序
```

```
382        return choice_department_txt
383
```

代码清单 5.26 的解析

第 353 行用 while 循环语句结合第 374～379 行代码判断用户的选择是否正确。如果用户的选择不正确，则继续留在当前界面重新选择；如果用户的选择正确，则跳出 while 循环。

第 354 行用 input()函数接收用户的输入，并赋给变量 inputchoice_department。

第 356 行用 if 条件语句判断变量 inputchoice_department 的值是否等于 0（0 表示全选）。

第 358 行用 join()函数将列表变量 choice_list 的值［从第二个字符（第一个字符是 0，代表全选，从第二个字符开始才是真正的部门编号）开始到结束］赋给变量 inputchoice_department。

第 361 行定义一个空变量 choice_department_txt，用于保存用户选择的部门名称。

第 363 行用 for 循环语句根据用户输入的内容（变量 inputchoice_department 的长度）判断循环次数。

第 365 行用 if 条件语句判断变量 inputchoice_department 的值是否在 choice_list 中。

第 367 行用 index()函数将变量 inputchoice_department 的值在 choice_list 中的位置（索引）赋给变量 index_list。

第 369 行将变量 choice_department_txt 的值、逗号和列表变量 department_data_list 的值（根据索引找出的值）组合起来，重新赋给变量 choice_department_txt。

第 371 行将变量 choice_department_txt 的值［从第二个字符（第一个字符是逗号）开始到结束］重新赋给变量 choice_department_txt。

第 374 行用 if 条件语句判断变量 choice_department_txt 的长度是否等于 0。

第 375 行用 print()函数输出一条提示信息。

第 376 行用 if 条件语句的分支 else 处理变量 choice_department_txt 的长度不等于 0 的情况。

第 378 行用 print()函数输出一条提示信息。

第 379 行用 break 语句退出 while 循环。

第 382 行用 return 语句将变量 choice_department_txt 的值返回给 data_find_main()函数。

知识扩展

第 356 行代码用 if 条件语句判断变量 inputchoice_department 的值是否等于 0。如果用户输入的是 0，则执行第 358 行代码；如果用户不输入 0 而输入部门编号，则跳过第 358 行代码，执行第 361～371 行代码。这里没有使用 if 条件语句的分支语句 else，也可以实现使用分支语句 else 的效果。如果在第 361 行中插入 if 条件语句的分支语句 else，则第 361～371 行代码需要缩进 4 个空格。

第 358 行代码使用了 join()函数，这个函数用指定的符号将列表的值连接起来以转换为字符串。例如，列表 list1 的值是['1', '2', '3']，用连接符 "-" 就可以将列表转换为字符串 "1-2-3"，代码的写法是'-'.join(list1)。

在本书的案例中，列表变量 choice_list 的值如图 5-114（a）所示。因为 0 代表全选（1～4），所以用 choice_list[1:]提取第 2～5 个元素，即 1～4，如图 5-114（b）所示，然后用空字符串和 join()函数将列表变量 choice_list 的值转换为字符串，字符之间没有空格，如图 5-114（c）所示。

```
inputchoice_department = ''.join(choice_list[1:])
义一个空字符串（保存：用户选择的部门名称）
ice_department_txt = ''
据用户输入/默认的内容inputchoice_department并
i in range(len(inputchoice_department)):
    # 如果用户输入/默认的内容在选择列表中
if inputchoice_department[i] in choice_list
    # 获取内容在选择列表中的索引位置
    index_list = choice_list.index(inputcho
```

['0', '1', '2', '3', '4']
> special variables
> function variables
0: '0'
1: '1'
2: '2'
3: '3'
4: '4'
len(): 5

∨ 监视
∨ choice_list[1:]: ['1', '2',
> special variables
> function variables
0: '1'
1: '2'
2: '3'
3: '4'
len(): 4

（a）列表变量 choice_list 的值 　　（b）用 choice_list[1:]提取第 2~5 个元素

```
357              # 将数据列表（全部数据  '1234'  字符串1234
358              inputchoice_department = ''.join(choice_list[1:])
```

（c）用 join()函数将列表变量 choice_list 的值转换为字符串

图 5-114　将数据列表转换为字符串

第 367 行代码用于获取列表变量 choice_list 的索引，并赋给变量 index_list，如图 5-115（a）所示；然后第 369 行代码根据这个索引获取列表变量 department_data_list 对应位置的值，再从这个值的第二位开始获取部门名称（第一位是部门编号），如图 5-115（b）所示。

```
index_list = choice_list.index(inputchoice_department[i])
```

（a）将列表变量 choice_list 的索引号赋给变量 index_list

∨ 监视
> department_data_list: ['0全选', '1办公室', '2技术部'…
  index_list: 1
  department_data_list[index_list]: '1办公室'
  department_data_list[index_list][1:]: '办公室'

（b）获取列表变量 department_data_list 对应位置的值

图 5-115　获取部门编号

代码调试

在第 354 行中，设置一个断点，查看代码中各个变量的值，如图 5-116 所示。

```
353    while True:
354        inputchoice_department = input('请输入数字选择[所属部门], 输入0表示全选: ')
```

图 5-116　设置断点

执行第 354 行代码，终端界面会显示一条提示信息，让用户输入数字进行选择，如图 5-117 所示。

问题　输出　终端　调试控制台

继续[部门名称和入职日期]查询请按 Enter 键，退出查询请按0：
['0全选', '1办公室', '2技术部', '3销售部', '4财务部']
请输入数字选择[所属部门], 输入0表示全选:

图 5-117　终端界面会显示一条提示信息，让用户输入数字进行选择

将用户输入的数字 0 赋给变量 inputchoice_department，如图 5-118 所示。

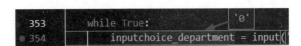

图 5-118 将用户输入的数字 0 赋给变量 inputchoice_department

执行第 356 行代码，用 if 条件语句判断用户的输入是否为 0（变量 inputchoice_department 的值等于 0），如图 5-119 所示。

图 5-119 用 if 条件语句判断用户的输入是否为 0

执行第 358 行代码，用 join() 函数将列表变量 choice_list 的第二个元素到最后一个元素（['1', '2', '3', '4']）转换为字符串，并赋给变量 inputchoice_department，如图 5-120 所示。

图 5-120 用 join() 函数将列表变量 choice_list 的部分元素转为字符串

执行第 361 行代码，定义一个空变量 choice_department_txt，用于保存用户选择的部门名称，如图 5-121 所示。

图 5-121 定义一个空变量 choice_department_txt

执行第 363 行代码，用 for 循环语句读取用户输入的内容，如图 5-122 所示。

图 5-122 用 for 循环语句读取用户输入的内容

执行第 365 行代码，用 if 条件语句判断出变量 inputchoice_department 的值在 choice_list 中，如图 5-123 所示。

执行第 367 行代码，用 index() 函数将变量 inputchoice_department 的值在 choice_list 中的位置（索引号）赋给变量 index_list，如图 5-124 所示。

图 5-123 变量 inputchoice_department 的值在 choice_list 中

图 5-124 用 index() 函数将变量 inputchoice_department 的值在 choice_list 中的位置赋给变量 index_list（1）

执行第 369 行代码，根据变量 index_list 的值获取 department_data_list 对应位置的值，然后从这个值的第二位开始获取部门名称，如图 5-125（a）所示。然后，在这个部门名称（例如，办公室）前面加上逗号，并赋给变量 choice_department_txt，如图 5-125（b）所示。再循环执行第 363～369 行代码。

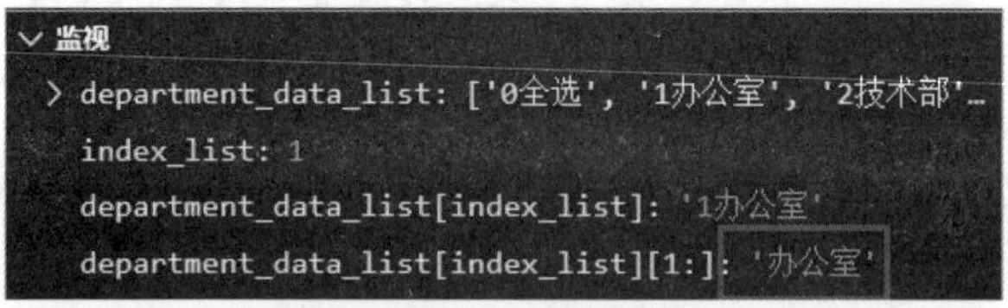

（a）获取 department_data_list 对应位置的值

```
368    # 根据索引位置获取数据            ',办公室'          ([1:]是去掉序号），组合字
369    choice_department_txt = choice_department_txt + ','
```

（b）在部门名称前面加上逗号，并赋给变量 choice_department_txt

图 5-125　获取部门名称并赋给变量 choice_department_txt（1）

循环结束后，执行第 371 行代码，将字符串前面的逗号去掉，形成真正需要返回的数据（用户选择的部门名称），如图 5-126 所示。

```
370    # 组合后字符串前面有            '办公室,技术部,销售部,财务部'
371    choice_department_txt = choice_department_txt[1:]
```

图 5-126　形成真正需要返回的数据（1）

回看第 354 行代码，将用户输入的数字 13 赋给变量 inputchoice_department，如图 5-127 所示。

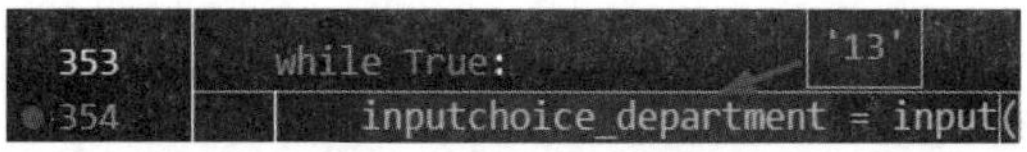

```
353    while True:                    '13'
354        inputchoice_department = input(
```

图 5-127　将用户输入的数字 13 赋给变量 inputchoice_department

执行第 356 行代码，用 if 条件语句判断用户的输入是否等于 0（变量 inputchoice_department 的值等于 13），如图 5-128 所示，跳过第 358 行代码，执行第 361 行代码。

```
355    # 用if条件语句，判断用户 '13' 选
356    if inputchoice_department == '0':        # 选择0，默认全选
357        # 将数据列表（全部数据 ）转换为字符串1234
358        inputchoice_department = ''.join(choice_list[1:])
```

图 5-128　用户的输入不等于 0

执行第 365 行代码，用 if 条件语句判断变量 inputchoice_department 的值是否在 choice_list 中。执行第 367 行代码，用 index() 函数将变量 inputchoice_department 的值在 choice_list 中的位置（索引号）赋给变量 index_list，如图 5-129 所示。

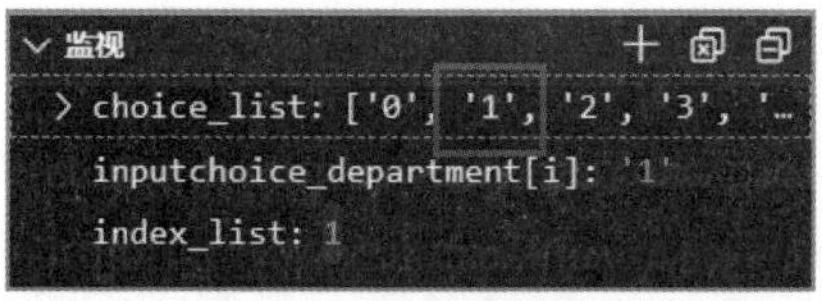

图 5-129　用 index() 函数将变量 inputchoice_department 的值在 choice_list 中的
位置赋给变量 index_list（2）

执行 369 行代码，根据变量 index_list 的值获取 department_data_list 对应位置的值，然后从这个值的第二位开始获取部门名称，如图 5-130（a）所示。接下来，在这个部门名称（例如，办公室）前面加上逗号，并赋给变量 choice_department_txt，如图 5-130（b）所示。再循环执行第 363～369 行代码。

（a）获取列表变量 department_data_list 对应位置的值

（b）在部门名称前面加上逗号，并赋给变量 choice_department_txt

图 5-130　获取部门名称并赋给变量 choice_department_txt（2）

循环结束后，执行第 371 行代码，将字符串前面的逗号去掉，形成真正需要返回的数据（用户选择的部门名称），如图 5-131 所示。

图 5-131　形成真正需要返回的数据（2）

执行第 374 行代码，如果用户输入的部门编号超出范围，则执行第 375 行代码，输出一个错误提示，如图 5-132 所示。

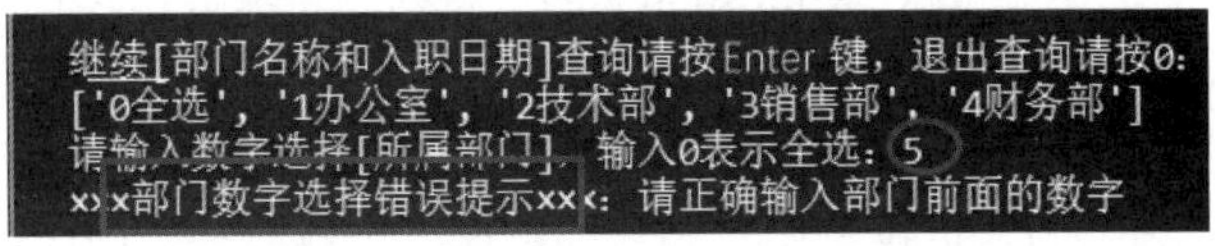

图 5-132　用户输入的部门编号超出范围

如果用户输入的部门编号没有超出范围，则执行第 378 行代码，输出用户选择的部门名称，如图 5-133 所示。执行第 379 行代码，退出 while 循环。

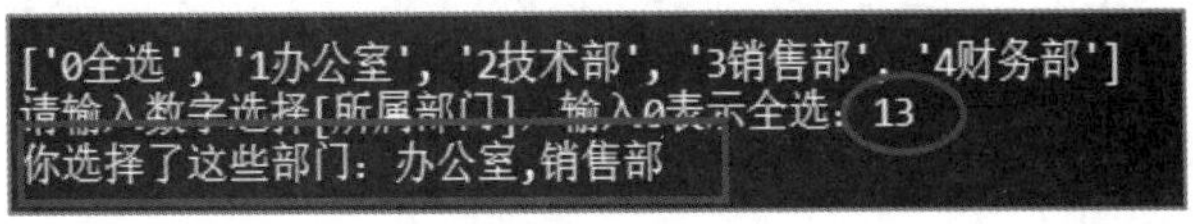

图 5-133　输出用户选择的部门名称

5.4.3　查询子程序（生成查询入职日期的条件）

在讲解代码前，先介绍本节代码涉及的知识点和代码的设计思路。

1．本节代码涉及的知识点

本节代码涉及的知识点如表 5-6 所示。

表 5-6 本节代码涉及的知识点

知识点		作用
Python 知识点	def 函数名()	构建函数
	set()函数	创建一个元素无序、不重复的集合
	list()函数	将元组转换为列表
	sort()函数	对列表的数据进行排序
	print()函数	输出
	len()函数	返回对象的长度或项目的个数
	input()函数	输入数据
	int()函数	将一个字符串或数字转换为整数
	if	条件语句
	while	循环语句
	break	退出循环
关于 pandas 模块的知识点	pd.DatetimeIndex(df['日期']).year	用 DatetimeIndex()命令提取年月日
	df['字段'].tolist()	将列数据转换为列表

2．本节代码的设计思路

本节代码的设计思路是构建一个入职年份范围，将用户输入的入职年份返回给 data_find_main()函数并进行处理。具体操作如下。

（1）构建一个 workyear_get()函数，执行步骤（2）～（5）的代码。

（2）根据查询主程序传递的对象 df_source 的值将入职日期数据转换为 4 位数字的年份，并写入一个临时列 workyear。

（3）读取临时列 workyear 的数据并转换为列表（该列表用于展示给用户选择），去重，保留不重复的数据，对列表的数据进行由小到大的排序，再获取列表中的最小年份和最大年份（避免用户输入的年份小于最小年份或大于最大年份）。

（4）用户输入查询的入职年份，对用户输入的入职年份进行检验。如果用户输入错误，则要求用户重新输入。

（5）如果用户输入正确，则显示用户输入的入职年份，将入职年份返回给 data_find_main()并进行处理。

3．构建 workyear_get()函数

代码清单 5.27 的作用如下。

构建一个 workyear_get()函数，由查询主程序 data_find_main()函数对其进行调用（第 257行代码）。主要根据"数据来源"文件中的入职日期提供一个入职年份范围，将用户输入的入职年份赋给变量 choice_workyear_txt，返回给 data_find_main()函数并进行处理。

代码清单 5.27　构建 workyear_get()函数

```
384   # (2-2)生成查询入职日期的条件
385   # ===========================
386   # df_source："数据来源"文件的数据内容（读取的数据）
```

```
387    # ===========================
388    def workyear_get(df_source):
389
```

代码清单 5.27 的解析

第 384～387 行是注释，标注了这部分代码的内容和具体接收的参数（变量）的值。

第 388 行用 def 命令构建 workyear_get()函数。

4．生成入职年份列表

代码清单 5.28 的作用如下。

根据查询主程序传递的对象 df_source 的值将入职日期数据转换为包含 4 位数字的年份，并写入临时列 workyear，然后读取临时列 workyear 的数据并转换为列表（该列表用于展示给用户选择），去重，保留不重复的数据，对列表的数据进行由小到大的排序后，再获取列表中的最小年份和最大年份（避免用户输入的年份小于最小年份或大于最大年份）。

代码清单 5.28 生成入职年份列表

```
390    # 创建临时列 workyear，其中的数据是参加工作的年份，方便用入职年份进行查询
391    df_source['workyear'] = pd.DatetimeIndex(df_source['入职日期']).year
392    # 读取临时列 workyear 的数据（年份）并生成列表['2012', '2011', …,'2010']
393    workyear_data_list = df_source['workyear'].tolist()
394    # 对新的列表进行去重处理并排序
395    workyear_data_list = list(set(workyear_data_list))
396    workyear_data_list.sort(reverse = False)
397    # 输出数据供用户选择，从第一位开始显示
398    print(workyear_data_list)
399
400    # 获取新的列表中的最小年份
401    year_min = workyear_data_list[0]
402    # 获取新的列表中的最大年份(列表下标从 0 开始，所以长度减 1 才是最后一个元素的位置)
403    year_max = workyear_data_list[len(workyear_data_list)-1]
404
```

代码清单 5.28 的解析

第 391 行用 DatetimeIndex()命令将"入职日期"字段的数据转换为包含 4 位数字的年份，并写入临时列 workyear。

第 393 行读取临时列 workyear 的数据，并用 tolist()函数将数据转换为列表，然后赋给列表变量 workyear_data_list。

第 395 行用 set()函数将列表变量 workyear_data_list 的值转换为集合，去除重复数据后，再用 list()函数将集合转换回列表。

第 396 行用 sort()函数将列表变量 workyear_data_list 的值按照由小到大的顺序排序。

第 398 行用 print()函数输出列表变量 workyear_data_list 的值。

第 401 行获取列表变量 workyear_data_list 的第一个值（最小年份），并赋给变量 year_min。

第 403 行获取列表变量 workyear_data_list 的最后一个值（最大年份），并赋给变量 year_max。

知识扩展

第 391 行的 DatetimeIndex()命令一般用于将字符串对象转换成 datetime 对象。这里利用这

个命令的属性 year 将入职日期的年份提取出来，并写入临时列 workyear。例如，H 列入职日期的格式是年月日，如图 5-134（a）所示，用 DatetimeIndex()函数生成只有入职年份的临时列 workyear，如图 5-134（b）所示。

（a）H 列入职日期的格式是年月日

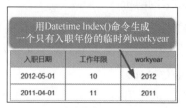

（b）用 DatetimeIndex()命令生成只有入职年份的临时列 workyear

图 5-134　根据入职日期生成年份临时列

同理，如果想提取入职日期的月、日，则可以使用 DatetimeIndex()命令的属性 month、day，如图 5-135（a）和（b）所示。

（a）用 DatetimeIndex()命令的属性 month 提取月份

（b）用 DatetimeIndex()命令的属性 day 提取日

图 5-135　提取入职日期的月、日

代码调试

在第 391 行中，设置一个断点，查看代码中各个变量的值，如图 5-136 所示。

图 5-136　设置断点

执行第 391 行代码，将"入职日期"字段的数据转换为包含 4 位数字的年份，并写入临时列 workyear，如图 5-137 所示。

图 5-137　将"入职日期"字段的数据转换为包含 4 位数字的年份，并写入临时列 workyear

执行第 393 行代码，读取临时列 workyear 的数据，用 tolist()函数将包含 4 位数字的年份转换成列表，并赋给列表变量 workyear_data_list，如图 5-138 所示。

```
393    workyear_data_list = df_source['workyear'].tolist()
394    # 将新的列表删除    [2012, 2011, 2010, 2014, 2014, 2012, 2013, 2015, 2013, 2010]
```

图 5-138　读取临时列 workyear 的数据，将年份转换成列表

执行第 395 行代码前，列表变量 workyear_data_list 有 10 个元素，并且部分元素是相同的，如图 5-139 所示。

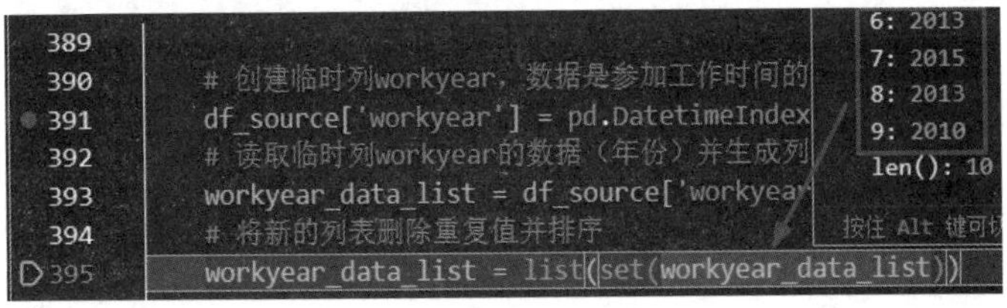

```
389
390    # 创建临时列workyear，数据是参加工作时间的         6: 2013
391    df_source['workyear'] = pd.DatetimeIndex          7: 2015
392    # 读取临时列workyear的数据（年份）并生成列         8: 2013
393    workyear_data_list = df_source['workyear'          9: 2010
394    # 将新的列表删除重复值并排序                       len(): 10
395    workyear_data_list = list((set(workyear_data_list))    按住 Alt 键可指
```

图 5-139　列表变量 workyear_data_list 有 10 个元素，并且部分元素是相同的

执行第 395 行代码，用 set()函数将列表变量 workyear_data_list 的值转换为集合，如图 5-140（a）所示。由于集合是一个无序的、元素不重复的序列，因此具有自动删除重复数据的作用。在删除重复数据后，再用 list()函数将集合转换为列表，如图 5-140（b）所示。

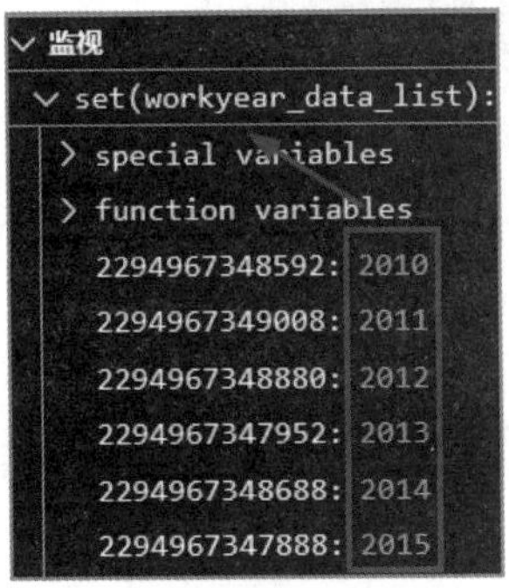

```
∨ 监视
  ∨ set(workyear_data_list):
  > special variables
  > function variables
    2294967348592: 2010
    2294967349008: 2011
    2294967348880: 2012
    2294967347952: 2013
    2294967348688: 2014
    2294967347888: 2015
```

（a）用 set()函数将列表变量 workyear_
data_list 的值转换为集合

```
395    workyear_data_list = list((set(workyear_data_list))
396    workyear_data_1    [2010, 2011, 2012, 2013, 2014, 2015]
```

（b）用 list()函数将集合转换为列表

图 5-140　删除重复数据

执行第 396 行代码，用 sort()函数将列表变量 workyear_data_list 的值按照由小到大的顺序排序，如图 5-141 所示。

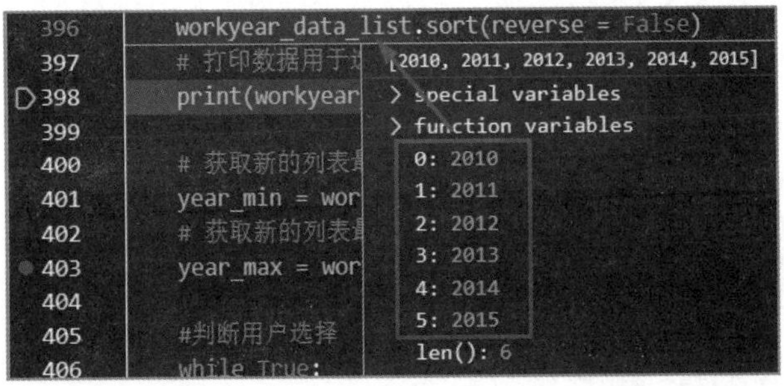

```
396    workyear_data_list.sort(reverse = False)
397    # 打印数据用于对    [2010, 2011, 2012, 2013, 2014, 2015]
398    print(workyear    > special variables
399                      > function variables
400    # 获取新的列表         0: 2010
401    year_min = wor       1: 2011
402    # 获取新的列表         2: 2012
403    year_max = wor       3: 2013
404                         4: 2014
405    #判断用户选择          5: 2015
406    while True:          len(): 6
```

图 5-141　用 sort()函数将列表变量 workyear_data_list 的值按照由小到大的顺序排序

执行第 398 行代码，用 print()函数输出列表变量 workyear_data_list 的值，如图 5-142 所示。

图 5-142 用 print()函数输出列表变量 workyear_data_list 的值

执行第 401 行代码后，将列表变量 workyear_data_list 的第一个值（2010）赋给变量 year_min，如图 5-143 所示。

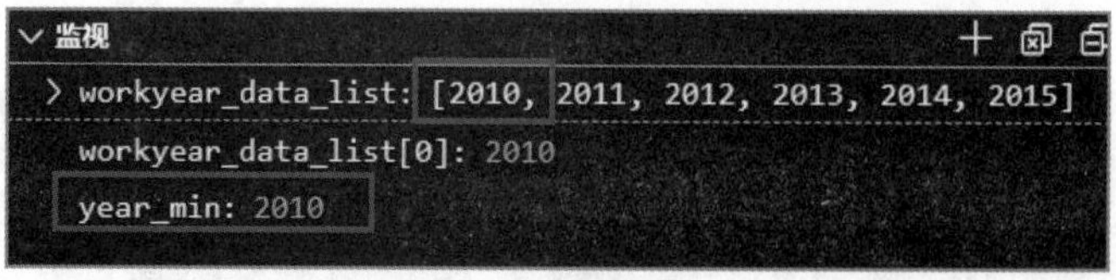

图 5-143 将列表变量 workyear_data_list 的第一个值（2010）赋给变量 year_min

执行第 403 行代码，将列表变量 workyear_data_list 的第 5 个值（2015）赋给变量 year_max，如图 5-144 所示。

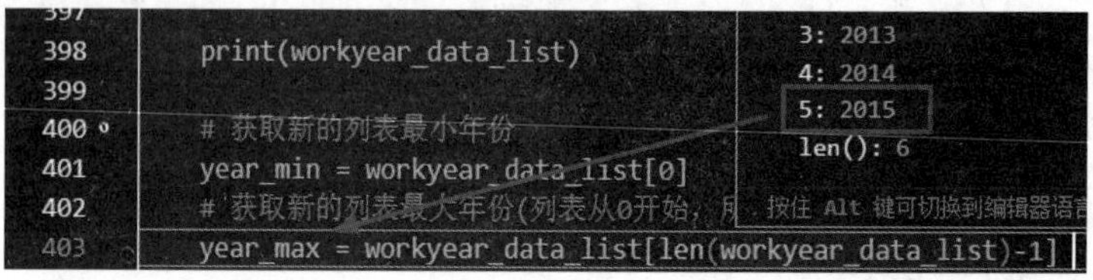

图 5-144 将列表变量 workyear_data_list 的第 5 个值 2015 赋给变量 year_max

5．用户输入查询的入职年份

代码清单 5.29 的作用如下。

在用户输入查询的入职年份后，对用户输入的入职年份进行检验。如果用户输入错误，则要求用户重新输入；如果用户输入正确，则显示用户输入的入职年份，将入职年份返回给查询主程序并进行处理。

代码清单 5.29　用户输入查询的入职年份

```
405      # 判断用户输入的入职年份
406      while True:
407          # 获取用户选择
408          # 弹出询问对话
409          choice_min = int(input('请输入查询的最小入职年份({}-{}):'.format(year_
             min,year_max)))
410          choice_max = int(input('请输入查询的最大入职年份({}-{}):'.format(year_
             min,year_max)))
411
412          # 用 if 条件语句判断输入是否正确
413          if choice_min < year_min or choice_max > year_max:
414              # 信息提示
415              print('×××错误提示×××：入职年份不在({}-{})之内\n'.format(year_min,
                 year_max))
416          elif choice_min > choice_max:
```

```
417                    # 信息提示
418                    print('×××错误提示×××：最小入职年份{}大于最大入职年份{}\n'.format
                       (choice_min,choice_max))
419              else:
420                    # 用户选择的入职年份（字符串）
421                    choice_workyear_txt = str(choice_min)+'—'+str(choice_max)
422                    # 信息提示
423                    print('你选择入职年份：'+choice_workyear_txt+'\n')
424                    # 跳出 while 循环
425                    break
426
427        # 将入职年份返回给查询主程序
428        return choice_workyear_txt
429
430
```

代码清单 5.29 的解析

第 406 行用 while 循环语句判断用户输入的入职年份是否正确。如果用户输入的年份不正确，则继续留在当前界面让用户重新输入；如果用户输入的年份正确，则执行第 425 行代码，跳出 while 循环。

第 409 行和第 410 行用 input()函数接收用户输入的最小值和最大值，并分别赋给变量 choice_min 和变量 choice_max。

第 413 行用 if 条件语句判断变量 choice_min 的值是否小于变量 year_min 的值或变量 choice_max 的值是否大于变量 year_max 的值（用户输入的值是否超出范围）。

第 415 行用 print()函数输出一条提示信息。

第 416 行用 if 条件语句的分支语句 elif 判断变量 choice_min 的值是否大于变量 choice_max 的值（用户输入的最小值是否大于最大值）。

第 418 行用 print()函数输出一条提示信息。

第 419 行用 if 条件语句的分支语句 else 处理用户输入正确的情况，执行第 421~425 行代码。

第 421 行将变量 choice_min 的值、字符"—"和变量 choice_max 的值组合起来并赋给变量 choice_workyear_txt。

第 423 行用 print()函数输出一条提示信息。

第 425 行用 break 语句退出 while 循环。

第 428 行用 return 语句将变量 choice_workyear_txt 的值返回给 data_find_main()函数。

代码调试

在第 409 行中，设置一个断点，查看代码中各个变量的值，如图 5-145 所示。

```
409    choice_min = int(input('请输入查询的最小入职年份（{}-{}）：'.format(year_min,year_max)))
410    choice_max = int(input('请输入查询的最大入职年份（{}-{}）：'.format(year_min,year_max)))
```

图 5-145 设置断点

执行第 409 行和第 410 行代码，用 input()函数显示提示信息，让用户输入查询的入职年份的最小值和最大值，如图 5-146（a）所示，并将用户输入的数值分别赋给变量 choice_min 和变量 choice_max，如图 5-146（b）所示。

（a）用户输入最小值和最大值　　　（b）将用户输入的数值分别赋给变量 choice_min 和变量 choice_max

图 5-146　指定查询范围

用户正确输入后，执行第 421 行代码，将变量 choice_min 的值 2010、字符 "—" 和变量 choice_max 的值 2015 组合起来并赋给变量 choice_workyear_txt，该变量的值是 "2010—2015"，如图 5-147 所示。

图 5-147　给变量 choice_workyear_txt 赋值

执行第 423 行代码，显示用户输入的入职年份，如图 5-148 所示。

```
['2010', '2011', '2012', '2013', '2014', '2015']
请输入查询的最小入职年份（2010—2015）: 2010
请输入查询的最大入职年份（2010—2015）: 2015
你选择入职年份: 2010—2015
```

图 5-148　显示用户输入的入职年份

执行第 425 行代码，用 break 语句跳出第 406 行代码建立的 while 循环，继续执行第 428 行代码，将变量 choice_workyear_txt 的值返回给 data_find_main() 函数，如图 5-149 所示。

```
426
427        # 将入职年份返回查询主程    '2010—2015'
428        return choice_workyear_txt
```

图 5-149　将变量 choice_workyear_txt 的值返回给 data_find_main() 函数

回看第 413～418 行代码，它们主要用于输出用户输入错误时的提示信息，如图 5-150 所示。

```
413        if choice_min < year_min or choice_max > year_max:
414            # 信息提示
415            print('xxx错误提示xxx: 入职年份不在{}—{}\n'.format(year_min,year_max))
416        elif choice_min > choice_max:
417            # 信息提示
418            print('xxx错误提示xxx: 最小入职年份{}大于最大入职年份{}\n'.format(choice_min,choice_max))
```

图 5-150　用户输入错误的提示信息

用户依次输入最小入职年份 2001 和最大入职年份 2019，执行第 415 行代码，用 print() 函数输出错误提示，如图 5-151 所示。

```
['2010', '2011', '2012', '2013', '2014', '2015']
请输入查询的最小入职年份（2010—2015）: 2001
请输入查询的最大入职年份（2010—2015）: 2019
xxx入职日期输入错误xxx: 入职年份不在 2010—2015
```

图 5-151　提示输入超出范围

用户依次输入最小入职输入年份 2015 和最大入职年份 2010，执行第 418 行代码，用 print() 函数输出错误提示，如图 5-152 所示。

```
['2010', '2011', '2012', '2013', '2014', '2015']
请输入查询的最小入职年份（2010—2015）：2015
请输入查询的最大入职年份（2010—2015）：2010
xxx入职日期输入错误提示xxx：最小入职年份2015大于最大入职年份2010
```

图 5-152　提示最小入职年份大于最大入职年份

5.4.4　查询子程序（表格的美化与修饰）

pandas 模块侧重于数据的分析，数据的美化与修饰不是 pandas 模块的强项。所以数据的美化与修饰代码部分沿用了 openpyxl 模块的代码。因为这部分代码不是 pandas 模块的代码，所以把这部分内容放在本节的最后介绍。

这里顺便提一下，当使用 pandas 模块对表格进行美化与修饰时，不需要像使用 openpyxl 模块那样重设表格的计算公式。如果对于 openpyxl 模块不重设公式，则最终的查询结果有可能因为公式的引用错误而出现数据错误的情况；而 pandas 模块在读入数据时已经把公式转换为数值（去掉了公式，只保留了用公式计算的值），所以最终的查询结果显示的是"值"而不是"公式"，因此也不需要重设公式了。

另外，在第 131 行代码中，pandas 模块已经将"入职日期"列的数据类型转换为日期型，如图 5-153（a）所示，表格最终的显示结果如图 5-153（b）所示，所以也不需要像使用 openpyxl 模块那样特意对日期型数据进行处理。

```
df_source['入职日期'] = pd.to_datetime(df_source['入职日期']).dt.date
```

（a）第 131 行代码已经将"入职日期"列的数据类型转换为日期型

（b）表格最终的显示结果

图 5-153　无须对日期型数据进行处理

在讲解代码前，先介绍本节代码涉及的知识点和代码的设计思路。

1．本节代码涉及的知识点

本节代码涉及的知识点如表 5-7 所示。

表 5-7　本节代码涉及的知识点

	知识点	作用
Python 知识点	def 函数名()	构建函数
	index()函数	返回字符串中包含子字符串的索引值
	range()函数	创建一个整数列表，一般用在 for 循环中
	for	循环语句

续表

知识点		作用
关于 openpyxl 模块的知识点	cell.alignment = Alignment(horizontal='center')	设置对齐方式
	cell.font = Font(name=字体, size=字号)	设置字体字号
	border = Side(border_style='thin') cell.border = Border(left=border)	设置边框样式
	sheet.column_dimensions[col].width = 数字	设置列宽
	sheet.row_dimensions[num].height = 数字	设置行高
	cell.fill = PatternFill(fill_type='solid')	设置背景色
	cell.number_format = '#,##0.00'	设置单元格的数据格式
	sheet.freeze_panes = 单元格名称	冻结窗格
	openpyxl.utils.get_column_letter(1)	将数字转换为列字母
	for row in sheet.rows:	读取所有行
	for cell in row:	读取行单元格
	sheet['A1:I11']	读取指定范围单元格

2．本节代码的设计思路

本节代码的设计思路是美化与修饰用户查询的数据。具体操作如下。

（1）构建一个 data_beautify()函数，执行步骤（2）～（6）的代码。

（2）用 openpyxl 命令设置对齐方式、字体、字号和边框样式。

（3）用 openpyxl 命令设置列宽、行高。

（4）用 openpyxl 命令统一设置标题行的前景色。

（5）用 openpyxl 命令将文本型数字转换为数值型数字。

（6）用 openpyxl 命令冻结窗口。

3．构建 data_beautify()函数

代码清单 5.30 的作用如下。

构建一个 data_beautify()函数，由 data_find_main()函数对其进行调用，主要用于美化与修饰用户查询到的数据。

代码清单 5.30　构建 data_beautify()函数

```
431   # (2-3)表格修饰
432   # ============================
433   # sheet_name_target: "目标数据"文件 sheet 表名（用于保存数据）
434   # title_list_source: "数据来源"文件 sheet 表的标题行
435   # ============================
436   # 由于 pandas 模块主要用于编辑数据，修饰表格功能较弱，因此用 openpyxl 模块对表格进行修饰
437   def data_beautify(sheet_target,title_list_source):
438
```

代码清单 5.30 的解析

第 431～436 行是注释，标注了这部分代码的内容和具体接收的参数（变量）的值。

第 437 行用 def 命令构建 data_beautify()函数。

4．设置对齐方式、字体、字号和边框样式

代码清单 5.31 的作用如下。

用 openpyxl 命令设置对齐方式、字体、字号和边框样式。

代码清单 5.31　设置对齐方式、字体、字号和边框样式

```
439     # 设置对齐方式、字体、字号和边框样式
440     # 水平居中，垂直居中，自动缩小填充
441     cell_alignment = Alignment(horizontal='center', vertical='center',
        shrink_to_fit=True)
442     # 字体为 Arial，字号为 10，不使用粗体，颜色为黑色
443     cell_font = Font(name='Arial', size=10, bold=False, color='000000')
444     # 边框线的类型为细线，边框颜色为黑色
445     border = Side(border_style='thin', color='000000')
446     cell_border = Border(left=border, right=border, top=border, bottom=border)
447     # 用 for 循环语句遍历每一行（sheet_target.rows 表示所有行 ）
448     for row in sheet_target.rows:
449         # 获取每一行的每个单元格
450         for cell in row:
451             # 设置对齐方式
452             cell.alignment = cell_alignment
453             # 设置字体
454             cell.font = cell_font
455             # 设置边框样式
456             cell.border = cell_border
457
```

代码清单 5.31 的解析

第 441 行指定对齐方式为水平居中（horizontal='center'），垂直居中（vertical='center'），用缩小字体填充（shrink_to_fit=True）。

第 443 行指定字体名称为 Arial，字号大小为 10 号，不使用粗体（bold=False），字体颜色为黑色（color='000000'）。

第 445 行和第 446 行定义边框样式（需要同时运用属性 Side 和 Border），先在第 445 行设置边框线的类型为细线（border_style='thin'），颜色为黑色（color='000000'），并赋给变量 border；再在第 446 行设置边框的上下左右均使用变量 border 的值（边框的上下左右均设置为黑色细线），并赋给变量 cell_border。

第 448 行用 for 循环语句读取表格的每一行，并赋给对象 row。

第 450 行用 for 循环语句读取对应行的每个单元格，并赋给对象 cell。

第 452 行设置单元格的对齐方式(对象 cell 的属性 alignment 的值等于变量 cell_alignment 的值)。

第 454 行设置单元格的字体（对象 cell 的属性 font 的值等于变量 cell_font 的值）。

第 456 行设置单元格的边框样式（对象 cell 的属性 border 的值等于变量 cell_border 的值）。

知识扩展

有关第 441～456 行代码更详细的介绍，可以参见代码清单 4.33 后面的"知识扩展"部分。

代码调试

这里不设置断点，直接运行代码，看看美化与修饰表格前后的效果。美化与修饰表格前，表格内容没有居中，字号没有统一设置为 10，没有边框，如图 5-154 所示。

图 5-154　美化与修饰表格前的效果

执行第 441～456 行代码后，为表格设置了对齐方式（水平居中、垂直居中、以缩小字体填充），以及字体（Arial）、字号（10 号）和边框样式（黑色细线），如图 5-155 所示。

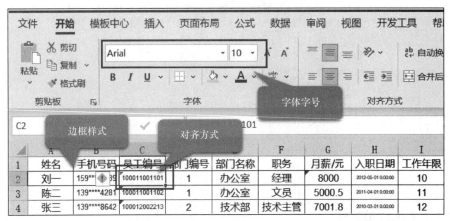

图 5-155　为表格设置了对齐方式、字体、字号和边框样式

5. 设置列宽和行高

代码清单 5.32 的作用如下。

用 openpyxl 命令为每一列设置宽度，为每一行设置高度。

代码清单 5.32　设置列宽和行高

```
458    # 设置列宽和行高
459    # 设置列宽
460    # 用 for 循环语句遍历每一列（用 max_column 确定数据区域的最大列）
461    for num in range(1,sheet_target.max_column+1):   # 从第 1 列到编号最大的列，
       # max_column+1 才是最后一列
462        # 将列数字转换为列字母
463        col = openpyxl.utils.get_column_letter(num)
464        # 设置列宽
465        sheet_target.column_dimensions[col].width = 15
466    # 设置行高
467    # 用 for 循环语句从第一行开始设置行高，如果 max_row 不加 1，则会忽略最后一行
468    for num in range(1,sheet_target.max_row+1):
469        # 设置行高
470        sheet_target.row_dimensions[num].height = 24
471
```

代码清单 5.32 的解析

第 461 行用 for 循环语句读取表格第一列到最后一列，并将读取的列数赋给变量 num。

第 463 行用 openpyxl.utils.get_column_letter()命令将变量 num 的值从数字转换为列字母，并赋给变量 col。

第 465 行根据列字母设置对象 sheet_target 的属性 column_dimensions 的 width 值为 15 个标准字符的宽度（设置列宽），即 sheet_target.column_dimensions[col].width = 15。

第 468 行用 for 循环语句读取表格第一行到最后一行，并将读取的行数赋给变量 num。

第 470 行根据行数设置对象 sheet_target 的属性 row_dimensions 的 height 值为 24 磅[①]（设置行高），即 sheet_target.row_dimensions[num].height = 24。

知识扩展

有关第 461～470 行代码的更详细的介绍，可以参见 4.4.4 节中代码清单 4.34 后面的"知识扩展"部分。

代码调试

这里不设置断点，直接运行代码，看看美化与修饰表格前后的效果。美化与修饰表格前，列宽和行高都为默认值，如图 5-156 所示。

图 5-156　美化与修饰表格前的效果

执行第 461～470 行代码，设置表格列宽为 15 个标准字符的宽度，行高为 24 磅，如图 5-157 所示。

图 5-157　设置表格列宽为 15 个标准字符的宽度，行高为 24 磅

---

6. 设置标题行的前景色

代码清单 5.33 的作用如下。

用 openpyxl 命令统一设置标题行的前景色。

代码清单 5.33　设置标题行的前景色

```
472        # 设置标题行的前景色
473
```

---

① 1 磅=$\frac{4}{3}$像素≈0.0353 厘米。

```
474        fgColor = PatternFill(fill_type='solid', fgColor='9BC2E6')
475        # 获取编号最大的列的字母
476        max_col = openpyxl.utils.get_column_letter(sheet_target.max_column)
477        # 用 for 循环语句遍历第一行的每个单元格
478        for row in sheet_target['A1:'+max_col+'1']:
479            # 获取每个单元格
480            for cell in row:
481                # 设置前景色
482                cell.fill = fgColor
483
```

代码清单 5.33 的解析

第 474 行指定标题行的前景色，填充类型为纯色（fill_type= 'solid'），前景色为浅蓝色（fgColor='9BC2E6'）。

第 476 行用 openpyxl.utils.get_column_letter()命令将最大列数字转换为列字母，并赋给变量 max_col。

第 478 行用 for 循环语句遍历表格第一行 A 列单元格到第一行最后一列单元格，并赋给对象 row。

第 480 行用 for 循环语句读取对应行的每个单元格，并赋给对象 cell。

第 482 行设置单元格的背景色（对象 cell 的属性 fill 的值等于变量 fgColor 的值）。

知识扩展

有关第 474~482 行代码的更详细的介绍，可以参见代码清单 4.35 后面的"知识扩展"部分。

代码调试

这里不设置断点，直接运行代码，看看美化与修饰表格前后的效果。美化与修饰表格前，标题行没有背景色，如图 5-158 所示。

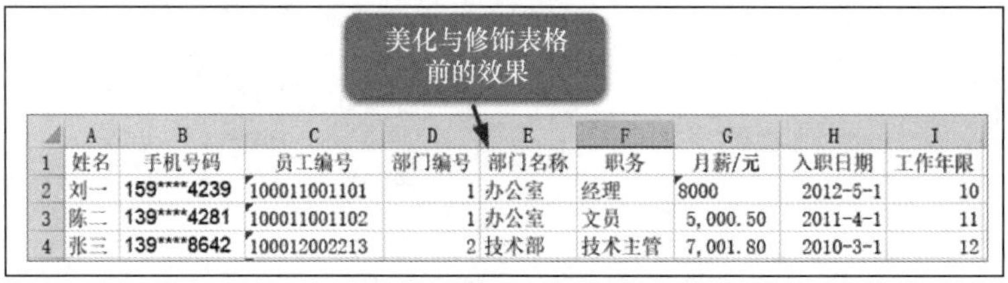

图 5-158　美化与修饰表格前的效果

执行第 474~482 行代码后，为表格标题行设置了前景色，如图 5-159 所示。

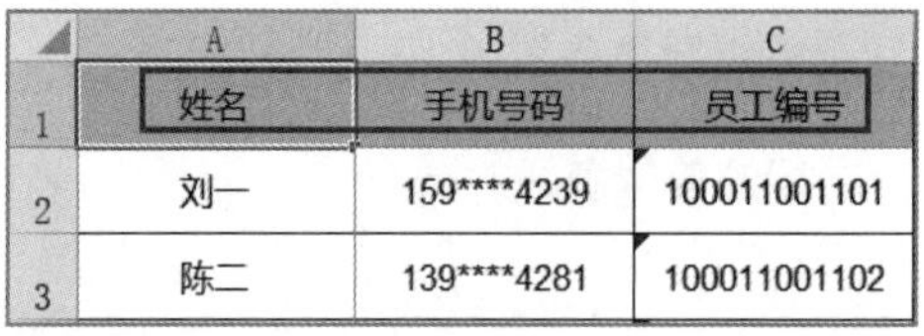

图 5-159　为表格标题行设置了前景色

7. 设置数值为保留两位小数

代码清单 5.34 的作用如下。

用 openpyxl 命令将数值设置为保留两位小数。

代码清单 5.34　设置数值为保留两位小数

```
484        # 转换文本型数字为数值型数字
485        #将变 title_list_source 的值转换为列表(pandas 模块获取的数据并不是真正的列表)
486        title_list_source = title_list_source.tolist()
487        # 找出列标题在 title_list_source 列表中的位置（数字）
488        title_source_index = title_list_source.index('月薪') +1
489        # 将数字转换字母
490        title_source_col = openpyxl.utils.get_column_letter(title_source_index)
491
492        # 用 for 循环语句从第二行开始转换文本型数字（第一行是标题行），如果 max_row 不加 1,
           # 则会忽略最后一行
493        for row in range(2,sheet_target.max_row + 1):
494            # 用 openpyxl 的对象 cell 来代替 sheet_target[title_source_col+str
               # (row)]，以缩短代码
495            cell = sheet_target[title_source_col+str(row)]
496            # 设置单元格的数据格式为保留两位小数
497            cell.number_format = '#,##0.00'
498
```

代码清单 5.34 的解析

第 486 行用 tolist()函数将变量 title_list_source 的值（第 148 行代码获取的标题行数据）转换为列表并重新赋给变量 title_list_source。

第 488 行找出"月薪"在 title_list_source 中的位置，加 1（对应 Excel 的列）并赋给变量 title_source_index。

第 490 行用 openpyxl.utils.get_column_letter()命令将变量 title_source_index 的值从数字转换为列字母，并赋给变量 title_source_col。

第 493 行用 for 循环语句读取表格第二行（第一行是标题行，不需要设置为保留两位小数）到最后一行（max_row+1 代表最后一行），并将读取的行数赋给变量 row。

第 495 行用对象 cell 来代替 sheet_target[title_source_col+str(row)]，以缩短代码（变量 title_source_col 的值是列字母，变量 row 的值是行数）。

第 497 行设置对象 cell（单元格）的数据格式为"#,##0.00"。

知识扩展

如果不执行这部分代码，则 pandas 模块会自动将数据转换为数值型，即使原来是文本型数据，如图 5-160（a）所示。生成查询结果后，数据也变成数值型，但没有两位小数，如图 5-160（b）所示。执行第 486～497 行代码，数值可以保留两位小数，如图 5-160（c）所示。

与 openpyxl 模块不同，用 pandas 模块可以直接设置数据的格式（单元格格式），不需要像 openpyxl 模块那样，设置数据的格式后还需要重新赋给单元格。

（a）源数据有文本　　（b）没有小数　　（c）保留两位小数

图 5-160　设置数值为保留两位小数

代码调试

这里不设置断点，直接运行代码，看看美化与修饰表格前后的效果。美化与修饰表格前，月薪有部分数据是字符串，并且没有两位小数，如图 5-161 所示。

图 5-161　美化与修饰表格前的效果

执行第 486～497 行代码，对月薪的所有数据保留两位小数，如图 5-162 所示。

	A	F	G
1	姓名	职务	月薪/元
2	刘一	经理	8,000.00
3	陈二	文员	5,000.50

图 5-162　对月薪的所有数据保留两位小数

8．冻结窗格

代码清单 5.35 的作用如下。

用 openpyxl 命令冻结窗格。

代码清单 5.35　冻结窗格

```
499      # 冻结窗格
500      sheet_target.freeze_panes = 'B2'
501
```

代码清单 5.35 的解析

第 500 行设置对象 sheet_target 的属性 freeze_panes 的值为 B2，相当于在 Excel 文档的 B2 单元格中冻结窗格。

知识扩展

对于太大而不能一屏显示的电子表格，冻结顶部的几行或左边的几列，可以有效地让某些行和列一直显示在屏幕上，从而帮助用户更好地查看这些行或列所对应的数据。

要解冻所有的单元格，就将属性 freeze_panes 的值设置为 None 或 A1。

代码调试

这里不设置断点，直接运行代码，看看美化与修饰表格前后的效果。美化与修饰表格前，没有冻结窗格，如图 5-163 所示。

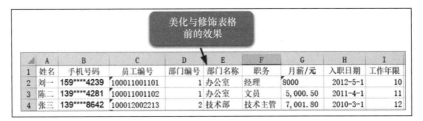

图 5-163　美化与修饰表格前的效果

执行第 500 行代码，在表格的 B2 单元格中冻结窗格，可以固定显示 A1 单元格，如图 5-164（a）所示。

将属性 freeze_panes 的值设置为 None 或 A1，可以取消冻结窗格，拖动滚动条，A1 单元格会被隐藏，如图 5-164（b）所示。

	A	C	D	E
1	姓名	员工编号	部门编号	部门名称
3	陈二	100011001102	1	办公室
4	张三	100012002213	2	技术部

（a）固定显示 A1 单元格

	B	C	D	E
2	159 **** 4239	100011001101	1	办公室
3	139 **** 4281	100011001102	1	办公室

（b）取消冻结窗格

图 5-164　冻结窗格和取消冻结窗格

5.5　启动程序

pandas 模块的启动程序和 openpyxl 模块的启动程序一样，都指明一个函数来启动程序。整个程序运行时的用户操作和界面都是一样的，区别在于核心代码的编写不同。下面将介绍 pandas 模块的启动程序，如代码清单 5.36 所示。

代码清单 5.36　启动程序

```
502   #====================
503   # 启动程序
```

```
504 #====================
505 openfiles()
```

代码清单 5.36 的解析

第 502～504 行是注释，标注了这部分代码的内容。

第 505 是函数调用语句，指明调用哪个函数来启动程序。这里指明调用 openfiles()函数来启动整个程序。

知识扩展

有关第 505 行代码的更详细的介绍，可以参见代码清单 4.48 后面的“知识扩展”部分。

代码调试

这里不需要设置断点，直接运行代码，查看运行的效果。

启动主菜单，如图 5-165 所示。

1.根据手机号码查询
2.根据月薪查询
3.根据部门名称和入职日期查询
0.退出系统
请输入整数0~3:

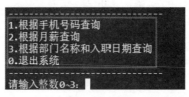

图 5-165 启动主菜单

在菜单界面中，输入 1，选择“根据手机号码查询”模块，如图 5-166 所示。

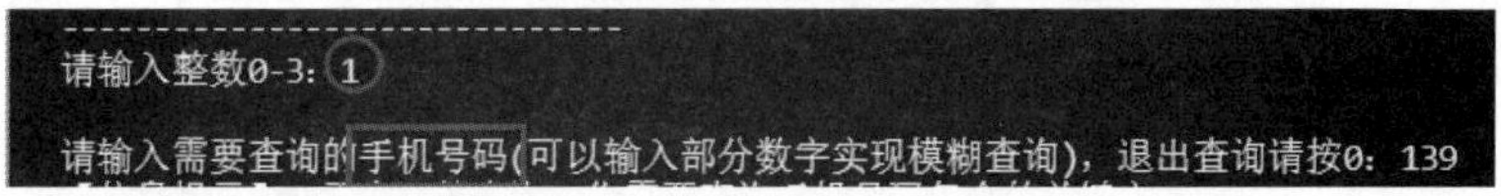

请输入整数0-3: 1
请输入需要查询的手机号码(可以输入部分数字实现模糊查询)，退出查询请按0: 139

图 5-166 输入 1，选择“根据手机号码查询”模块

输入手机号码关键字 139，有两条查询记录，如图 5-167（a）所示；输入 0，返回菜单界面，如图 5-167（b）所示。

请输入需要查询的手机号码(可以输入部分数字实现模糊查询)，退出查询请按0: 139
【信息提示】: 正在开始查询，你需要查询手机号码包含的关键字: 139
查询结束，查询结果有(2)条记录，查询的数据保存在« 查询结果20220722.xlsx »文件中!

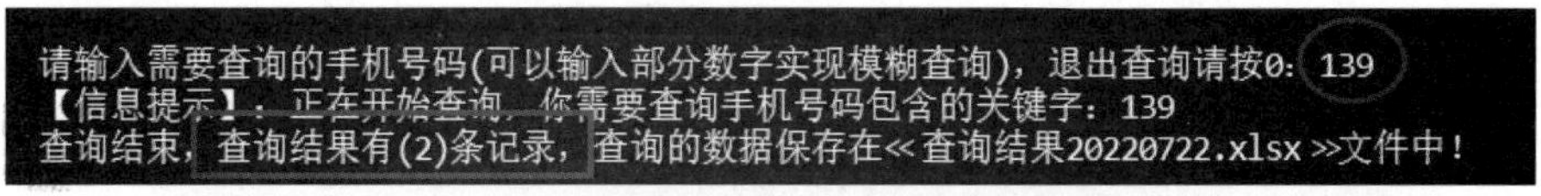

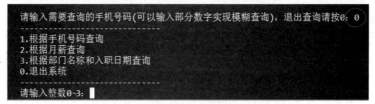

（a）输入手机号码关键字 139，有两条查询记录

请输入需要查询的手机号码(可以输入部分数字实现模糊查询)，退出查询请按0: 0
1.根据手机号码查询
2.根据月薪查询
3.根据部门名称和入职日期查询
0.退出系统
请输入整数0~3:

（b）输入 0，返回菜单界面

图 5-167 根据关键字查询后返回菜单界面

输入 2，选择“根据月薪查询”模块，然后按 Enter 键进行查询，如图 5-168 所示。

图 5-168　选择"根据月薪查询"模块，然后按 Enter 键进行查询

输入月薪最小值 0 和月薪最大值 10000，有 10 条查询记录，如图 5-169（a）所示；输入 0，返回菜单界面，如图 5-169（b）所示。

（a）输入月薪最小值 0 和月薪最大值 10000，有 10 条查询记录

（b）输入 0，返回菜单界面

图 5-169　根据月薪查询后返回菜单界面

输入 3，选择"根据部门名称和入职日期查询"模块，然后按 Enter 键进行查询，如图 5-170 所示。

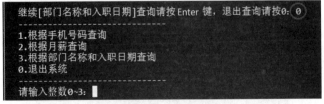

图 5-170　选择"根据部门名称和入职日期查询"模块，然后按 Enter 键进行查询

输入 13 表示选择"办公室和销售部"，再输入最小入职年份 2010 和最大入职年份 2015，有 5 条查询记录，如图 5-171（a）所示；输入 0，返回菜单界面，如图 5-171（b）所示。

（a）输入 13 表示选择"办公室和销售部"，再输入最小入职年份 2010 和最大入职年份 2015，有 5 条查询记录

（b）输入 0，返回菜单界面

图 5-171　根据部门和入职年份查询后返回菜单界面

5.6　pandas 模块小结

我们用 505 行代码（去除注释和空行，实际代码大约为 200 多行），成功编写了一个查询案例，其中运用了不少 pandas 模块知识点。下面回顾一下代码中使用过的 pandas 模块的知识点。

和 openpyxl 模块一样，pandas 模块也有对象、属性和命令。

对象可以随意命名，默认用 pd 表示 pandas 模块，用 df 表示 DataFrame。

属性是对象的一部分，属性名称是固定的，用于表示特定的内容。例如，sheet_names 表示所有表的名称。

命令名称也是固定的，用于表示执行一系列动作。例如，用于保存文档的 to_excel() 就是一个命令。

5.6.1　导入模块操作

导入 pandas 模块的标准语句为 import pandas as pd，如图 5-172（a）所示。代码中的 as pd 用于方便后续编写代码时用 pd 代替 pandas，如图 5-172（b）所示。

| 19 | # 导入pandas库(Excel模块) |
| 20 | import pandas as pd |

（a）导入 pandas 模块

| 47 | # 用pandas的DataFr |
| 48 | df=pd.DataFrame() |

（b）用 pd 代替 pandas

图 5-172　导入 pandas 模块的标准语句

5.6.2　文件操作

pandas 模块中的文件操作有以下 3 种情况。

1．创建一个新 Excel 文档

用 pd.DataFrame() 命令建立一个 DataFrame 对象后，再用 to_excel() 命令保存这个 DataFrame 对象，新建一个空白 Excel 文档，如图 5-173 所示。

47	# 用pandas的DataFrame方法创建空白文件。DataFrame类似
48	df=pd.DataFrame()
49	# 生成Excel文件，并将第一个表命名
50	df.to_excel(file_name_target,sheet_name='查询结果')

图 5-173　建立一个新的空白 Excel 文档

2．打开一个已经存在的 Excel 文档

打开一个已经存在的 Excel 文档的方法有两种。一种是用 pd.ExcelFile() 命令。pd.ExcelFile() 命令括号中的文件名可以用变量代替，也可以直接标注文件名，如图 5-174 所示。

64	# 获取Excel文件的工作簿
65	df = pd.ExcelFile(file_name_target)
64	# 获取Excel文件的工作簿
65	df = pd.ExcelFile('查询结果.xlsx')

图 5-174　用 pd.ExcelFile() 命令打开一个已经存在的 Excel 文档

另一种是用 pd.read_excel()命令。pd.read_excel()命令可以在打开 Excel 文档时对数据类型进行转换，如图 5-175 所示。

图 5-175 用 pd.read_excel()命令打开一个已经存在的 Excel 文档

3．保存 Excel 文档

用 pandas 模块的 to_excel()命令保存文档时可以同时命名表格，如图 5-176 所示。

图 5-176 用 pandas 模块的 to_excel()命令保存文档

5.6.3 表格操作

pandas 模块中的表格操作有以下 5 种情况。

1．获取所有表格的名称

用 pd.ExcelFile()命令打开 Excel 文档后，再读取对象 df 的属性 sheet_names 的值，可以获取所有表格的名称，如图 5-177 所示。

2．根据索引号获取指定的表格名称

读取对象 df 的属性 sheet_names 的值后，根据索引号获取表格的名称，如图 5-178 所示。

图 5-177 获取所有表格的名称 　　　　图 5-178 根据索引号获取表格名称

3．命名表格

用 pandas 模块的 to_excel()命令保存 DataFrame 时，可以直接用参数 sheet_name 命名表名，如图 5-179 所示。

图 5-179 命名表格

4．读取表格中的数据区域

读取 DataFrame 的属性 shape 的值，读取后可以用 print()函数输出，属性 shape 的第一个值是行，第二个值是列，但是属性 shape 的值不包括标题行，如图 5-180 所示。

图 5-180 读取表格中的数据区域

5．读取标题行

读取对象 df_source 的属性 columns 的值 values 即可获取标题行，如图 5-181 所示。

```
147        # 用于在后续按照标题其中一个字段查询时候，可以用变
148        title_list_source = df_source.columns.values
```

图 5-181 读取标题行

5.6.4 数据转换

pandas 模块的数据转换有以下 3 种情况。

1. 用参数 dtype 转换数据类型

当用 pd.read_excel()命令读取 Excel 文档时，用参数 dtype 转换数据类型，如图 5-182 所示。

```
pd.read_excel(file_name_source, sheet_name=sheet_name_source,
              dtype={'手机号码': 'string','员工编号': 'string','部门编号': 'string'})
```

图 5-182 用参数 dtype 转换数据类型

2. 用 pd.to_datetime()命令转换日期

用 pd.to_datetime()命令将"入职日期"列的数据转换为日期，如图 5-183 所示。

```
pd.to_datetime(df_source['入职日期']).dt.date
```

图 5-183 用 pd.to_datetime()命令将"入职日期"列的数据转换为日期

3. 用 DatetimeIndex()命令提取年月日

用 DatetimeIndex()命令的属性 year 可以提取日期字段中 4 位数字的年份，如图 5-184（a）所示。如果想提取日期的月份、日，可以使用 DatetimeIndex()命令的属性 month、day，如图 5-184（b）所示。

```
390        # 创建临时列workyear，数据是参加工作时间的年份，方便用年份进行查询
391        df_source['workyear'] = pd.DatetimeIndex(df_source['入职日期']).year
```

（a）用 DatetimeIndex()命令可以提取日期字段中 4 位数字的年份

```
df_source['workyear'] = pd.DatetimeIndex(df_source['入职日期']).month
df_source['workyear'] = pd.DatetimeIndex(df_source['入职日期']).day
```

（b）用 DatetimeIndex()命令的属性 month、day 提取月份和日

图 5-184 提取日期的月份和日

5.6.5 数据操作

pandas 模块的数据操作有以下 3 种情况。

1. 创建临时列

将两列合并可以生成临时列，例如，将"部门编号"列和"部门名称"列合并，如图 5-185（a）所示。对其中一列数据进行加工也可以生成临时列，例如，用 DatetimeIndex()命令将"入职日期"列的数据转换为用 4 位数字表示的年份，并写入临时列 workyear，如图 5-185（b）所示。

```
329        # 将两列数据合成新的一列数据并将数值转为字符
330        df_source['department'] = df_source['部门编号']+df_source['部门名称']
```

（a）将两列合并可以生成临时列

图 5-185 创建临时列

```
390   # 创建临时列workyear，数据是参加工作时间的年份，方便用年份进行查询
391   df_source['workyear'] = pd.DatetimeIndex(df_source['入职日期']).year
```

（b）对其中一列数据进行加工也可以生成临时列

图 5-185 创建临时列（续）

2. 将列数据转换为列表

用 tolist()函数可以将列数据转换为列表，如图 5-186 所示。

```
331   # 读取临时列department的数据并生成列表
332   department_data_list = df_source['department'].tolist()
```

图 5-186 用 tolist()函数将列数据转换为列表

3. 删除列数据

当用 drop()命令删除列数据时，需要写明要删除的列的名称。drop()命令默认删除行，如果想删除列，则需要加入参数 axis=1；如果需要让删除立即生效，则需要加入参数 inplace=True，如图 5-187 所示。

```
289          # 删除查询结果临时列(删除DataFrame的临时列)
290          df_result.drop(['department','workyear'],axis=1,inplace=True)
```

图 5-187 用 drop()命令删除列数据

5.6.6 数据筛选

pandas 模块的数据筛选有以下 3 种情况。

1. 通过关键字模糊查询数据

用 str.contains()函数查询某一列中包含一个关键字的数据，如图 5-188（a）所示；如果想查询某一列中包含多个关键字的数据（例如，手机号码中包含 139 或者 135），则可加入 "|" 连接符，如图 5-188（b）所示。

```
df_result = df_source[df_source[col_name].str.contains(input_txt)]
```

（a）用 str.contains()函数实现模糊查询

```
df_result = df_source[df_source['手机号码'].str.contains('139|135')]
```

（b）加入 "|"（或）连接符以实现多个关键字的查询

图 5-188 通过关键字模糊查询数据

2. 查询一定范围内的数据

查询一定范围内的数据可用>=、<=和&等运算符，每个条件都要用小括号括起来，再用&运算符进行连接，如图 5-189 所示。

```
df_source[(df_source[col_name]>=input_min) & (df_source[col_name]<=input_max)]
```

图 5-189 查询一定范围内的数据

3. 组合多个条件查询数据

组合多个条件查询数据需要用 isin()函数、copy()命令以及>=、<=和&等运算符，如

图 5-190 所示。

```
df_source[df_source['部门名称'].isin(choice_department_list) &
    ((df_source['workyear']>=year_min) & (df_source['workyear']<=year_max))].copy()
```

图 5-190 组合多个条件查询数据

5.6.7 小结

无论是在代码的编写，还是数据的查询与分析，pandas 模块都优于 openpyxl 模块。从代码数量来看，pandas 模块比 openpyxl 模块少了 200 多行代码；从查询效率来看，pandas 模块用一行代码就能完成的工作，openpyxl 模块需要用多行代码才能完成。所以 pandas 模块是 Python 中一个优秀的 Excel 模块。

但是 pandas 模块也有缺点。

❍ 从易用性和理解方面来看，pandas 模块的命令、方法和函数并不容易理解，用户需要非常熟悉 pandas 模块才会在编写代码时自如运用 pandas 模块的命令、方法和函数。而 openpyxl 模块的命令简单易用、容易理解。

❍ pandas 模块侧重于数据的分析，所以在数据的美化与修饰方面不如 openpyxl 模块。

综上所述，openpyxl 模块和 pandas 模块各有优缺点，在实际工作中，可以同时使用两个模块，用 pandas 模块读取数据，用 openpyxl 模块修饰表格，这样将会达到事半功倍的效果。

第6章

PyInstaller 模块的安装与.py 文件的编译和运行

Python 代码编写完成后，如果用户想不安装 Visual Studio Code 和 Python 运行代码，或者把代码移植到其他没有 Python 开发环境的计算机上运行，就需要把.py 文件编译成.exe 文件。把.py 文件编译成.exe 文件，通常需要使用 PyInstaller 模块。

本书所用的 PyInstaller 模块是 4.10 版本。

6.1 PyInstaller 模块的安装

和其他 Python 模块的安装方法一样，在 Visual Studio Code 的终端界面中，输入命令 pip install pyinstaller 即可安装最新版的 PyInstaller 模块，如图 6-1 所示。

等待一段时间后，Visual Studio Code 的终端界面出现提示文字 Successfully installed pyinstaller，表示模块安装成功，如图 6-2 所示。

图 6-1　安装 PyInstaller 模块

```
Installing collected packages: pywin32-ctypes, pyinstaller-hooks-contrib, pyinstaller
Successfully installed pyinstaller-4.10 pyinstaller-hooks-contrib-2022.2 pywin32-ctypes-0.2.0
```

图 6-2　PyInstaller 模块安装成功

6.2 将.py 文件编译为.exe 文件

本节主要介绍 PyInstaller 模块的常用参数的作用和将.py 文件编译为.exe 文件的步骤。

6.2.1 PyInstaller 模块的常见可选参数

PyInstaller 模块的常见可选参数如下。

❑ -i：给应用程序添加图标（推荐使用这个参数）。
❑ -F：打包后只生成一个.exe 文件。如果代码都写在一个.py 文件中，则可以用这个参数；如果代码写在多个.py 文件中，就不建议使用这个参数。

6.2.2 将.py 文件编译为.exe 文件的步骤

将.py 文件编译为.exe 文件的步骤如下。

（1）在 D 盘根目录（其他位置也可以）新建一个 pyinstaller 文件夹，将.py 文件和一个图标文件（扩展名是.ico）复制到该文件夹中，如图 6-3 所示。

（2）在 Windows 10 操作系统下，双击桌面的"计算机"图标，再双击 D 盘，打开 pyinstaller 文件夹，按住 Shift 键的同时在空白处右击，在弹出的菜单中选择"在此处打开 Powershell 窗口"，如图 6-4 所示，进入 PowerShell 命令窗口。

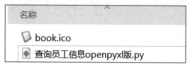

图 6-3　新建一个 pyinstaller 文件夹　　　图 6-4　选择"在此处打开 Powershell 窗口"

（3）在 PowerShell 窗口中，输入编译.py 文件的命令"pyinstaller -i book.ico -F，查询员工信息 openpyxl 版.py"，如图 6-5 所示，然后按 Enter 键。

```
选择 Windows PowerShell
PS D:\pyinstaller> pyinstaller -i book.ico -F 查询员工信息openpyxl版.py
```

图 6-5　输入编译.py 文件的命令

（4）等待一段时间，PowerShell 窗口中会出现提示文字 Building EXE from EXE-00.toc completed successfully，表示成功将.py 文件编译为 exe 文件，如图 6-6 所示。

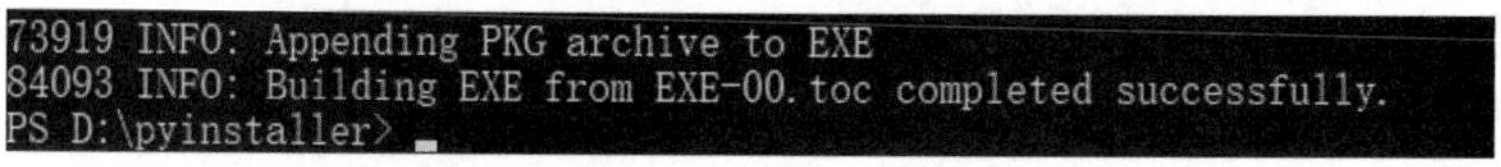

```
73919 INFO: Appending PKG archive to EXE
84093 INFO: Building EXE from EXE-00.toc completed successfully.
PS D:\pyinstaller>
```

图 6-6　成功将.py 文件编译为.exe 文件

（5）查看 pyinstaller 文件夹，发现多了一个 dist 文件夹，打开该文件夹，里面存放着刚才编译成功的.exe 文件，如图 6-7 所示。

图 6-7　编译成功的.exe 文件

6.3　.exe 文件的运行效果

通过以下步骤查看.exe 文件的运行效果。

（1）将需要和.exe 文件配套使用的 Excel 文档和.txt 文本文档复制到存放.exe 文件的文件夹中，如图 6-8 所示。

（2）通过双击运行"查询员工信息 openpyxl 版.exe"文件，弹出一个 DOS 窗口，成功运行.exe 文件，如图 6-9 所示。输入数字，成功进行查询，如图 6-10 所示。

图 6-8　将配套文件和.exe 文件放在同一个文件夹中

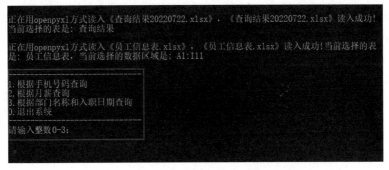

图 6-9 成功运行 .exe 文件

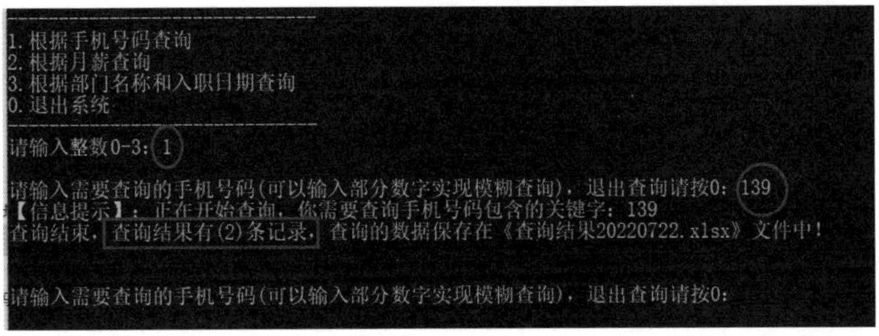

图 6-10 成功进行查询

（3）通过双击打开查询结果 Excel 文档，如图 6-11（a）所示，查询结果如图 6-11（b）所示。

（a）双击打开查询结果 Excel 文档

（b）查询结果

图 6-11 查看查询结果

6.4 使用 PyInstaller 模块的注意事项

在使用 PyInstaller 模块编译 .py 文件时，需要注意以下事项。

（1）将 .py 文件编译成 .exe 文件后，文件会增大很多。例如，原来的 .py 源代码文件只有 1～46KB，编译后的 .exe 文件有 20～30 MB，如图 6-12 所示。这是因为编译为 .exe 文件需要把 Python 的模块一起打包进去，所以造成文件增大。为了减小编译后的 .exe 文件占用的空间，可以安装 Python 的 pipenv 模块，配置虚拟环境。虚拟环境的搭建以及压

图 6-12 编译后的 .exe 文件增大

缩 .exe 文件的操作方法在这里不进行详细讲解，有兴趣的读者可以自行上网搜索。

（2）不同版本的 Windows 系统生成的 .exe 文件有可能不能跨平台运行。例如，在 64 位系

统上编译的.exe 文件只能在 64 位系统上运行，不能在 32 位系统上运行，否则会弹出图 6-13 所示的对话框。不过，在 32 位系统上编译的.exe 文件可以在 64 位系统上运行。

此文件的版本与正在运行的 Windows 版本不兼容。请检查计算机的系统信息以了解需要 x86 (32 位)还是 x64 (64 位)版本的程序，然后联系软件发布者。
确定

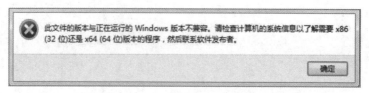

图 6-13　提示对话框

（3）如果需要重新编译，但是 pyinstaller\build 文件夹中有之前编译.py 文件的临时文件夹，如图 6-14（a）所示，那么需要先删除这个临时文件夹，再重新编译.py 文件，否则会出现错误提示，无法再次编译，如图 6-14（b）所示。

pyinstaller › build ›
名称
查询员工信息openpyxl版

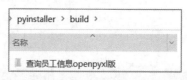

（a）编译.py 文件的临时文件夹

PS D:\pyinstaller> pyinstaller -i book.ico -F 查询员工信息openpyxl版.py
242 INFO: PyInstaller: 4.10
242 INFO: Python: 3.8.1
245 INFO: Platform: Windows-10-10.0.19041-SP0
247 INFO: wrote D:\pyinstaller\查询员工信息openpyxl版.spec
258 INFO: UPX is not available.
261 INFO: Extending PYTHONPATH with paths
['D:\\pyinstaller']
964 INFO: checking Analysis
1278 INFO: checking PYZ
1499 INFO: checking PKG
1539 INFO: Bootloader c:\users\sun\appdata\local\programs\python\python38
ws-64bit\run.exe
1540 INFO: checking EXE
PS D:\pyinstaller>

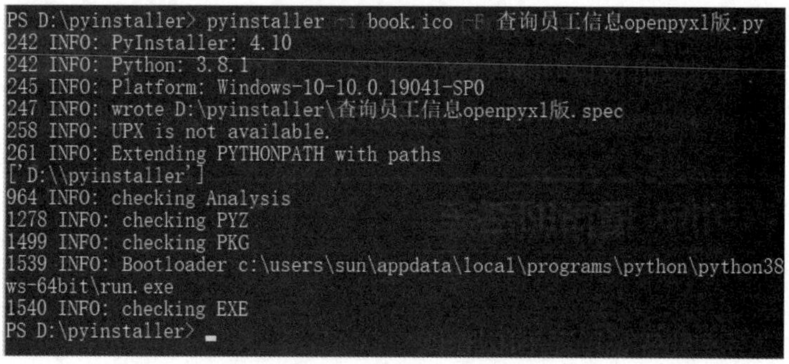

（b）重新编译.py 文件，要删除之前的临时文件夹

图 6-14　重新编译.py 文件

第 7 章

快速移植本书案例的代码

本章介绍怎么快速移植本书案例的代码，以便读者使用。

7.1 移植代码的案例——公司销售情况表

本书的案例使用一个“员工信息表”，现在假设有一个“公司销售情况表”需要查询。在移植代码前，先看看这个“公司销售情况表”，如图 7-1 所示。

该表有 3 列，分别是“企业名称”“季度”“销售额”。数据是 A、B、C、D 这 4 个公司第一到第三季度的销售额。

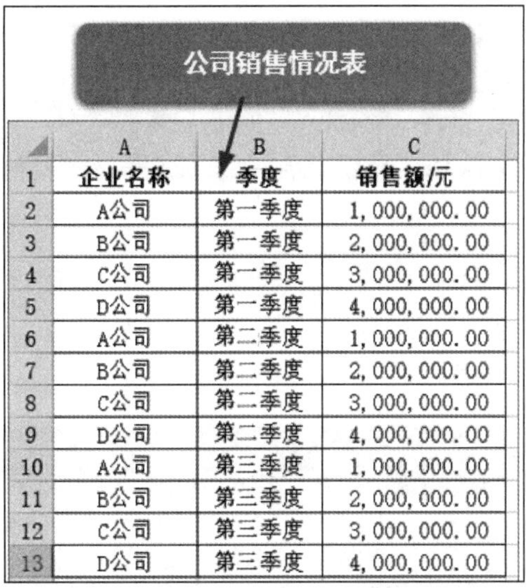

	A	B	C
1	企业名称	季度	销售额/元
2	A公司	第一季度	1,000,000.00
3	B公司	第一季度	2,000,000.00
4	C公司	第一季度	3,000,000.00
5	D公司	第一季度	4,000,000.00
6	A公司	第二季度	1,000,000.00
7	B公司	第二季度	2,000,000.00
8	C公司	第二季度	3,000,000.00
9	D公司	第二季度	4,000,000.00
10	A公司	第三季度	1,000,000.00
11	B公司	第三季度	2,000,000.00
12	C公司	第三季度	3,000,000.00
13	D公司	第三季度	4,000,000.00

图 7-1　公司销售情况表

7.2 需要实现的功能

需要实现的功能是根据企业名称查询该企业第一到第三季度的销售额，或者根据销售额的范围查询有哪些企业。

修改 openpyxl 模块的代码，根据企业名称进行查询；修改 pandas 模块的代码，根据销售额进行查询。只需修改 4 个地方的代码，即可完成查询功能的移植。

7.3　修改数据来源文件名

第 4 章提到，将"数据来源"文件名写在"数据来源文件名"文本文件中。其作用是，如果"数据来源"文件的文件名变化了，则只需修改文本文件的内容即可，不需要修改程序代码。

这里打开"数据来源文件名.txt"文本文件，把"员工信息表"几个字修改为"公司销售情况表"，如图 7-2 所示。

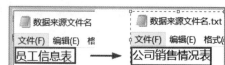

图 7-2　修改文本文件内容

7.4　移植 openpyxl 模块的代码

打开 openpyxl 模块的代码，做以下修改。

（1）修改菜单的文字。在第 182 行代码中，将菜单第一项的文字"根据手机号码查询"修改为"根据企业名称查询"，如图 7-3 所示。将菜单第二项、第三项的文字改为"待开发"，程序运行时会忽略菜单第二项、第三项。

```
181                     # 建立菜单选项
182                     menu_option1 = '\n1.根据企业名称查询'
183                     menu_option2 = '\n2.待开发'
184                     menu_option3 = '\n3.待开发'
185                     menu_option0 = '\n0.退出系统\n'
```

图 7-3　修改菜单第一项的文字为"根据企业名称查询"

（2）修改变量 col_name 的值和 input()函数的提示语。在第 228 行代码中，将变量 col_name 的值由"手机号码"修改为"企业名称"，如图 7-4（a）所示；在第 230 行代码中，将 input()函数中的提示语"数字"修改为"文字"，如图 7-4（b）所示。

```
227                     # 将需要查询的标题，赋值给变量col_name
228                     col_name = '企业名称'
```

（a）将变量 col_name 的值由"手机号码"修改为"企业名称"

```
# 弹出询问对话
input_txt = input('\n请输入需要查询的'+col_name+'（可以输入部分文字实现模糊查询），退出查询请按0：')
```

（b）将 input()函数中的提示语"数字"修改为"文字"

图 7-4　修改变量 col_name 的值和 input()函数的提示语

（3）屏蔽用于修饰表格的代码。因为"公司销售情况表"没有日期和公式，所以屏蔽设置日期格式的代码［见图 7-5（a）］和重设公式的代码［见图 7-5（b）］。要屏蔽单行代码，可以在代码前加注释号#；要屏蔽多行代码，分别在代码前一行和后一行，加 3 个英文单引号。

```
571 ∨   '''
572     # (2-3-4)设置日期为10位长度
573     formula_list = ['入职日期']
574     # 用for循环语句,设置入职日期长度
575     for i in range(len(formula_list)):
576         # 找出入职日期在title_list_source列表中的位置(数字)
577         title_source_index = title_list_source.index(formula_list[i]) +1
578         # 将数字转为列字母
579         title_source_col = openpyxl.utils.get_column_letter(title_source_index)
580         # 用for循环语句,从第二行开始设置日期长度(第一行是标题),max_row如果不+1循环会忽略最后一行
581         for row in range(2,sheet_target.max_row + 1):
582             # 用openpyxl的对象cell来代替sheet_target[title_source_col+str(row)],减少代码编写
583             cell = sheet_target[title_source_col+str(row)]
584             # 如果单元格的值是日期,取前10位(yyyy-mm-dd)转为字符串
585             if cell.data_type == 'd':
586                 # 将单元格的值转换为字符串
587                 cell.value = str(cell.value)[0:10]
588     '''
```

(a)屏蔽设置日期格式的代码

```
606     '''
607     # (2-3-6)重设公式
608     # 找出有公式的列标题在title_list_source列表位置(数字)
609     title_source_index = title_list_source.index('工作年限') +1
610     # 将数字转为列字母
611     title_source_col = openpyxl.utils.get_column_letter(title_source_index)
612     # 用for循环语句,从第二行开始设置公式(第一行是标题),max_row如果不+1循环会忽略最后一行
613     for row in range(2,sheet_target.max_row + 1):
614         # 重设工作年限公式
615         sheet_target[title_source_col+str(row)] = '=YEAR(TODAY())-YEAR(H'+str(row)+')'
616     '''
```

(b)屏蔽重设公式的代码

图 7-5 屏蔽不需要的代码

(4)修改需要转换文本型数字为数值型数字的列。在第 592 行代码中,将"月薪"修改为"销售额",如图 7-6 所示。

```
591     # 找出含有数值的列标题在title_list_source列表位置(数字)
592     title_source_index = title_list_source.index('销售额') +1
```

图 7-6 将"月薪"修改为"销售额"

(5)运行程序。完成上述修改后,运行程序,可以看到菜单的第一项已经修改为"根据企业名称查询",如图 7-7 所示。

输入数字 1,选择"根据企业名称查询"模块,可以看到提示语已经修改,如图 7-8 所示。

```
1.根据企业名称查询
2.待开发
3.待开发
0.退出系统

请输入整数0~3:
```

图 7-7 菜单文字已经修改

```
-----------------------------------
请输入整数0~3: 1

请输入需要查询的企业名称(可以输入部分文字实现模糊查询),退出查询请按0: ▮
```

图 7-8 提示语已经修改

输入 A 后,按 Enter 键,可以看到查询结果有 3 条记录,如图 7-9 所示。

```
请输入需要查询的企业名称(可以输入部分文字实现模糊查询),退出查询请按0: A
【信息提示】:正在开始查询,你需要查询企业名称包含的关键字: A
查询结束,查询结果有(3)条记录,查询的数据保存在《查询结果20220722.xlsx》文件中!
```

图 7-9 查询结果有 3 条记录

打开查询结果表格，可以看到保存了我们需要的查询结果——A 公司第一到第三季度的销售额，如图 7-10 所示。

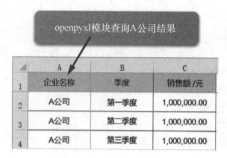

图 7-10 查询结果

至此，openpyxl 模块的代码移植完毕。

7.5 移植 pandas 模块的代码

打开 pandas 模块的代码，做以下修改。

（1）修改菜单的文字。在第 178 行代码中，将菜单第二项的文字“根据月薪查询”修改为“根据销售额查询”，如图 7-11 所示。将菜单第一项、第三项的文字改为“待开发”，程序运行时会忽略菜单第一项、第三项。

```
176            # 建立菜单选项
177            menu_option1 = '\n1.待开发'
178            menu_option2 = '\n2.根据销售额查询'
179            menu_option3 = '\n3.待开发'
180            menu_option0 = '\n0.退出系统\n'
```

图 7-11 修改菜单第二项的文字为“根据销售额查询”

（2）修改变量 col_name 的值和 input()函数的提示语。在第 229 行代码中，将变量 col_name 的值由“月薪”修改为“销售额”，如图 7-12 所示。

```
228            # 将需要查询的标题，赋值给col_name
229            col_name = '销售额'
```

图 7-12 将变量 col_name 的值由“月薪”修改为“销售额”

（3）删除或屏蔽不需要的代码。在第 128 行和第 129 行代码中，因为“公司销售情况表”没有“手机号码”“员工编号”“部门编号”这几列数据，所以将强制转换这几列数据类型的代码删除，如图 7-13（a）所示。在第 131 行代码中，因为“公司销售情况表”没有“入职日期”列，所以屏蔽该行代码，如图 7-13（b）所示。

```
127    # pandas打开文件指定部分字段格式，不指定转换字符串，数字会变成科学计数法或者浮点型数据
128    df_source = pd.read_excel(file_name_source, sheet_name=sheet_name_source
129                              )
```

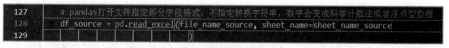

（a）删除参数 dtype

图 7-13 删除或屏蔽不需要的代码

```
130        # 将入职日期的datetime格式转为date格式
131        #df_source['入职日期'] = pd.to_datetime(df_source['入职日期']).dt.date
```

（b）屏蔽转换日期格式代码

图 7-13　删除或屏蔽不需要的代码（续）

（4）修改需要设置数值为保留两位小数的列。在第 488 行代码中，将"月薪"修改为"销售额"，如图 7-14 所示。

```
484        # (2-3-4)设置数值带两位小数
485        # 先将转换为python列表(pandas获取的数据并不是真正的列表)
486        title_list_source = title_list_source.tolist()
487        # 找出有公式的列标题在title_list_source列表位置（数字）
488        title_source_index = title_list_source.index('销售额') +1
```

图 7-14　将"月薪"修改为"销售额"

（5）运行程序。完成上述修改后，运行程序，可以看到菜单的第二项已经修改为"根据销售额查询"，如图 7-15 所示。

输入数字 2，选择"根据销售额查询"模块，可以看到提示语已经修改，如图 7-16 所示。

图 7-15　菜单文字已经修改

图 7-16　提示语已经修改

输入销售额（单位是元）的最小值 2500000 和最大值 3000000 后，按 Enter 键，可以看到查询结果有 3 条记录，如图 7-17 所示。

```
继续[销售额]查询请按回车键，退出查询请按0:

请输入需要查询的销售额最小值(整数)：2500000
请输入需要查询的销售额最大值(整数)：3000000
【信息提示】：正在开始查询，你需要查询销售额在(2500000-3000000)之间的数据
查询结束，查询结果有(3)条记录，查询的数据保存在≪查询结果20220722.xlsx≫文件中！
```

图 7-17　查询结果有 3 条记录

打开查询结果表格，可以看到保存了我们需要的查询结果——第一到第三季度的销售额在 2500000～3000000 的记录有 3 条，如图 7-18 所示。

	A	B	C
	用pandas模块查询销售结果		
1	企业名称	季度	销售额/元
2	C公司	第一季度	3,000,000.00
3	C公司	第二季度	3,000,000.00
4	C公司	第三季度	3,000,000.00

图 7-18　查询结果

至此，pandas 模块的代码移植完毕。

附录 A

离线安装 Visual Studio Code 中文包
插件可能遇到的问题及其解决方法

一般来说，Visual Studio Code 中文包插件的版本需要和 Visual Studio Code 的版本一致。

如果 Visual Studio Code 中文包插件的版本高于 Visual Studio Code 的版本，就会遇到"Visual Studio Code 中文包插件的版本和 Visual Studio Code 的版本不一致"的问题，导致 Visual Studio Code 中文包插件无法成功安装。下面看看具体问题和解决方法。

例如，查看 Visual Studio Code 中文包插件的版本历史（Version History），发现该插件已经更新到 1.68 以上的版本，如图 A-1 所示。

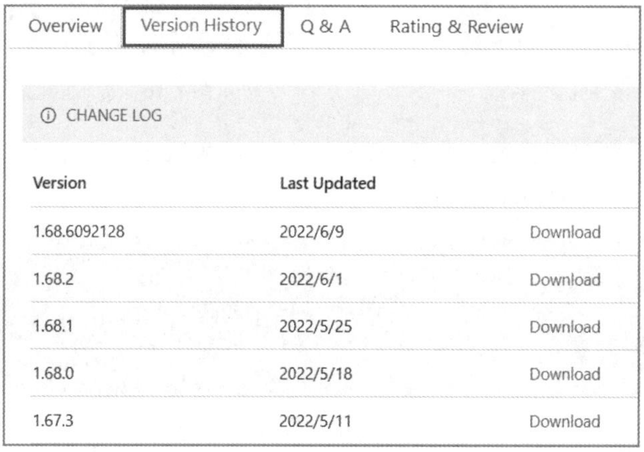

Overview	Version History	Q & A	Rating & Review

ⓘ CHANGE LOG

Version	Last Updated	
1.68.6092128	2022/6/9	Download
1.68.2	2022/6/1	Download
1.68.1	2022/5/25	Download
1.68.0	2022/5/18	Download
1.67.3	2022/5/11	Download

图 A-1　Visual Studio Code 中文包插件的版本历史

单击 Download 链接，下载 1.68.2 版本的 Visual Studio Code 中文包插件并进行离线安装。因为本书所用的 Visual Studio Code 版本是 1.67.2，所以在离线安装 1.68.2 版本的 Visual Studio Code 中文包插件时，Visual Studio Code 的右下角会弹出一个错误提示框，如图 A-2 所示。

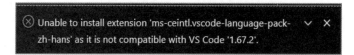

⊗ Unable to install extension 'ms-ceintl.vscode-language-pack-zh-hans' as it is not compatible with VS Code '1.67.2'.

图 A-2　离线安装 1.68.2 版本的 Visual Studio Code 中文包插件的错误提示框

这段英文的意思大概是"无法安装扩展 ms-ceintl.Visual Studio Code-language-pack-zh-hans，因为它与 Visual Studio Code 1.67.2 不兼容"。

这段话表达的意思是，本书所用的 Visual Studio Code 的版本是 1.67.2，而下载的 Visual

Studio Code 中文包插件的版本是 1.68.2，两者版本不一致，导致不能成功安装。

解决方法如下。

在 Visual Studio Code 中文包插件的版本历史（Version History）页面中，单击 Download 链接，下载 1.67.3 版本的 Visual Studio Code 中文包插件，如图 A-3 所示。

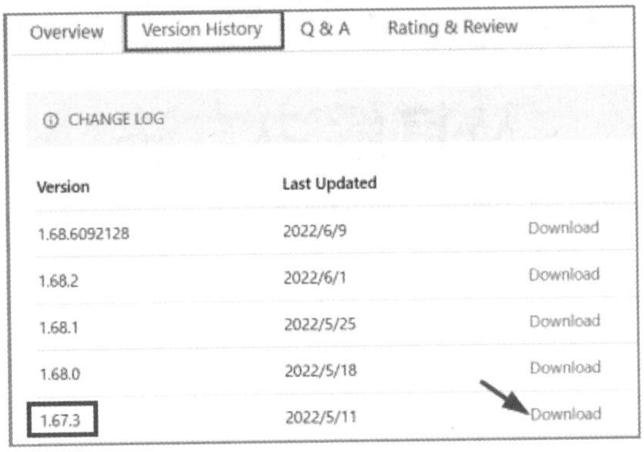

图 A-3　下载 1.67.3 版本的 Visual Studio Code 中文包插件

按照离线安装插件的第 4 个步骤，选择已经下载的 1.67.3 版本的 Visual Studio Code 中文包插件，即可成功安装 Visual Studio Code 中文包插件，如图 A-4 所示。单击 Restart 按钮，重启 Visual Studio Code。

图 A-4　成功安装 Visual Studio Code 中文包插件

重新启动 Visual Studio Code 后，可以看到 Visual Studio Code 的菜单已经变成中文，如图 A-5 所示。

图 A-5　中文版的 Visual Studio Code

附录 B
离线安装 pandas 模块可能遇到的问题及其解决方法

在线安装 pandas 模块时，因为计算机联网了，所以会自动下载并安装其他有关联的模块。

但是在离线安装 pandas 模块时，因为计算机并不联网，所以并不能自动下载并安装其他有关联的模块，无法顺利完成安装。

1. 具体情况

若采用 WHL 格式离线安装 pandas 模块，会搜索 numpy、six、python-dateutil、pytz 等模块，这些模块缺少了任何一个都无法安装 pandas 模块，如图 B-1 所示。

```
ERROR: Could not find a version that satisfies the requirement numpy>=1.16.5 (from pandas)
ERROR: Could not find a version that satisfies the requirement six>=1.5 (from python-dateutil)
ERROR: Could not find a version that satisfies the requirement python-dateutil>=2.7.3 (from pandas)
ERROR: Could not find a version that satisfies the requirement pytz>=2017.3 (from pandas)
```

图 B-1　采用 WHL 格式安装 pandas 模块缺少必要的模块

若采用 GZ 格式离线安装 pandas 模块，会搜索 numpy、Cython 模块，这些模块缺少了任何一个都无法安装 pandas 模块。另外，还需要安装 Visual C++环境，如图 B-2 所示。

```
ModuleNotFoundError: No module named 'numpy'
RuntimeError: Cannot cythonize without Cython installed.
error: Microsoft Visual C++ 14.0 is required. Get it with "Microsoft Visual C++ Build Tools":
```

图 B-2　采用 GZ 格式安装 pandas 模块缺少必要的模块

2. 解决方法

由于 GZ 格式涉及安装 Visual C++环境，比较复杂，因此不建议采用这种方法。

要用 WHL 格式进行离线安装，先在 PyPI 官网下载并安装关联的模块 numpy、six、python-dateutil、pytz（只要模块的版本比需要安装的 pandas 模块的版本高就可以了），再安装 pandas 模块即可，如图 B-3 所示。

```
Successfully installed numpy-1.21.0
Successfully installed six-1.16.0
Successfully installed python-dateutil-2.8.1
Successfully installed pytz-2021.1
Successfully installed pandas-1.2.5
```

图 B-3　成功安装 pandas 模块和其他关联的模块

附录 C

pandas 模块依赖的 openpyxl 模块或者 xlrd 模块

pandas 模块安装成功后，并不能直接读取 Excel 文档，它需要和 openpyxl 模块或者 xlrd 模块结合使用才能读取 Excel 文档。

1. 具体情况

在没有安装 openpyxl 模块或者 xlrd 模块的情况下，看看代码的运行情况。

在运行到第 65 行代码读取 Excel 文档（运行到第 128 行代码也是一样的）时，会弹出一个错误提示，大概意思就是"缺少可选依赖 xlrd 模块。可以使用 pip 或者 conda 方法安装高于 1.0.0 版本的 xlrd 模块"，如图 C-1 所示。

图 C-1　pandas 模块读取 Excel 文档出现的错误提示

2. 解决方法

使用 pip 方法，即在 Visual Studio Code 的终端界面中输入模块安装命令 pip install xlrd；使用 conda 方法不是本附录探讨的范围，这里不展开介绍。

下面主要讲解如何离线安装 xlrd 模块。

访问 PyPI 官网，搜索 xlrd 模块，在 xlrd 模块列表页面中可以看到 xlrd2、xlrd3 和 xlrd 这 3 个模块，如图 C-2 所示。

图 C-2　3 个模块

经过测试，pandas 模块需要配套的模块是 xlrd 模块，而不是 xlrd2 和 xlrd3 模块。

xlrd 模块的详情页面中（页面会随时更新，可能和本书图示稍微不同）有 WHL 格式和 GZ 格式的安装包文件，可以任意下载一个并安装。成功安装 xlrd 模块后，再尝试运行之前的代码，代码顺利运行，如图 C-3 所示。

图 C-3　安装 xlrd 模块后 pandas 模块顺利读取 Excel 文档

虽然 pandas 模块在读取 Excel 文档的时候需要依赖 xlrd 模块，但是在编写代码时，并不需要导入 xlrd 模块，即不需要编写 import xlrd 这行代码。

3．xlrd 模块的版本

目前 xlrd 模块已经更新到 2.0.1 版本以上，但是 xlrd 模块 2.0.1 以后的版本只支持.xls 文档，不支持.xlsx 文档。也就是说，xlrd 模块 2.0.1 以后的版本只支持 Excel 2003 以前版本的文档。

下面尝试安装 2.0.1 版本的 xlrd 模块并运行代码。

在运行到第 65 行代码以读取 Excel 文档（运行到第 128 行代码也是一样的）时，会弹出一个错误提示，大概意思就是"你的 xlrd 模块版本是 2.0.1。高于 2.0 版本的 xlrd 模块仅支持 XLS 格式。改为安装 openpyxl 模块"，如图 C-4 所示。

图 C-4　安装高于 2.0 版本的 xlrd 模块后，pandas 模块读取 Excel 文档出现的错误提示

这里有两种解决方法。

❍　安装 1.2.0 版本的 xlrd 模块（在线安装低版本的 xlrd 模块的命令是 pip install xlrd==1.2.0）。

❍　不安装 xlrd 模块，直接安装 openpyxl 模块可以起到同样的作用。

附录 D

openpyxl 模块速查表

表 D-1 展示了常用的 openpyxl 模块。

表 D-1　常用的 openpyxl 模块

操作	操作内容	操作方法	实例
导入模块	导入模块	import 模块名	import openpyxl
		from 模块名 import 函数	from openpyxl.styles import Font
文件操作	创建文件	openpyxl.workbook()	wb = openpyxl.workbook()
	打开文件	openpyxl.load_workbook()	wb = openpyxl.load_workbook('文件 1')
	保存文件	wb.save('文件名')	wb.save('文件 1')
表格操作	选择当前表格	wb.active	sheet = wb.active
	根据表格名称进行选择	wb['表名']	sheet = wb['表 1']
	根据表格索引号进行选择	wb.worksheets[索引号]	sheet = wb.worksheets[0]
	重命名表格	sheet.title = '表名'	sheet.title = '表 1'
	读取所有表格	for sheet in wb:	for sheet in wb:
单元格操作	将数字转换为列字母	openpyxl.utils.get_column_letter(数字)	openpyxl.utils.get_column_letter(1)
	读取数据区域	sheet.dimensions	a = sheet.dimensions
	读取指定范围单元格	sheet.iter_rows(min_row=数字, max_row=数字, min_col=数字, max_col=数字)	for row in sheet.iter_rows(min_row=1, max_row=1, min_col=1, max_col=9)
	读取指定范围单元格（A1 引用样式）	sheet['A1:I11']	sheet['A1:I11']
	读取指定列单元格	for cell in sheet[列字母]:	for cell in sheet['B']:
	读取所有行	for row in sheet.rows:	for row in sheet.rows:
	读取行单元格	for cell in row:	for cell in row:
	删除行	sheet.delete_rows(行数字, 行数字)	sheet.delete_rows(1,10)

操作	操作内容	操作方法	实例
单元格操作	判断单元格数据类型	cell.data_type == 'n'	cell.data_type == 'n'
	读取单元格的值	变量 = cell.value	a = cell.value
	写入单元格的值	cell.value = 变量/常量	a = 1 cell.value = a　/ cell.value = 1
样式设置	设置对齐方式	cell.alignment = Alignment(horizontal='center')	cell.alignment = Alignment(horizontal='center')
	设置字体字号	cell.font = Font(name=字体, size=字号)	cell.font = Font(name='Arial', size=10)
	设置边框样式	border = Side(border_style='thin') cell.border = Border(left=border)	border = Side(border_style='thin') cell.border = Border(left=border)
	设置背景色	cell.fill = PatternFill(fill_type='solid')	cell.fill = PatternFill(fill_type='solid')
	设置列宽	sheet.column_dimensions[col].width = 数字	sheet.column_dimensions[col].width = 15
	设置行高	sheet.row_dimensions[num].height = 数字	sheet.row_dimensions[num].height = 24
	设置单元格的数据格式	cell.number_format = '#,##0.00'	cell.number_format = '#,##0.00'
	设置公式	sheet[J11] = Excel 公式	sheet[J11] = '=YEAR(TODAY())-YEAR(H'+str(row)+')'
	冻结窗格	sheet.freeze_panes = 单元格名称	sheet.freeze_panes = 'B2'

附录 E

pandas 模块速查表

表 E-1 展示了常用的 pandas 模块。

表 E-1　常用的 pandas 模块

操作	操作内容	操作方法
导入模块	导入模块	import 模块名
文件操作	创建文件	pd.DataFrame()
	打开文件	pd.ExcelFile('文件名')
		pd.read_excel('文件名',sheet_name='表名')
	保存文件（同时重命名表称）	df.to_excel('文件名',sheet_name='表名')
表格操作	获取所有表格的名称	sheets = df.sheet_names
	根据索引号获取表格名称	sheet = sheets[索引号]
	命名表格	df.to_excel('文件名',sheet_name='表名')
	读取数据区域（行、列）	df.shape[0]/df.shape[1]
	获取标题行	df.columns.values
数据转换	读取 Excel 文档时用参数 dtype 转换数据类型	pd.read_excel('文件名',sheet_name='表名',dtype={'字段 1': 'string','字段 2': 'string'})
	用 pd.to_datetime()命令转换日期	pd.to_datetime(df['日期']).dt.date
	用 DatetimeIndex()命令提取年月日	pd.DatetimeIndex(df['日期']).year
		pd.DatetimeIndex(df['日期']).month
		pd.DatetimeIndex(df['日期']).day
数据操作	创建临时列	df['临时列']=df['字段 1']+df['字段 2']
	将列数据转换为列表	df['字段'].tolist()
	用 drop()命令删除列数据	df.drop(['字段 5','字段 6'],axis=1,inplace=True)
数据筛选	用 str.contains()命令通过关键字进行查询	df[df['字段 1'].str.contains(关键字)]
	用>=、<=和&等运算符查询一定范围内的数据	df[(df_source[字段 2]>='最小值') & (df[字段 2]<='最大值')]
	用 isin()函数、copy()命令以及>=、<=和&等运算符组合多个条件查询数据	df[df['字段 3'].isin('列表') & ((df['字段 4']>='最小值') & (df['字段 4']<='最大值'))].copy()

关于编程的一些小技巧

至此，本书的内容已经讲解完毕了。

但是在这里，我还想用一点点篇幅分享一些我自己学习编程时的感悟，希望对读者有一些帮助。

我自己是一名职场文员，非 IT 人士，虽然我对 Excel 的操作比较熟练，但是偶然想偷懒一下，所以有时候会突发奇想："如果有个小程序，动动手指就能完成工作多好啊。"

但是，如果需要让 IT 部门的人来编写小程序，则有点麻烦。因为通常 IT 部门的人编写代码需要立项审批，有时候还需要经费，这些都不是个人可以解决的。另外，就算立项审批了，IT 部门的人能否懂你的业务？是否有时间帮你开发？

所以，还不如自己动手写一个小程序，专门用于自己的工作，以提高效率。

我自己写过不少小程序用于自己的工作，这里分享几点感悟。

1．做到心中有数

编写代码不是坐在计算机前敲几下键盘就可以了，而需要在编写代码前有一个目标和一个大概的编写思路。

我们需要有具体的目标，需要知道自己要做什么，知道自己需要实现怎样的功能，是输入数据还是查询信息，想要计算机帮助我们完成哪些工作。

我们即使无法实现本书第 3 章提及的流程图的全部功能，也要做到心中有数，这样在编程时才能有的放矢。

例如，在编写本书案例的代码时，我会先定下一个目标，就是要实现"根据手机号码查询""根据月薪查询""根据部门名称和入职日期查询"这 3 个查询功能。有了这个目标后，代码都是围绕怎样实现查询功能来编写的。而输入、修改、删除等功能的代码的编写就暂时不考虑了。

2．遵循"先易后难"的原则

一个程序可以分为很多部分。本书案例的代码可以分为文件检验、菜单建立、用户选择、执行查询等部分。

我们可以遵循"先易后难"的原则，先从容易编写的部分入手，例如，先编写菜单界面代码，尝试运行，若运行成功，就有动力去编写其他部分的代码。

3．懂得借鉴别人的经验

很多时候，我们在编写代码的过程中遇到了问题，却不知道具体原因，例如，遇到 pandas 模块经典的 SettingWithCopyWarning 链式赋值警告。这时，我们可以上网搜索，借鉴别人的经验。很多热心的网友提供自己的学习心得，这些学习心得对于我们来说都是宝贵的经验。

如果我们能看懂别人的答案，这就是一件值得高兴的事情，说明你已经掌握了解决这个问题的方法。

如果我们看不懂别人的答案，那么也不用太担心和焦虑。

首先，如果我们知道这个答案是可以解决问题的，那么我们可以尝试把这个答案运用到代码中；其次，等问题解决了，我们再思考这个答案为什么能解决问题。这会促使我们不断进步。

4. 善于设置断点和运用调试功能

一个程序并不能一次就编写成功。所以，如果程序在运行过程中出现了错误或者问题，千万不要灰心，不要半途而废，坚持就是胜利。

当程序在运行过程中出错时，或者当我们想看看代码中变量的值如何变化以及程序的运行效果如何时，可以在代码中设置断点，运用调试功能。利用这个方法可以解决遇到的很多问题。

例如，我们想知道关于 openpyxl 模块的代码中第 191 行的变量 choice_number 的值是多少（用户输入了什么数字，选择了哪个模块）。我们可以在 Visual Studio Code 中找到第 191 行，单击数字 191 左边的位置，这样数字 191 的左边会出现一个红色圆点，表示在这里设置了一个断点，程序运行到这里的时候会暂停，以便我们查看代码中变量的情况，如图 F-1（a）所示；如果我们不需要这个断点，则单击这个红色圆点，这个红色圆点就会消失，表示取消了这个断点，如图 F-1（b）所示，程序运行到这里的时候，就不会暂停运行了。

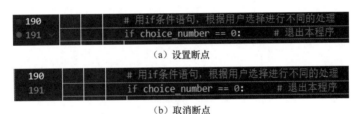

（a）设置断点

（b）取消断点

图 F-1 设置断点及取消断点

设置断点后，在 Visual Studio Code 的菜单栏中，选择"运行"→"启动调试"命令，在弹出的菜单中选择"Python File"，运行我们编写的代码。

对于本书中关于 openpyxl 模块的案例，我们启动程序后，在菜单界面中输入 1，如图 F-2（a）所示，看见程序暂停在第 191 行，如图 F-2（b）所示；将鼠标指针移至变量 choice_number 上，出现数字 1，如图 F-2（c）所示，表示变量 choice_number 的值当前是 1（用户输入了 1）。

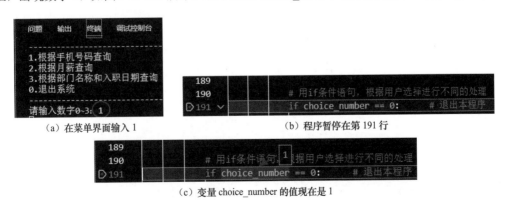

（a）在菜单界面输入 1

（b）程序暂停在第 191 行

（c）变量 choice_number 的值现在是 1

图 F-2 调试流程